머리말

현대인의 삶의 질이 향상되면서 아름다움과 건강에 대한 관심이 더욱 늘어나고 뷰티산업을 더욱 더 각광받게 하였으며, 아울러 피부미용분야도 계속적인 발전을 거듭하고 있습니다.

피부관리는 얼굴뿐만아니라 전신의 피부를 아름답게 유지 · 보호 · 관리하기 위한 작업이며, 특히 한국형 특수관리는 근육과 내장, 뼈 등 온 몸에 기혈의 운행을 돕고 자극하여 혈액순환을 원활하게 해주어서 사람의 미적욕구를 충족시킬 뿐만 아니라 건강을 유지 · 관리하는데 그 목적이 있습니다.

미용분야에서는 필수적인 국가직무능력표준(NCS)의 기본에 되는 중요한 선행과목입니다.

이 책의 필자들은 직접 강의를 하면서 전문참고서와 강의교재를 정리하여 학생들에게 더욱 더 쉽고 이해가 빠르게 전해질 수 있도록 간편하고 체계적으로 보완하였으며, 음양오행의 원리와 경락, 경혈론의 이해를 도와서 피부관리에 적합한 실무를 수행할 수 있도록 세심하게 구성하였습니다.

이 한 권의 교재가 미래 피부관리사의 꿈을 가지고 준비하는 피부미용인에게 실용적이고 편리한 좋은 지침서가 되길 바랍니다.

이 책이 출판되기까지 물심양면으로 많은 배려와 도움을 주신 메디시언 주병오 대표이사님과 임직원 여러분께 감사의 마음을 전합니다.

무술년 입추

필자 대표

차례

Chapter 3 경맥과 미용

차례

Chapter 4 한국형 특수 관리하기

NCS (국가직무능력표준) 학습모듈에 의한 능력단위

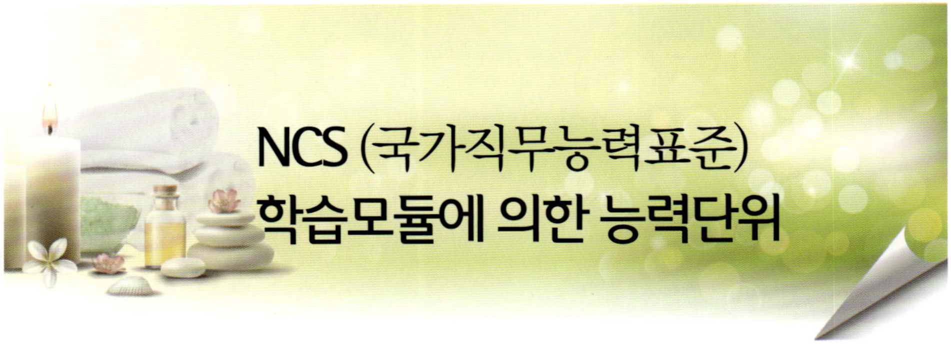

분류번호 : 1201010224_17v4
능력단위 명칭 : 피부미용 한국형 특수관리
능력단위 정의 : 신체부위의 체형을 분석하고 전신에 분포된 에너지 포인트점과 피부유형을 파악한 후 오일과 크림을 선택하여 5가지 동작으로 테크닉을 구사하는 능력이다.

능력단위요소	수 행 준 거
1201010224_17v4.1 체형분석하기	1.1 문진, 견진을 통하여 고객의 체형을 분석할 수 있다. 1.2 체형을 분석한 후 분석표를 작성할 수 있다. 1.3 부적용 대상에 해당되는 사항이 없는지 확인할 수 있다.
	【지 식】 • 근골격계·해부생리 • 체형의 분류 및 분석방법 • 피부관리 방법
	【기 술】 • 부위별 체형에 대한 분류 능력 • 문진, 견진 능력
	【태 도】 • 고객의 심리적 안정감을 주려는 태도

능력단위요소	수 행 준 거
1201010224_17v4.2 피부유형 파악하기	2.1 관리할 신체 부위의 피부유형과 에너지 포인트점을 파악할 수 있다. 2.2 피부유형과 관리목적에 맞는 아로마오일과 크림을 선택할 수 있다.
	【지 식】 • 피부 유형별 특징 • 근골격계 · 해부생리 • 아로마 성분과 제품
	【기 술】 • 아로마 블랜딩 능력 • 에너지점 파악 능력
	【태 도】 • 편안하고 쾌적한 분위기를 조성하려는 태도 • 고객을 살피며 안정감있게 관리를 받을 수 있도록 배려하려는 태도

능력단위요소	수 행 준 거
1201010224_17v4.3 한국형 테크닉하기	3.1 드라이타월을 사용하여 신체를 이완시킬 수 있다. 3.2 아로마 오일을 이용하여 부위별로 테크닉을 구사할 수 있다. 3.3 5가지 동작을 이용하여 부드럽게 매뉴얼테크닉을 할 수 있다. 3.4 온습포를 사용한 후 마른 타월로 마무리를 할 수 있다.
	【지 식】 • 근골격계·해부생리 • 피부 구조와 생리 • 공중위생과 소독 방법 • 메뉴얼테크닉 기법
	【기 술】 • 쓸어서 펴바르기 능력 • 밀착하여 펴바르기 능력 • 어루만져 펴바르기 능력 • 토닥토닥 펴바르기 능력 • 떨며 펴바르기 능력
	【태 도】 • 고객을 안정되고 편안하게 하려는 태도 • 고객의 반응을 살피며 강, 약을 조절하려는 태도 • 바른 자세를 유지하려는 태도

Chapter 1

한국형 한방미용의 기본원리

1. 음양론
2. 오행
3. 음양과 오행의 관계
4. 장상의 기본내용
5. 기 · 혈 · 진액

Chapter 01

한국형 한방미용의 기본원리

1. 음양론(陰陽論)

우주와 자연의 모든 현상은 변화하지 않는 것이 없는데, 그 속성 및 생장·소멸하는 이치를 인식하고 해석하며 자연규율을 탐구하는 방법론이 곧 음양론이다.

이 음양론은 이원성 일원체의 명명으로 사물의 양면성과 그 상극·상합 등의 작용을 설명할 수 있는 이치가 되는 것이다.

자연계의 모든 사물과 현상은 서로 대립되거나 상대적인 속성을 가진 두 개의 측면이 있다.

이렇듯 상대적인 속성을 지닌 양면에 대하여 그 한 측면을 '음'이라 부르고, 다른 측면을 '양'이라 부른다.

오랜 기간 음과 양을 근거로 상대적으로 연관되는 자연의 이치와 사물의 속성을 표 1-1과 같이 구분하였다.

표 1-1 음과 양의 구분

양	동적	외향적	상승	뜨거움	밝음	남쪽	하늘	해	낮	불	남
음	정적	내향적	하강	차가움	어두움	북쪽	땅	달	밤	물	여

1. 음양의 기본 개념

(1) 음양의 상대성

음과 양은 서로 대립적이면서 상대적이라는 속성을 가지고 있다.

(2) 음양의 일원성

음과 양은 비록 명확하게 구분되지만 상대적 속성에 순응하며 무한히 공존하는 존재이다.

(3) 음양의 역동성

음과 양은 고정되어 있는 것이 아니라 항상 변화하는 것이다.

2. 음양의 기본 내용

(1) 대립제약(對立制約)

음과 양의 속성이 상반되어 상대적으로 대립·제약·견제함을 말하는데, 하나의 유기체에서 음과 양이라는 상반되는 속성이 끊임없이 운동·변화하고 있음을 말한다.(예: 차가움 ↔ 뜨거움, 여름 ↔ 겨울, 낮 ↔ 밤)

(2) 상호전화(相互轉化)

음과 양은 고정 불변하는 것이 아니라 상호 전화한다.

시간, 장소, 조건에 따라서 달라지며 음과 양 사이에서 뚜렷한 한계가 없이 서로 이행하며, 음은 양에 양은 음에 서로 포함된다.

(3) 호근호용(互根互用)

음과 양은 상호 의존하고 통일된다.

(4) 소장평형(所藏平衡)

음과 양은 상대적 균형을 유지하고 있다.

음양은 끊임없이 변하지만 정상에서는 그 어느 쪽으로도 치우치지 않고 상대적인 균형을 유지한다는 것이다. 몸에서 음양의 상대적 균형이 파괴되면 병이 생기게 되며, 치료는 이 파괴된 음양의 균형을 바로 잡는 것이다.

2. 오행(五行)

1. 오행의 기본 개념

고대 및 중세기에 동양에 널리 퍼졌던 유물론과 자연 발생적인 변증법적 요소를 가진 철학적 사고의 하나로써 사물현상의 발생, 발전의 근원을 5가지 물질의 상호작용으로 본 것을 말한다.

오행설에서 기는 음기와 양기로 되어 있으며, 두 종류의 기가 상호작용하는 과정에서 세계의 기초를 이루는 5가지 물질인 木, 火, 土, 金, 水가 생기고 그것들이 조화되어 천지만물이 생겨난다고 보았다. 이 5가지 물질은 서로 다른 특성을 가지고 있고 그들 상호간에는 발생, 조장, 억제, 상승하는 관계에 있으며, 이것으로 오행의 상생, 상극, 상승, 상모의 이론을 만들어 인체의 생리적 기능과 병리적 과정에 근원을 둔 일반적인 기본법칙이다.

2. 오행의 기본 속성

① **木** : 물에 뜨며 나무가 휘는 것을 보고 바람을 알고 쉽게 불에 탄다.

② **火** : 뜨겁고 정열적이며 적극적이다. 그리고 불은 위로 올라가는 성질이 있고 물에 약하다.

③ **土** : 어머니처럼 자애롭고 모든 것을 잘 포용한다. 자연계의 모든 사물이 흙 위에 존재하고 흙의 에너지원에 의존한다.

④ **金** : 강하나 불에 녹는다. 나무를 쓰러뜨리는 것은 쇠로 만든 도끼이다.

⑤ **水** : 차고 생명이 탄생하는 기원이다. 예를 들어 나무는 물을 공급받아야 자랄 수 있다.

3. 음양과 오행의 관계

(1) 상생(相生)

서로 북돋아주고 뒤를 적극 밀어주는 관계를 말한다. 서로 돕고 이해하며 '더불어 살아가는' 관계를 상생이라고 한다. 촉진, 자생하는 작용(목생화, 화생토, 토생금, 금생수, 수생목)이다.

(2) 상극(相剋)

한 사물의 생장과 기능을 통제하고 제약하는 작용(목극토, 토극수, 수극화, 화극금, 금극목)을 말한다.

(3) 상승(相乘)

승(乘)이란 허한 틈을 타고 눌러버린다는 뜻으로 지나친 억제를 가리킨다. (목승토, 토허목승, 금허화승, 수허토승, 목허금승, 화허수승)

(4) 상모(相侮)

반모 반극이라고 하며 지나치게 강한 것과 지나치게 허약한 것이다. 즉 상생상극의 규율이 깨져서 비정상적인 상태를 의미한다.(목모금, 화모수, 토모목, 금모화, 수모토)

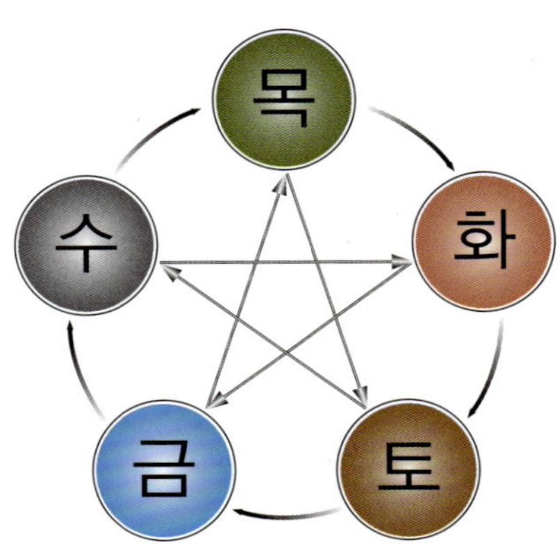

그림 1-1 오행의 상호관계

표 1-2 오행귀속

자연계						오행	인체					
오미	**오색**	**오화**	**오기**	**오방**	**오계**		**오장**	**육부**	**오관**	**형체**	**오지**	**오성**
신맛	청색	생	풍	동	봄	목	간	담	눈	힘줄	노	호
쓴맛	적색	장	열	남	여름	화	심	소장	혀	맥	희	소
단맛	황색	화	습	중앙	늦여름	토	비	위	입	육	사	가
매운맛	흰색	수	건조	서	가을	금	폐	대장	코	피모	우	곡
짠맛	흑색	장	한	북	겨울	수	신	방광	귀	뼈	공	신음

4. 장상의 기본내용

1. 오장(五臟)

① 간, 심, 비, 폐, 신을 오장이라 하며 오장의 생리적 특징은 정, 기, 신, 혈을 회생하고 저장한다.

② 오장은 음에 속하며 육부와 표리관계를 이루며 서로 밀접하게 작용한다.

③ 심포(마음작용을 나타냄)를 포함시켜 육장으로 구분한다.

2. 육부(六腑)

담, 소장, 위, 대장, 방광, 삼초를 더하여 육부라하며 음식을 소화하고 영양물질을 운반하여 대사한다.

5. 기·혈·진액

1. 기(氣)

(1) 기의 개념

기는 생명활동의 주요 동력으로 활동적인 에너지를 말하며 인체의 생명력과 활동을 유지시키는 물질을 말한다. 또한 인체 내부에서 운동성을 갖고 순환하며, 외부의 침해로부터 신체를 보호하고 영양을 공급하며 몸속의 생체리듬과 균형을 관장하는 기능을 한다.

(2) 기의 생성

인체의 기는 부모로부터 타고난 선천의 정기를 비롯하여 음식의 영양을 통해 얻어지는 수곡정기와 자연계의 청기가 근원이 된다. 기의 생성은 선천적 혹은 후천적인 비위와 폐의 기능과 밀접한 관계가 있으며 장부의 생리작용을 통하여 형성된다.

(3) 기의 생리기능

① 추동작용

체액을 밀어 움직이는 기의 발산을 말하며 인체의 성장발육 및 생리기능을 촉진하고 혈의 운행과 진액의 생산 등 추동역할을 한다.

② 온후작용

기는 인체 에너지원으로, 혈액순환을 촉진시킴으로써 신체 구석구석에 영양과 산소를 공급하여 체온조절 작용을 한다.

③ 방어작용

기와 피부를 보호하고 시기 및 외기의 침입에 대응하며 영양을 관장하고 보호작용을 한다.

④ 고섭작용

어떤 물질을 끌어 잡는 축기작용으로 진액의 유실을 막는 작용을 한다.

⑤ 기화작용(氣化作用)

기의 운동으로 물질을 변화시키고 신진대사를 촉진하는 작용으로, 음식물을 섭취하고 소화하며 신진대사를 통해 에너지로 전환시켜서 노폐물을 배출시키는 작용을 한다.

(4) 기의 종류

① 원기(元氣)

부모의 정으로부터 받은 선천의 기이며 인체 생명활동의 원동력이 되고 음과 양을 포함한다.

② 종기(鍾氣)

흉중의 단중에 모인 기로써 폐에서 만들어지는 청기와 심장에서 만들어지는 영기가 결합되어 형성된다. 인후에서 나와 호흡기를 통하여 언어, 음성, 호흡기의 강약에 관여하고, 심의 혈액순환을 촉진하는 작용을 하며 기혈의 운행, 전신의 체온조절 작용을 한다.

③ 영기(靈氣)

맥 속에서 혈과 함께 순행하며 음식물 섭취에서 생기므로 영양이 풍부하다. 혈액을 만들며 오장육부와 전신에 영양을 공급하는 작용을 하고, 인체의 영양을 관장하여 혈액을 자양하며 회생시키는 주요한 생리작용을 한다.

④ 위기(胃氣)

맥 외부에 흐르는 기로써 양에 속하고 음식물의 소화흡수로 생기며 기의 운행이 신속하고 활발하다. 장부를 따뜻하게 하고 피부를 윤기있게 하며 땀의 분비를 조절하는 기능을 하여 신체의 외부를 보호하고 외기의 침입을 막는다.

2. 혈(血)

기와 다르게 형체가 있는 액체 상태의 물질로 임파액, 조직액을 포함하는 체액의 총칭으로 인체를 구성하고 인체의 생명활동을 유지하는 기본 물질이다.

(1) 혈의 생성

수곡의 영기 및 정기 등을 기초로 하여 비(脾), 위(胃), 폐(肺), 심(心), 간(肝), 신(腎) 등의 기능과 활동을 거쳐 생성된다.

(2) 혈의 기능

혈액은 전신을 순행하면서 안으로는 오장육부, 밖으로는 피육근골에 이르고 전신의 영양공급 및 순환작용을 함으로서 정상적인 생리활동을 유지하게 한다.

3. 진액(津液)

인체의 모든 정상적인 수분의 총칭이며 각 장부 조직기관 내에 있는 체액과 정상적인 분비물을 말한다. 위액, 장액, 콧물, 눈물 등을 포함한다. 진액은 비위의 운화 기능을 통해 생성되고 일반적으로 성질이 맑고 유동성이 강하다.

Chapter 2
경락(經絡)

1. 경락의 이해
2. 경락의 구성
3. 경락의 유주
4. 정경맥

Chapter 02

경 락(에너지의 흐름)

1. 경락의 이해

경락이란 인체 내에 분포되어 있는 낙맥과 경맥의 총칭으로 체내에 기혈이 통화하고 운행하는 통로이다. 경락은 신체의 상하로 뻗어 있는 경맥과 신체의 좌우를 횡단하는 낙(락)맥으로 구성된다. 이렇게 경락은 종횡으로 뻗어 있으며 몸의 구석구석까지 에너지를 전달한다.

경락의 실체는 형태가 없어서 쉽게 이해하기가 어려우나 우리가 땅 속을 운행하는 지하철을 생각해 보면 쉽게 알 수 있다.

즉, 겉에서 보이지 않는 땅 속의 지하철에서 수많은 각 역을 그물망처럼 연결하는 철도는 바로 경락에 해당이 되고 사람들이 곳곳에서 모여 타고 내리는 역은 경혈에 해당이 된다고 생각하면 쉽게 이해할 수 있을 것이다.

2. 경락의 구성

경락은 경맥과 낙맥을 통칭한다. 경맥은 팔·다리·몸통·뇌 등 심층의 일정부위에 분포하는 큰 지맥을 말하며 낙맥은 경맥에서 나온 작은 지맥을 뜻한다. 경맥은 인체의 심층에서 상하로 유주하며 일정한 순행경로가 있고 기시혈과 종혈이 존재한다.

낙맥은 체표에 분포하는 분지로 비스듬히 사행하거나 가로로 유주하며 순행경로의 일정한 규칙이 없이 유주한다.

표 2-1 경락의 구성

경락	경맥	십이경맥
		십이경별
		기경팔맥
	낙맥	십오락맥
		손락맥
		부락맥
		혈락맥

1. 12 경맥(十二經脈)

경맥은 인체의 몸통과 사지의 심층에 고루 분포하고 종횡으로 순행하는 기혈의 통로이다. 십이경맥은 육장 육부인 장부의 이름을 붙여 명명하고 있으며, 일명 십이정경맥으로 불리운다.

십이정경맥은 수태음폐경·수양명대장경·족양명위경·족태음비경·수소음심경·수태양소장경·족태양방광경·족소음신경·수궐음심포경·수소양삼초경·족소양담경·족궐음간경이 있다. 십이경맥은 태양·양명·소양·태음·소음·궐음인 육경으로 나뉘며 음양이론에 연관하여 육음경맥과 육양경맥으로 구분한다. 육음경맥은 오장에 내속하여 상지·하지에 분포하고, 육양경맥은 육부에 내속하여 상지·하지에 분포한다.

표 2-2 십이정경의 음양경에 따른 구분

경락	12경맥	수삼음경	수태음폐경
			수소음심경
			수궐음심포경
		수삼양경	수양명대장경
			수태양소장경
			수소양삼초경
		족삼음경	족태음비경
			족소음신경
			족궐음간경
		족삼양경	족양명위경
			족태양방광경
			족소양담경

3. 경락의 유주

경락의 유주란 경락의 흐름을 말하며, 12경맥과 기경팔맥은 인체에 안팎에 분포하며 기혈이 끝없이 순환한다.

기본적인 유주방향으로 양(陽) 경락은 몸의 뒷면 바깥쪽을 순행하고 음(陰) 경락은 앞면 안쪽을 순행한다. 음 경락을 총독하는 임맥은 회음부에서 시작하여 복부 흉부의 정중앙선을 따라 올라가 입술의 양 쪽을 돌아 눈 밑까지 흐르며, 양 경락을 총독하는 독맥은 회음부에서 시작하여 등·목·머리의 정중앙선을 따라 올라가 다시 코로 내려와 윗입술 내의 잇몸까지 흐른다.

십이경맥의 유주는 일정한 순서의 혈위경로가 정해져 있으며 기시혈과 종혈의 일정한 혈위가 존재한다. 십이경맥의 유주순서는 복부의 중초에서 기시하여 흉부인 폐로 상행하고 수태음폐경맥에서 시작하여 수양명대장경·족양명위경·족태음비경·수소음심경·수태양소장경·족태양방광경·족소음신경·수궐음심포경·수소양삼초경·족소양담경·족궐음간경맥 순으로 유주하여 폐경맥으로 다시 오게 된다.

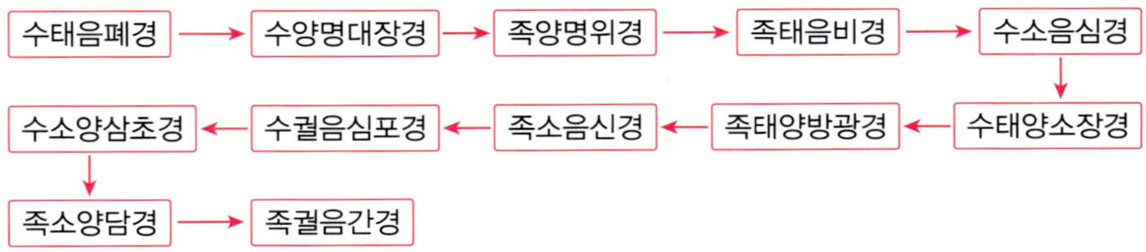

그림 2-1 12경맥의 순행

4 정경맥(整經脈)

1. 개요

정경맥은 중요한 구성요소로써 부위와 음양배속에 따라 수삼음경, 수삼양경, 족삼음경, 족삼양경으로 나뉘고 모두 12경으로 이루어진다.

정경맥은 일정한 작용을 한다.

첫째, 정경맥은 모두 각각의 장부와 관계를 이루는데, 간과 관계된 경락은 간경락이고 담과 관계된 경락은 담경락이 된다.

둘째, 장부에 배속된 경락은 장과 부, 즉 음양에 따라 서로 표리관계를 이룬다.

셋째, 각 경맥은 체표에 수혈을 가지고 있다.

2. 종류

(1) 수태음폐경(手太陰肺經)

폐에 속하며 대장에 낙(絡)한다, 횡격막을 통과하며 위, 신 등과 관계가 있다. 소속 경혈은 좌우로 22혈이 속한다.

(2) 수양명대장경(手陽明大腸經)

대장에 속하고 폐로 낙한다. 또 위와 직접 연관이 있다.

소속 경혈은 좌우로 40혈이 있다. 이중 교차하는 혈은 병풍(수태양소장경), 대추(독맥), 인중(독맥), 지창(족양명위경)이 있다.

(3) 족양명위경(足陽明胃經)

위에 속하고 비에 낙한다. 또 심과 대장 소장과 관계가 있다.

소속 경혈은 좌우 90혈이 있다. 이중 교차하는 혈은 영향(수양명대장경)·정명(족태양방광경)·상관(족소양담경)·현리(족소양담경)·함염(족소양담경)·인중(독맥)·대추(독맥)·승장(임맥)·상완(임맥)·중완(임맥)이 있다.

(4) 족태음비경(足太陰脾經)

비에 속하며, 위에 낙한다. 심과 폐에 관계한다.

소속 경혈은 좌우 42혈이 있다. 이중 교차하는 혈은 중극(임맥)·관원(임맥)·하완(임맥)·일월(족소양담경)·경문(족소양담경)·기문(족궐음간경)·중부(수태음폐경)가 있다.

(5) 수소음심경(手少陰心經)

심에 속하며, 소장에 낙한다. 폐와 신과 관계가 있다.

소속 경혈은 좌우 18혈이 있다.

(6) 수태양소장경(手太陽小腸經)

소장에 속하며, 심에 낙한다. 위와 관계가 있다.

소속 경혈은 좌우 38혈이 있다,

(7) 족태양방광경(足太陽膀胱經)

방광에 속하며, 신에 낙한다. 뇌와 심과 관계가 있다.

소속 경혈은 좌우 134혈이 있다. 이 중 교차하는 혈은 곡빈(족소양담경)·솔곡(족소양담경)·부백(족소양담경)·두규음(족소양담경)·완골(족소양담경)·두임읍

(족소양담경)·신정(독맥)·백회(독맥)·뇌호(독맥)·대추(독맥·도도(독맥)가 있다.

(8) 족소음신경(足少陰腎經)

신에 속하고 방광에 낙한다. 간·폐·심과 관계가 있다.

소속 경혈은 좌우 54혈이 있다. 이 중 교차하는 혈은 삼음교(족태음비경)·장강(독맥)·관원(임맥)·중극(임맥)이 있다.

(9) 수궐음심포경(手厥陰心包經)

심포에 속하고 삼초에 낙한다.

소속 경혈은 좌우 18혈이 있다.

(10) 수소양삼초경(手少陽三焦經)

삼초에 속하고, 심포에 낙한다.

소속 경혈은 좌우 46혈이 있으며, 이중 교차하는 혈은 병풍(수태양소장경)·권료(수태양소장경)·청궁(수태양소장경)·동자료(족소양담경)·상관(족소양담경)·함염(족소양담경)·현리(족소양담경)·대추(독맥)가 있다.

(11) 족소양담경(足少陽膽經)

담에 속하고 간에 낙한다. 심과 관계가 있다.

소속 경혈은 좌우 88혈이 있으며, 이중 교차하는 혈은 두유(족양명위경)·하관(족양명위경)·예풍(수소양삼초경)·각손(수소양삼초경)·화료(수소양삼초경)·청궁(수태양소장경)·병풍(수태양소장경)·대추(독맥)·장문(족궐음간경)·상료(족태양방광경)·하료(족태양방광경)·천지(수궐음심포경)·천용(수태양소장경)이 있다.

(12) 족궐음간경(足厥陰肝經)

간에 속하고 담에 낙한다. 폐·위·신·뇌와 관계가 있다.

소속 경혈이 좌우 28혈이 있으며, 교차하는 혈은 삼음교(족태음비경)·충문(족태음비경)·부사(족태음비경)·곡골(임맥)·중극(임맥)·관원(임맥)이 있다.

5. 경락의 취혈

1. 골도법

신체의 비율을 이용하여 혈의 위치를 정하므로 일명 동신촌법으로 불려진다. 신체의 부분을 일정한 표준치수로 등분한 측량치로서 두개 및 관절간의 길이를 등분하여 표시한 것이다.

2. 수지 동신촌법(지촌법)

손가락의 가로넓이나 길이를 기준으로 하는 취혈법이다.

① **중지 동신촌법** : 가운데 손가락 2번째 마디 안쪽의 횡문 거리를 1촌으로 한다.

② **모지 동신촌법** : 엄지 손가락 끝 마디에 횡문을 1촌으로 한다.

③ **횡지 동신촌법** : 중지에 둘째 관절을 기준으로 하여 4횡지를 3촌이라 한다.

3. 구촌법

좌우 구각의 거리를 1촌으로 하며 본인의 입술을 기준으로 가로길이에 해당되는 측량방법이다.

4. 목촌법

내안각과 외안각의 거리를 1촌으로 하며 본인 눈의 총 가로길이를 기준으로 한 측량방법이다.

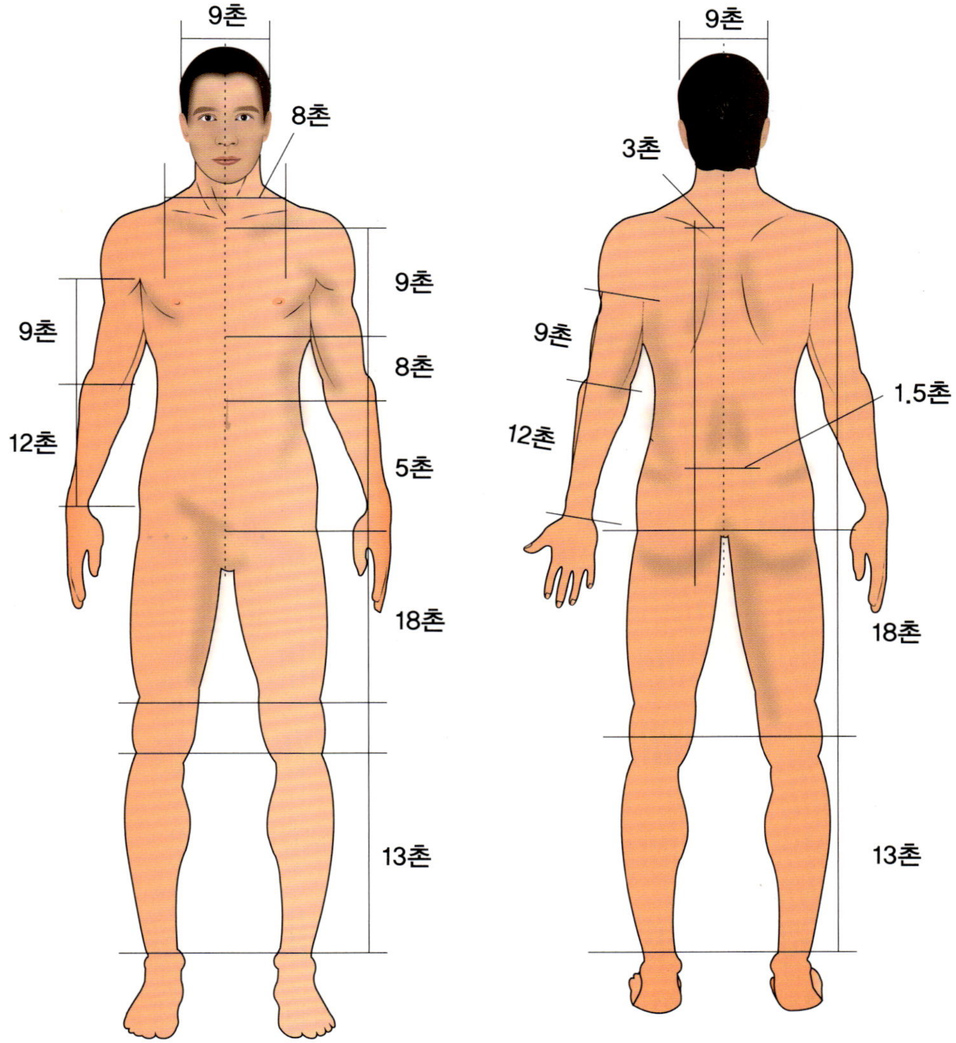

그림 2-2 신체 부위에 따른 골도법(전면/후면)

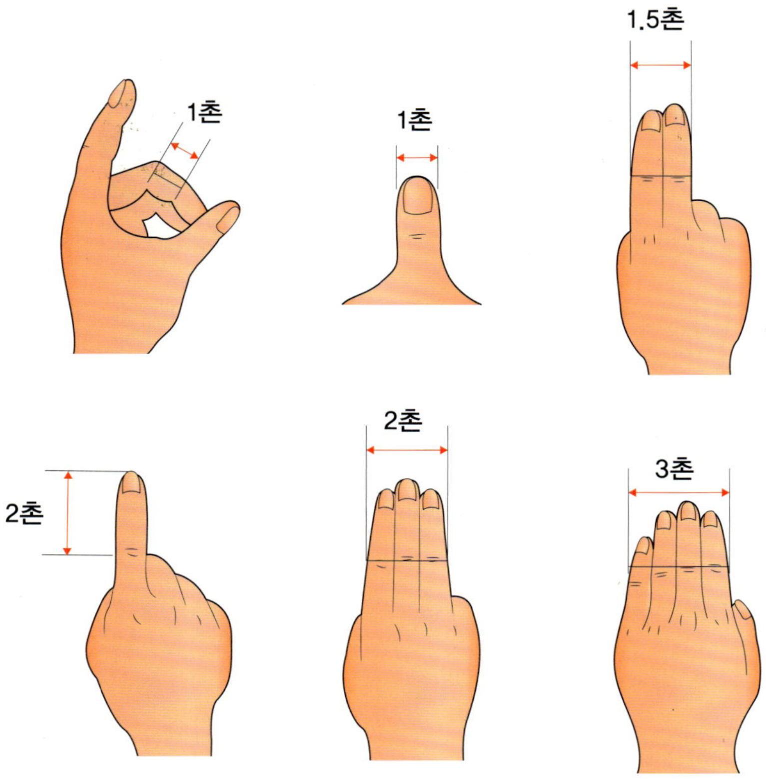

그림 2-3 동신촌법(지촌법)

Chapter 3
경맥과 미용

1. 교환배설계 – 폐경, 대장경
2. 소화발효계 – 비경, 위경
3. 교환통제계 – 심장, 소장경
4. 정기청정계 – 신경, 방광경
5. 순환보호계 – 심포, 삼초경
6. 저장배분계 – 간경, 담경

Chapter 03

경맥과 미용

1. 교환배설계 – 폐경, 대장경

폐, 대장의 그 경은 음양이 서로 도와 에너지교환, 물질교환을 하고 있다. 즉 폐는 눈에 보이지 않는 산소를 흡입하여 노폐물(탄산가스)을 배출하고 있고, 대장은 눈에 보이는 음식물로부터 영양을 흡수한 후 찌꺼기로 교환해서 대변으로 배출하고 있다. 피부도 호흡하고 있는 하나의 교환·배설계이므로 이 기능이 쇠퇴하면 피부에도 큰 영향을 준다.

(음) 손태음 폐경 .... 엄지손가락
(양) 손양명 대장경 .. 둘째손가락
⇨ 교환배설계 ⇦
상호협력 에너지 교환
물질교환을 행함

1. 수태음폐경(手太陰肺經)

중초인 위부에서 시작하여 대장으로 이어지고 위의 입구를 돌아 횡격막을 통과하여 폐에 속한 다음 폐에서 겨드랑이 아래로 나와 팔 안쪽을 따라 촌구로 들어간 후 어제혈 부위를 지나고 그 옆의 가장자리를 따라 엄지손가락의 끝으로(소상혈) 나온다. 폐기를 소통시키고 인후를 다스리며 열사를 제거하여 정신을 맑게 한다.

(1) 미용변증

폐는 오행상 금에 속하며 그에 배속되어 있는 기관 중 피부가 이에 속한다. 폐경의 이상으로 피부가 건조하고 알레르기 등이 나타날 수 있다.

① 피부

- 신진대사 및 피지막의 형성이 저하된다.
- 표피층이 얇고 붉으며 예민하고 자외선에 약하다.
- 예민과 수반되는 잔주름 및 모세혈관이 확장된다.

② 신체

- 전체적으로 건조하여 가려움증, 알레르기가 있으며 가을에 특히 심하다.
- 몸이 마르며 등이 구부정하다.

③ 관찰 및 진단

폐를 진단하는 곳은 쇄골 하단이다. 이 부위가 움푹 들어가고 누르면 통증을 느낀다. 어깨가 자주 아프다. 누워 있는 자세를 보면 등부위가 불룩하다. 견갑골 사이의 척주부위가 붉거나 모공이 발달되어 있다. 서 있는 모습이 구부정하다. 날씨가 추우면 어깨를 웅크린다. 기관지가 약하다.

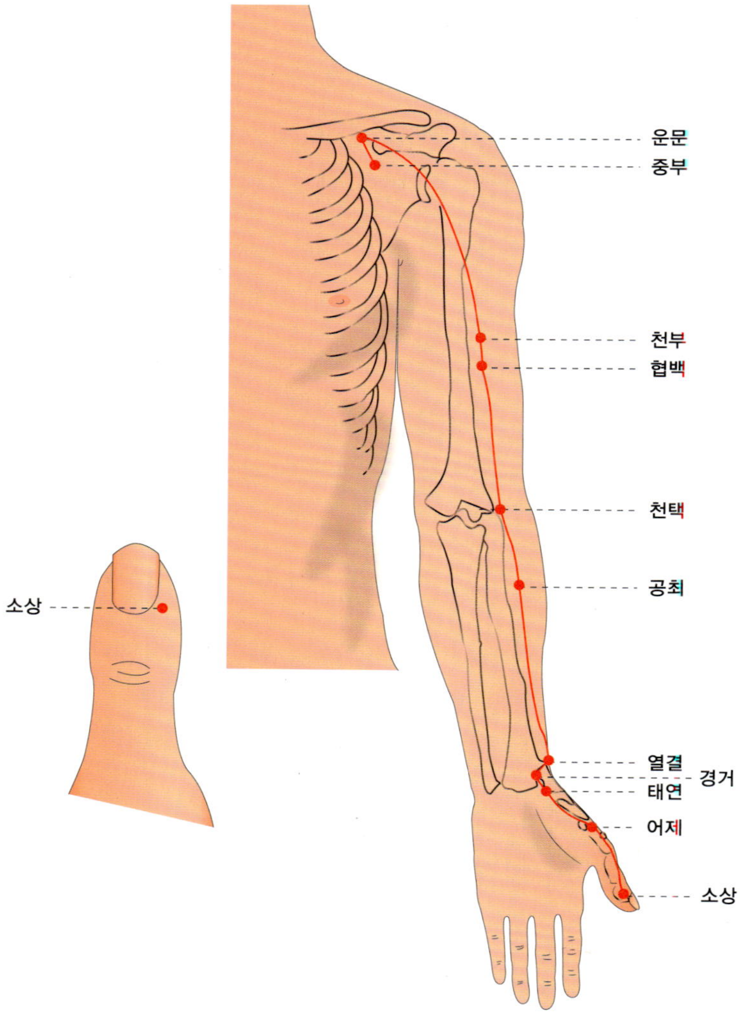

경혈순서(11혈)

중부–운문–천부–협백–척택–공최–열결–경거–태연–어제–소상

그림 3-1 수태음폐경

(2) 폐경의 강화

수태음폐경의 유주시간은 호흡작용을 하는 인시(새벽3~5시)이므로 폐 기능이 왕성한 시간에 깨어나 호흡을 하며 움직이기 시작해야 한다. 습관을 들이면 폐 기능이 왕성해진다. 본격적인 호흡이 시작되면 위기가 위부 외부를 둘러싸 피부 건강상태를 유지하며 스스로 보호하게 된다. 모혈인 가슴위의 중부를 눌러서 위화감이 있으면 폐경의 이상 증상이므로 중부를 사지복으로 굴리듯 지압해 준다.

2. 수양명대장경(手陽明大腸經)

둘째손가락 끝에서 시작하여 둘째손가락의 가장자리를 타고 올라와 손등의 제 1, 2 중수골을 지난 다음 손목부위의 두 힘줄 사이에 있는 함몰부로 들어가서 팔의 바깥쪽 앞 가장자리를 따라 어깨로 올라간 후 견봉의 앞쪽 가장자리로 나와서 다시 위로 올라가 대추혈에서 여러 양경과 만나고 결분으로 들어가 폐로 이어지며 횡격막을 관통하고 내려가 대장에 속한다.

(1) 미용변증

대장경이 흐르는 방향은 둘째 손가락 끝부터 콧망울 옆으로 흐른다. 대장은 음식물의 찌꺼기를 대변으로 변화시켜 배출한다. 대장은 수송을 담당하며 소장에 의해 흡수되고 남은 음식물의 찌꺼기를 받아 그 중에서 다시 수맥을 흡수하고 나머지를 고체 상태로 하여 체외로 배출시킨다.

내경에서 피부는 폐와 대장에 속한다 했으며 실제로 폐와 대장계통에 문제가 있으면 피부에 변이가 나타나게 된다. 따라서 피부를 개선시키기 위해서는 반드시 폐와 대장경의 이상 유무를 관찰해야 한다.

① 피부

- 변비로 인하여 피부가 거칠고 윤기 및 탄력이 없으며 누렇게 변한다.
- 아랫입술이 마르며 선명치 않고, 골진 주름이 생기며 거무스름한 빛을 띤다.

• 턱 밑에 결절형 여드름과 코 옆의 실핏줄이나 여드름이 발생된다.

② 신체

• 복부에 가스가 차고, 아랫배가 비대하며, 팔이 굵고 닭살이 형성된다.
• 변비, 코 막힘, 눈의 피로, 목의 통증을 수반한다.

③ 관찰 및 진단

배꼽 양옆으로 손가락 한마디 정도 떨어진 부위에 대장의 모혈이 있다. 이 혈을 누르면 아프고 이상 느낌이 나타난다. 이 부위가 움푹 꺼지고 힘이 없으며 복부는 배꼽을 중심으로 위, 아래로 이중배가 된다. 좌측의 장골능 부위를 눌러 보아 통증이 있으면 변비증이 있다.

팔이 굵고 아랫배가 심히 나오며 서있는 자세가 불량하다. 뒷모습을 보면 후상장골능(힙의 윗부분) 부위에 살이 붓는다. 대장기맥은 폐의 순환계와 밀접한 관계가 있다.

폐기맥과 같은 금에 속하며 호흡기계의 기능이 좋지 않을 때 영양실조 상태가 되고, 피부색이 희어지고 거칠어진다. 대장을 도는 순환계에 이상이 생기면 눈이 황색을 띠고 이가 아프며 코가 막힌다. 인후가 붓고 상완에 걸쳐 아프며 두 번째 손가락이 거칠어진다.

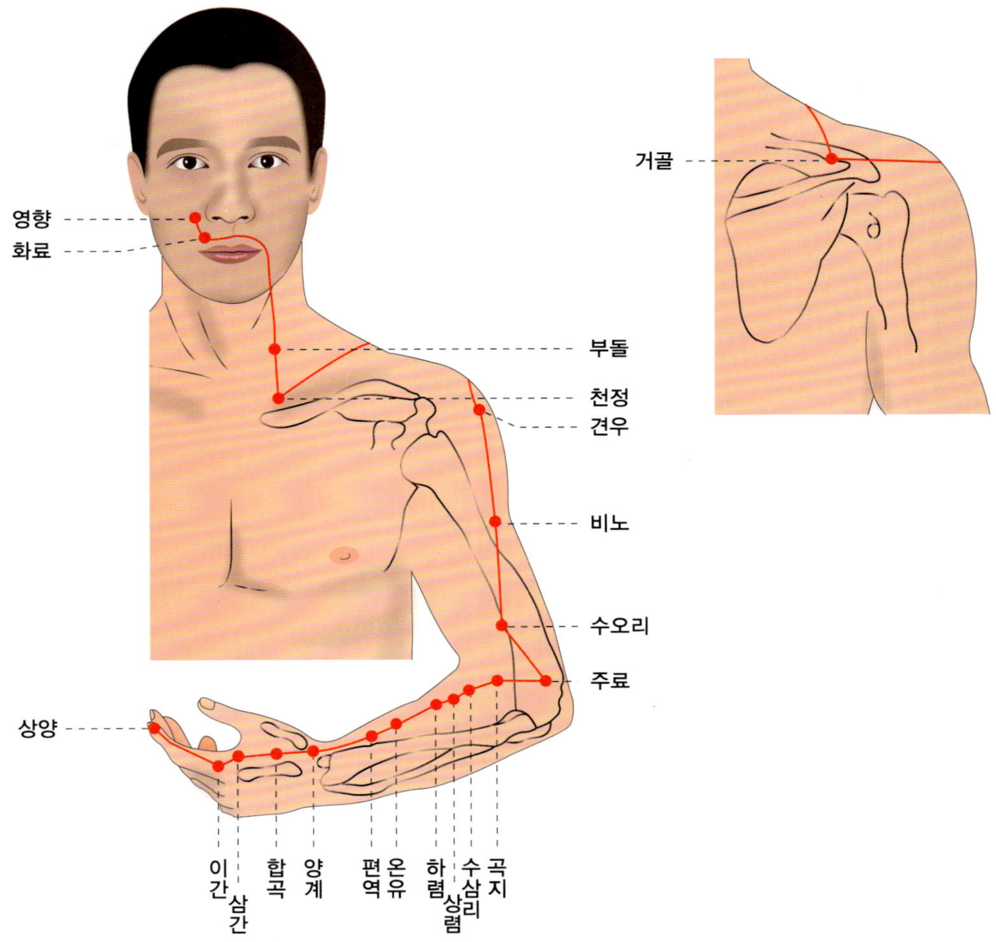

경혈순서(20혈)
영향–화료–부돌–천정–거골–견우–비노–수오리–주료–곡지–수삼리–상렴–하렴–온류–편력–양계–합곡–삼간–이간–상양

그림 3–2 수양명대장경

(2) 대장의 강화

대장의 유주 시간 즉, 묘시(오전5-7시)까지는 대장으로 기운이 도는 시간이므로 될 수 있으면 이 시간에 대변을 보도록 한다. 강화를 위한 처치방법은 다음과 같다. 양손을 따뜻해질 때까지 비벼준 후 아랫배에 대고 시계방향으로 천천히 쓸어준다. 손바닥에는 기를 통하게 하는 노궁혈이 있어서 장을 편하게 한다. 요추의 아랫부분에 대장을 지배하는 혈이 있는데 이 부분을 지속적으로 풀어준다. 배꼽 옆의 진단점(천추혈)을 부드럽게 풀어준다. 어깨는 대장경락이 흐르는 중요한 선이므로 어깨(팔과 연결된 선)가 굳어지지 않도록 풀어준다. 두 번째 손가락에서 코 옆으로 흐르는 대장경을 위, 아래로 쓸어준다.

2. 소화발효계 – 비경, 위경

비경과 위경은 소화발효의 기능을 담당하고 음식물을 흡수 가능한 상태까지 변화시킨다. 즉 현대의 소화기 계통을 담당하고 있는 것으로 생각해도 좋다. 따라서 구강에서 항문까지의 소화관과 그 기능을 돕는 근육의 운동, 체온발열 그리고 유방까지 그 지배하에 있다.

(음) 발태음 비경 ... 엄지발가락
(양) 발양명 위경 ... 둘째발가락

⇨ 소화발효계 ⇦

위는 췌장에 해당. 음식물을 흡수하여 변화시키는 소화발효기능

1. 족양명위경(足陽明胃經)

코 날개 양쪽에서 시작하여 눈 안쪽 모퉁이 눈시울 아래를 거쳐 윗쪽 치아에 들어간 다음 입과 입술을 돌아서 승장혈에서 마주치고 귀 앞쪽 이마 부위에 분포된다. 그런 다음 볼을 타고 내려가 목을 지나서 쇄골 위 움푹 들어간 부위에 들어가게 된다. 여기서는 두 가닥으로 나뉘게 되는데 한 가닥은 흉부의 횡격막을 지나서 아래로 복부구에 이르게 된다.

다른 가닥은 젖꼭지를 지나 복부를 따라 밑으로 내려가면서 두 가닥이 복부구에서 만나게 된다. 다시 바깥쪽을 따라 밑으로 내려가서 발등을 지나 두 번째 발가락 끝부분에 이르게 되며 이 두 가닥에서 직각으로 제3의 가닥이 있는데 한 가닥은 무릎 아래 족삼리 혈에서 시작하여 발의 세 번째 발가락의 바깥쪽 끝 부위로 이어지게 된다. 다른 한 가닥은 발등에서 엄지발가락 안쪽 끝으로 이어지면서 족태음비경과 맞닿게 된다.

(1) 미용변증

얼굴의 눈 밑에서 시작하여 얼굴의 전면으로 흐르고 가슴과 하복부를 지나 대퇴부 무릎을 통과하여 두 번째 발가락으로 흐른다. 위경에 이상이 있는 사람은 얼굴과 피부에 윤기가 없고 색깔이 밝지 못하다. 입술이 마르며 산뜻한 음식을 좋아한다. 얼굴은 많은 경혈들이 있는데 위경이 차지하는 범위는 매우 크다.

위경의 이상 증상은 마르거나 하지의 비대이다.

① 피부

- 얼굴의 볼을 따라 흘러가는 u자형의 부위가 늘어지며 모공이 넓다.
- 볼이 단단하고 웃을 때 볼이 뭉친다.
- 뾰루지가 잘 생기고 코에 피지가 많으며 모공이 넓다.
- 눈 밑이 꺼지고 주름, 건조한 복합성 피부이다.
- 입술이 마르고 건조하며, 윗입술이 거칠고 선이 선명하지 않다.

② 신체

위경은 소화 작용을 관장한다. 복부가 나오고 배에 힘이 없으며 위경을 따라 허벅지 부위가 비대하다. 복부가 나올 때는 상복부와 하복부가 나오며 배꼽부위는 위축된다. 허벅지 부위는 불필요한 지방(셀룰라이트)이 정체되어 단단하고 작은 자극에도 통증이 있다. 무릎에 통증이 있으며 발목이 가늘다. 가슴과 어깨는 그다지 크지 않다.

③ 관찰 및 진단

복부의 진단점은 상복부의 중앙에 있다. 이 부위가 불룩해지며 통증이 있고 등의 중간 부위(흉추의 끝부분)가 불룩하며 답답하다.

(2) 위경의 강화

족양명위경의 유주시간은 진시(오전7-9시)이므로 소화 작용을 하는 이 시간에 규칙적으로 식사를 하도록 한다. 포식이나 과식의 습관은 위장에 부담을 주고 피를 탁하게 하여 피부가 거칠어지게 된다. 위경의 개선을 위해 모혈인 복부의 중완을 시계 방향으로 마찰해 준다.

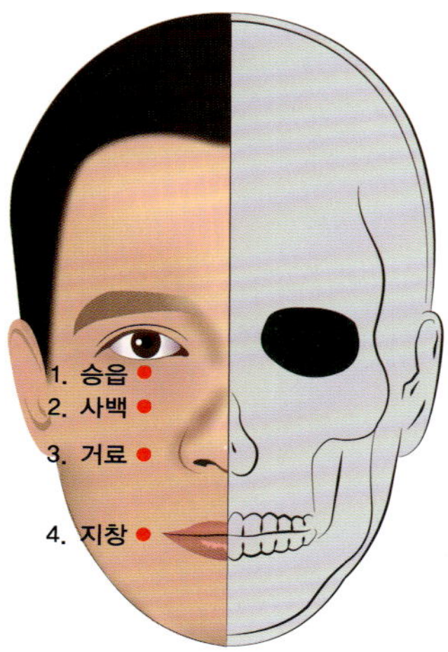

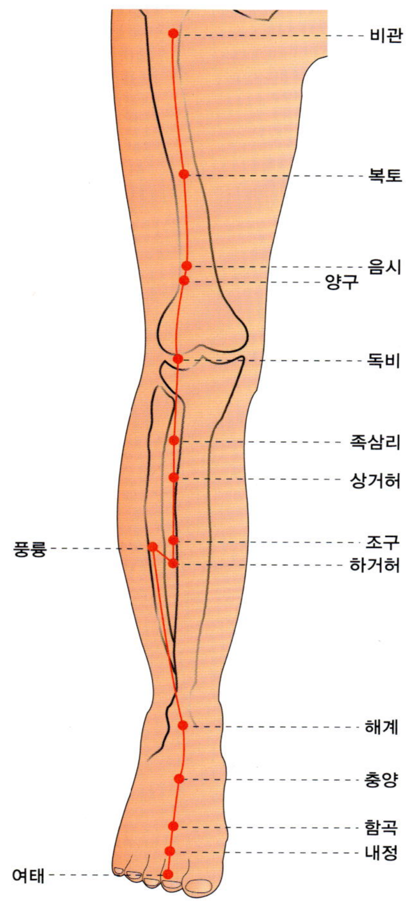

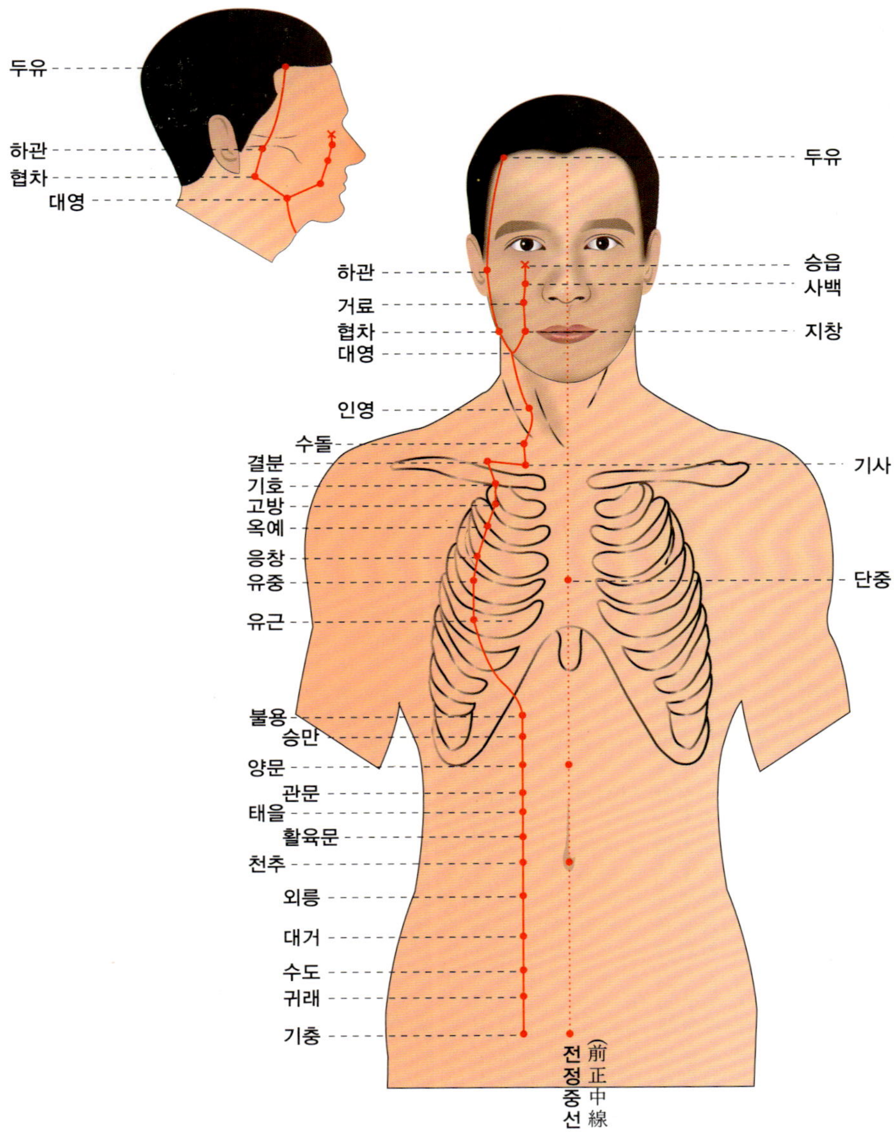

경혈순서(45혈)

승읍–사백–거료–지창–대영–협차–하관–두유–인영–수돌–기사–결분–기호–고방–옥예–응창–유중–유근–불용–승만–양문–관문–태을–활육문–천추–외릉–대거–수도–귀래–기충–비관–복토–음시–양구–독비–족삼리–상거허(상렴)–조구–하거허(하렴)– 풍륭–해계–충양–함곡–내정–여태

그림 3-3 족양명위경

2. 족태음비경(足太陰脾經)

엄지발가락 안쪽 끝(은백혈)에서 시작하여 발바닥과 발등의 경계를 따라 가다가 핵골의 뒤쪽을 거쳐 위로 복사뼈의 앞쪽을 지난다. 종아리 안쪽에서 정강이뼈 뒤쪽을 따라 올라가다가, 족궐음간경과 교차하여 족궐음간경 앞쪽으로 나온다. 위로 무릎 안쪽과 허벅지의 앞쪽을 지나 배로 들어가서, 비에 소속하고 위에 연락한다.

위로 횡격막을 지나 목구멍을 끼고 혀뿌리에 이어지고 혀 아래에서 흩어진다. 한 가지는 위에서 별도로 올라가, 횡격막을 지나 가슴 속으로 들어가 수소음심경과 만난다. 관련 장부는 비, 위, 심, 소장이며, 관련기관은 목구멍, 혀, 음기가 있다.

(1) 미용변증

비경은 엄지발가락 안쪽에서부터 시작하여 안쪽 복사뼈를 지나 위경의 바깥쪽으로 올라가 흉부에 도착한 후 겨드랑이 쪽으로 흐른다. 비장의 기능은 영양과 수분을 흡수하고 전신에 공급하는 역할을 담당하며 비만에 중요한 작용을 한다. 식욕이 조절되지 않아 과식하며 기운이 없고 피로감을 느낀다. 여성의 생리와도 관계가 깊어 생리불순이나 생리통이 올 수도 있다. 비경의 미용적 문제는 비만과 피부의 탄력이다.

① 피부

- 피부색이 황색을 띠고 고르지 않으며, 손과 발바닥이 유난히 노란색을 띤다.
- 피부에 탄력이 없으며, 복합성의 문제를 나타낸다.
- 눈꺼풀에 힘이 없으며, 눈 밑의 주름이 반달 모양으로 늘어진다.
- 턱과 코 이마 부위는 황색을 띠며 볼 부위는 다소 붉다.

② 신체

- 무릎 안쪽의 혈해혈을 중심으로 단단하게 뭉치며 온도는 차갑고, 견갑골의 양 밑 부위에 뭉침이 있다.
- 다리가 휘어져 보이고 무릎이 나와 보인다.
- 신체 전반적인 비만에 관여하며, 복부와 무릎의 윗부분에 문제가 많다

③ 관찰 및 진단

비경의 진단점은 제11늑골 아래인 옆구리 쪽에 있다. 발이 차고 몸이 무거우며 등의 부분이 담에 결린 듯하다. 시원한 음식을 즐겨 찾고, 단 것을 좋아하며 게으르고 눕고 싶어한다.

(2) 비경의 강화

비경은 영양을 운화하는 경맥이다. 복부의 장기를 건강하게 하고 소화액의 분비를 촉진시키며 복부의 혈액순환을 원활하게 한다. 저장 작용을 하는 유주시간은 사시(오전9-11시)이다.

바른 자세로 다리를 어깨 넓이로 벌리고 서서 숨을 들이마시며 복부를 두 주먹으로 두드린 후 숨을 내쉬며 긴장을 푼다. 숨을 들이마시며 한쪽다리를 편 채로 들어 올린 후 숨을 내쉬면서 기본자세를 취한다. 숨을 들이쉬면서 한쪽 무릎을 배에 붙이듯이 구부린다.

숨을 내쉬면서 긴장을 푼다. 양쪽을 반복한다. 비장의 진단점이 당기면 등 쪽으로 당겨지는 느낌이 들 경우가 있는데 이 때에 이 부분을 풀어주고 등의 중간 부위를 풀어 준 다음 무릎의 혈해혈과 서혜부 부위를 풀어준다.

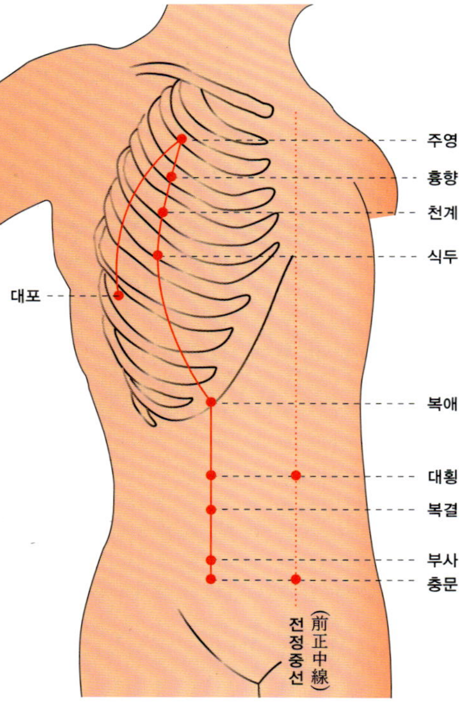

경혈순서(21혈)

은백–대도–태백–공손–상구–삼음교–누곡–지기–음릉천–혈해–기문–충문–부사–복결–대횡–복애–식두–천계–흉향–주영–대포

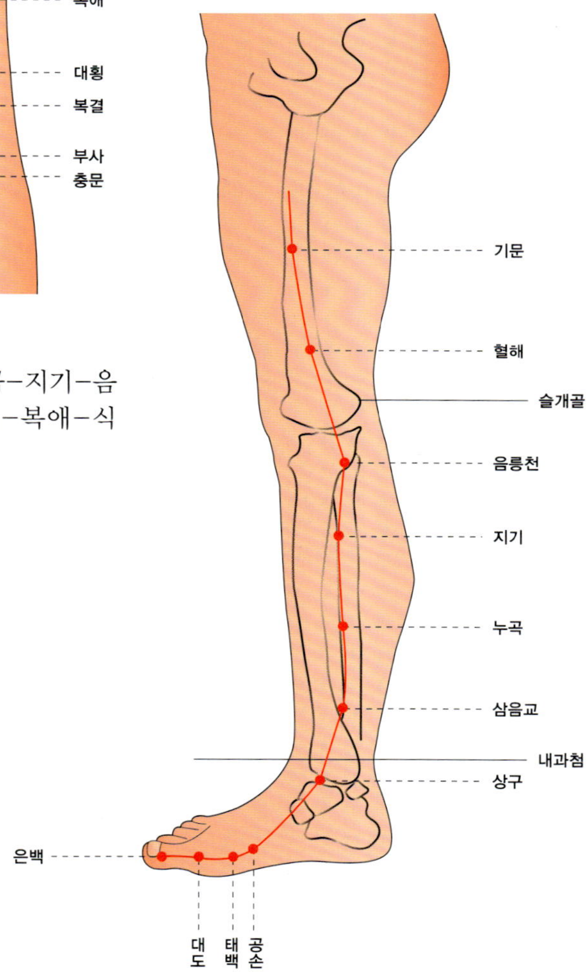

그림 3–4 족태음비경

3. 교환통제계 – 심장, 소장경

심경과 소장경으로 소장은 비, 위에서 소화된 음식물을 영, 위의 기로 바꿔주기 때문에 조혈작용 기능도 여기에 포함된다. 더욱 중요한 것은 심의 역할은 심장자체가 신체 전체의 통제기관이므로 옛날에는 마음의 역할이 생기는 곳으로도 알려져 왔다. 마음이란 것은 자율신경과 호르몬의 분비까지 좌우하며 외부의 자극을 전환시켜 몸의 밸런스를 좋게 한다.

(음) 손소음 .... 새끼손가락
(양) 손태양 .... 새끼손가락 ⇨ 교환통제계 ⇦ 조혈작용, 순화된 음식물의 영양을 기로 전환

1. 수소음심경(手少陰心經)

가슴 속에서 시작하여 심계에 소속하고 아래로 횡격막을 지나 소장에 연결된다. 그 가지는 심장에서 올라가 목구멍의 양쪽을 따라 눈에 이어진다. 다시 심장에서 올라갔다가 겨드랑이 아래로 나온 다음 팔 안쪽(이두박근) 뒤쪽을 따라 가다가 예골끝(신문혈)에 이른 다음, 손바닥 안쪽(손바닥뼈 제4,5번 사이)으로 가서 새끼손가락 안쪽(요골쪽)을 따라 그 끝(소충혈)으로 나와 수태양소장경과 만난다.

(1) 미용변증

심경은 액와 부위에 있는 극천으로부터 팔 안쪽으로 타고 흘러 다섯째 손가락 안쪽으로 간다. 심경은 혈액순환과 정신적인 부분에 관여하며 갈증을 느끼고 눈이 충혈되며 가슴이 답답하다. 손바닥이 화끈거리는 증상이 있다.

① 피부

피부 트러블의 원인은 혈액순환의 둔화와 스트레스로 크게 나누어 볼 수 있는데, 혈액순환의 둔화는 신진대사의 불균형으로 이어지고 모낭의 각화 현상으로 인하여 여드름을 유발한다. 얼굴로 열기가 오르며 이마부위와 얼굴 전체에 여드름이 발생한다. 심경의 미용적 변이는 안면의 여드름이며, 피부결이 곱지 않고 거칠다.

② 신체

열기가 발산되고 급하여 살은 안찌나 얼굴이나 몸이 부을 때가 있으며 얼굴에 붉은 빛이 돈다.

③ 관찰 및 진단

심경의 진단점은 명치 밑에 있다. 소화가 안될 때나 마음이 안정되지 않을 때이 곳을 누르면 압통을 느끼는데 신경성 소화불량의 증상이다. 이를 풀어주면 한결 시원해진다. 등 부위는 견갑골 중간지점(흉추5번)이 뭉치고 두꺼워지는 느낌이 들며 참을성이 없어지고 조급증이 생기며 가슴이 답답하다. 숨을 쉴 때에 들숨은 짧고 날숨은 길다.

(2) 심장의 강화

심장의 기가 왕성한 시기는 오시(오전11시-오후13시)이다. 이 시간에는 심장의 펌프작용에 의해 온몸으로, 혈액을 공급하는 시간(순환작용)이 되므로 과격한 운동이나 노동을 피한다. 심신을 편하게 하여 쉬는 것이 좋다. 처치방법으로는 등의 상부를 문질러 주되 위에서 아래로 향해 쓸어준다. 열기는 위로 뻗어 올라가려는 성질이 있으므로 아래로 쓸어 내려 더운 기운을 안정시킬 필요가 있다.

크게 가슴을 벌려주듯이 심호흡을 한다. 깊이 숨을 들이마셔서 아랫배(단전)로 기운을 모은다. 겨드랑이에서 다섯째 손가락으로 흐르는 심경맥을 위, 아래로 쓸어주되 특히 팔이 접히는 부위에 있는 소해혈의 뭉침을 풀어준다.

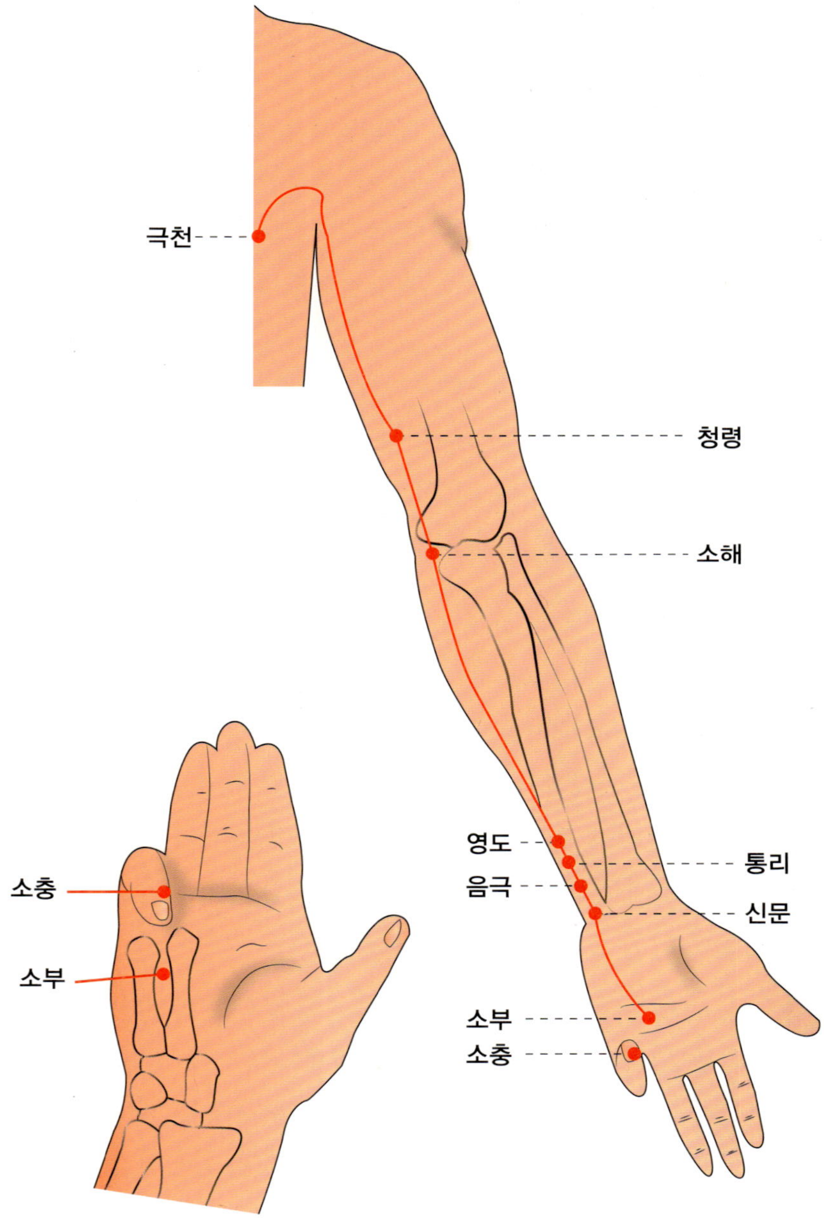

경혈순서(9혈)
극천– 청령– 소해– 영도– 통리– 음극– 신문– 소부– 소충

그림 3–5 수소음심경

2. 수태양소장경(手太陽小腸經)

새끼손가락의 척골쪽(바깥쪽) 끝(소택혈)에서 시작하여 손 바깥쪽을 따라 위로 손목의 예골을 지나, 팔뚝 바깥쪽 뒤쪽을 따라 팔꿈치의 두 돌기 사이(소해혈)로 나와 위로 올라간다. 위팔 바깥쪽 뒤쪽을 따라 어깻죽지(견정혈)로 나와 견갑골(천종혈)을 돌아 어깨 위에서 만난다. 다시 반쯤 꺾여 가슴으로 향하여 결분으로 들어오고 심에 연락한다. 식도를 따라 아래로 횡격막을 지나 위에 이르고 소장에 소속한다.

그 가지는 결분에서 목을 따라 올라가서 뺨을 지나 눈초리(족소양담경의 동자료혈)에 이르고, 되돌아 나와 귀 속(청궁혈)으로 들어간다. 또 한 가지는 뺨에서 갈라져나가 코 옆을 끼고 비스듬히 올라가, 코 뿌리에 이르러 눈물샘(정명혈)에서 족태양방광경과 만나고, 비스듬히 광대뼈 부위에 이어진다.

(1) 미용변증

소장경의 흐름은 다섯째 손가락 밖(소택혈)으로부터 시작하여 팔의 외측면을 따라 위로 올라가 어깨를 돌아 볼을 끼고 귀의 중앙으로 흐른다. 이 경맥은 체액(혈액, 임파액)을 조절하고 대, 소변의 기능을 담당한다. 변비, 설사의 문제와 목이 아프고 편도선이 부으며 이명이 있다. 소장경의 미용적 문제는 얼굴라인을 따라 발생하는 피부 트러블이다.

① 피부

- 얼굴 전체의 안색이 붉으며, 눈가에 가는 주름이 발생한다.
- 비화농성 여드름(블랙헤드)이 피부 전체에 생길 수 있다.
- 턱선이 붉으며 작은 화농성 여드름이 턱선을 따라 발생한다.
- 헤어라인을 따라 각질이 일어나는 등의 문제를 발생시킬 수 있다.
- 가을로 접어드는 환절기에 알레르기가 발생한다.

② 신체

배꼽의 우측 옆의 부위를 지그시 눌러 보면 뭉친듯한 것이 밀려가는 느낌이 나며 통증이 있는데 이것이 소장에서 대장으로 연결되는 회맹판의 불량으로 복부가 불편하고 가스가 찬다.

③ 관찰 및 진단

소장경의 진단점은 하복부의 중간부위(관원혈)이지만 소장의 위치인 배꼽의 약간 위쪽(수분혈)에서 느낌을 진단할 수도 있다.

(2) 소장경의 강화

소장경의 유주시간은 미시(13-15시)이며, 섭취한 음식물을 몸에 필요한 영양분으로 전환하여 전신에 공급하므로 이 시간에는 열심히 일하며, 움직이면서 서서히 다음 시간의 휴식을 준비한다. 소장경 개선을 위해 소장경의 모혈인 복부의 관원을 수장으로 배꼽 주위를 굴려 준다.

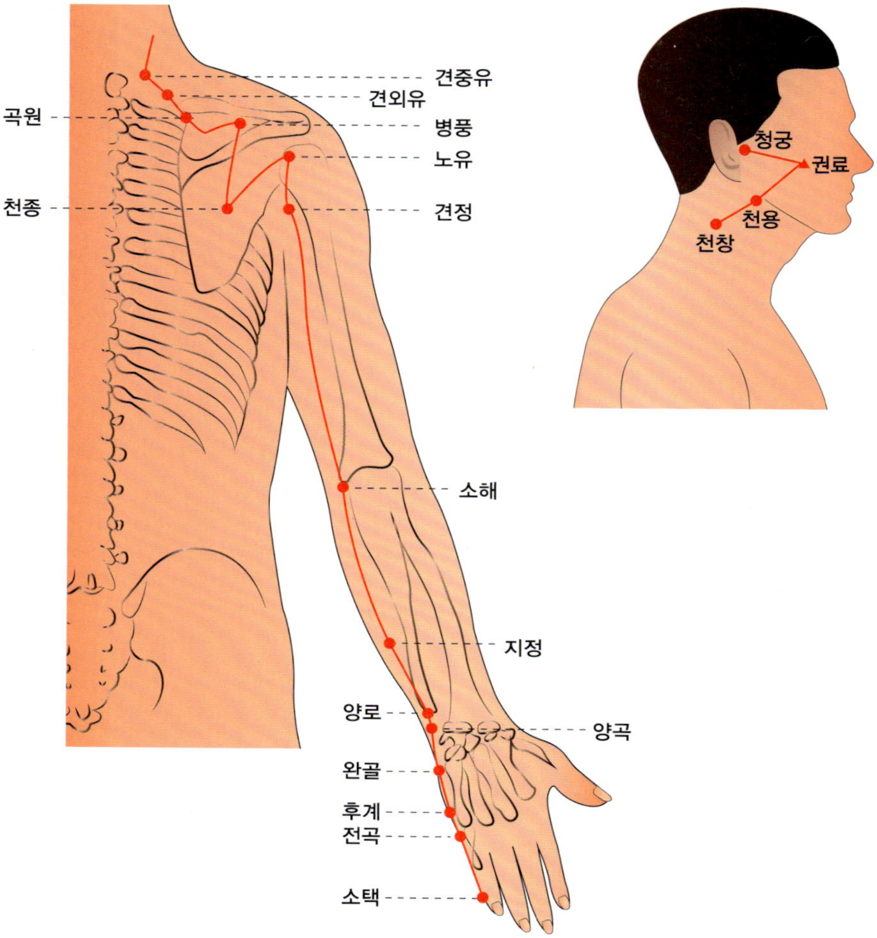

경혈순서(19혈)

소택–전곡–후계–완골–양곡–양로–지정–소해–견정–노유–천종–병풍–곡원–견외유–견중유–천창–천용–권료–청궁

그림 3–6 수태양소장경

4 정기청정계 – 방광경, 신경

방광경은 경맥들 중에서도 발에서 머리까지 연결되어 있는 긴 경락이다. 여기에서 말하는 신은 현대의 부신에 해당된다고 하듯이 생명력을 높여 체액을 청정하게 하고 노폐물을 배설하는 매우 중요한 기능을 가지고 있는 경락이다. 사람들 사이에서 정력이 없어졌을 때 신허라고 하는데, 이것은 신경이 허한 상태이다.

신장경은 생식기능에도 영향을 끼친다. 특히 등뼈를 따라 있는 방광경은 그 주행 경로를 봐도 자율신경에 큰 관련이 있고 나아가서는 전신의 호르몬 밸런스에도 큰 역할을 하고 있다. 현재의 스트레스 증상과 자율신경실조는 모두 이 신장경의 이상이라고 생각해도 좋다.

(양) 발태양 방광경 .. 새끼발가락
(음) 발소음 신경 ..... 새끼발가락
⇨ 정기청정계 ⇦ 조혈작용, 순화된 음식물의 영양을 기로 전환

1. 족태양방광경(足太陽膀胱經)

정명혈에서 시작하여 위로 이마를 지나 정수리(백회혈)에서 좌우가 교차한다. 그 가지는 정수리에서 귀 위쪽 끝에 이른다. 곧게 가는 경맥은 정수리에서 안으로 들어가 뇌에 이어지고, 다시 돌아 나와 정수리에서 목덜미로 내려가, 어깨뼈 안쪽 등줄기 양옆 1.5촌에서 등줄기를 따라 허리로 내려가고, 등선을 따라 안으로 들어가서 신에 연락하고 방광에 소속한다. 그 가지는 허리에서 아래로 내려가 엉덩이를 지나 오금(위중혈)으로 들어간다.

또 한 가지는 목덜미에서 어깨뼈 안쪽 등줄기 양 옆 3촌을 따라 등줄기를 타고 내려가며 큰 대퇴돌기 (환도혈)를 지나 넓적다리 뒤쪽을 따라 내려가, 허리에서 온 가지와 오금에서 만난 다음, 아래로 장딴지를 지나서 바깥 복사뼈 뒤쪽(곤륜혈)으로 나와, 새끼발가락끝(지음혈)에 이르러 족소음신경과 만난다.

(1) 미용변증

방광은 수액이 머물 수 있는 장소로 진액을 저장하고 기화작용을 통해 소변을 체외로 배출한다. 방광경의 흐름은 눈앞머리의 청명에서 시작하여 두정부를 통과하여 척주를 따라 흐르고 다리 뒤편을 따라 내려 다섯째 발가락으로 흐른다. 방광경은 척주를 따라 전신으로 흐르기 때문에 증세도 다양하게 나타난다. 난청, 귀 울림이 있고 치질, 종아리 경련, 정력 감퇴, 관절과 뼈마디가 약하며 공포심이 있다. 방광경의 미용과 관련한 문제는 거칠고 윤기없는 피부이다.

① 피부

- 피부가 검고 윤기가 없으며 푸석푸석하다.
- 머리카락이 윤기가 없고 가늘며 흰머리가 잘 생긴다.
- 기미, 여드름, 민감함에 의한 모든 피부 증상에 관여한다.

② 신체

- 소화불량 및 아랫배가 단단하다.
- 아킬레스건 부위가 아프거나 당기고 발꿈치가 갈라지며, 새끼발가락에 티눈이 생긴다.
- 엉덩이가 늘어지며, 오금부위와 하지 뒤쪽이 당기고 단단하다.

③ 관찰과 진단

방광경의 진단점은 치골 바로 위의 중극이다. 아랫배가 나온 사람 중에도 이 부분이 꺼진 경우가 많은데 이런 경우에 소변을 참지 못하든지 조절이 어렵다. 천골에서 꼬리뼈 쪽으로 색이 검거나 꺼진 경우에도 방광염 등 냉한 증상으로 오는 문제를 야기할 수 있다. 엉덩이가 검고 닭살을 이룬다.

(2) 방광경의 강화

방광경으로 기가 유주하는 시간은 신시(15-17시)이다. 이 시간은 정혈시키는 시간(청정작용)이므로 과격한 일은 피하도록 한다.

처치방법으로는 다리를 어깨 넓이를 벌린 후 무릎을 최대한 구부린 상태에서 허리를 펴고 양손을 하단전에 대고 복식호흡을 한다. 이 때 호흡과 함께 항문을 조여 준다. 천골 부위를 마찰법을 이용해 따뜻하게 한다.

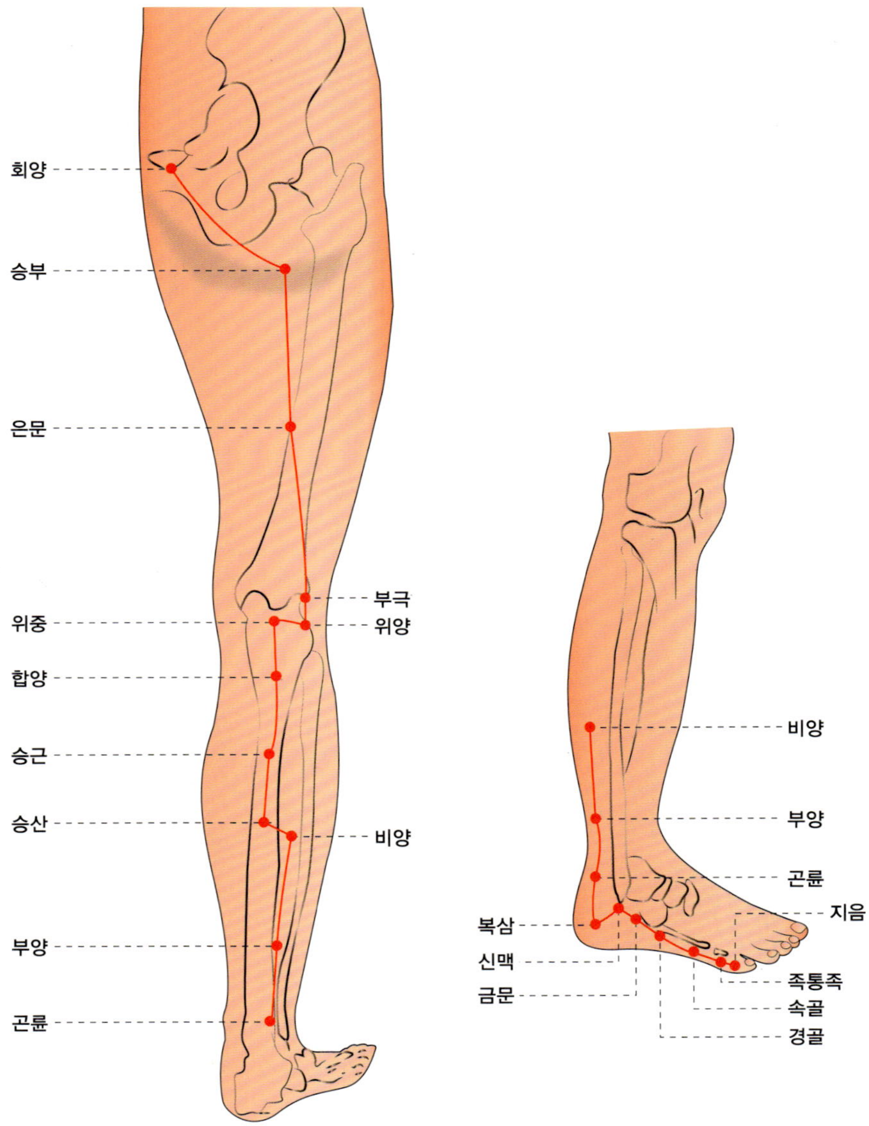

그림 3-7 족태양방광경(a)

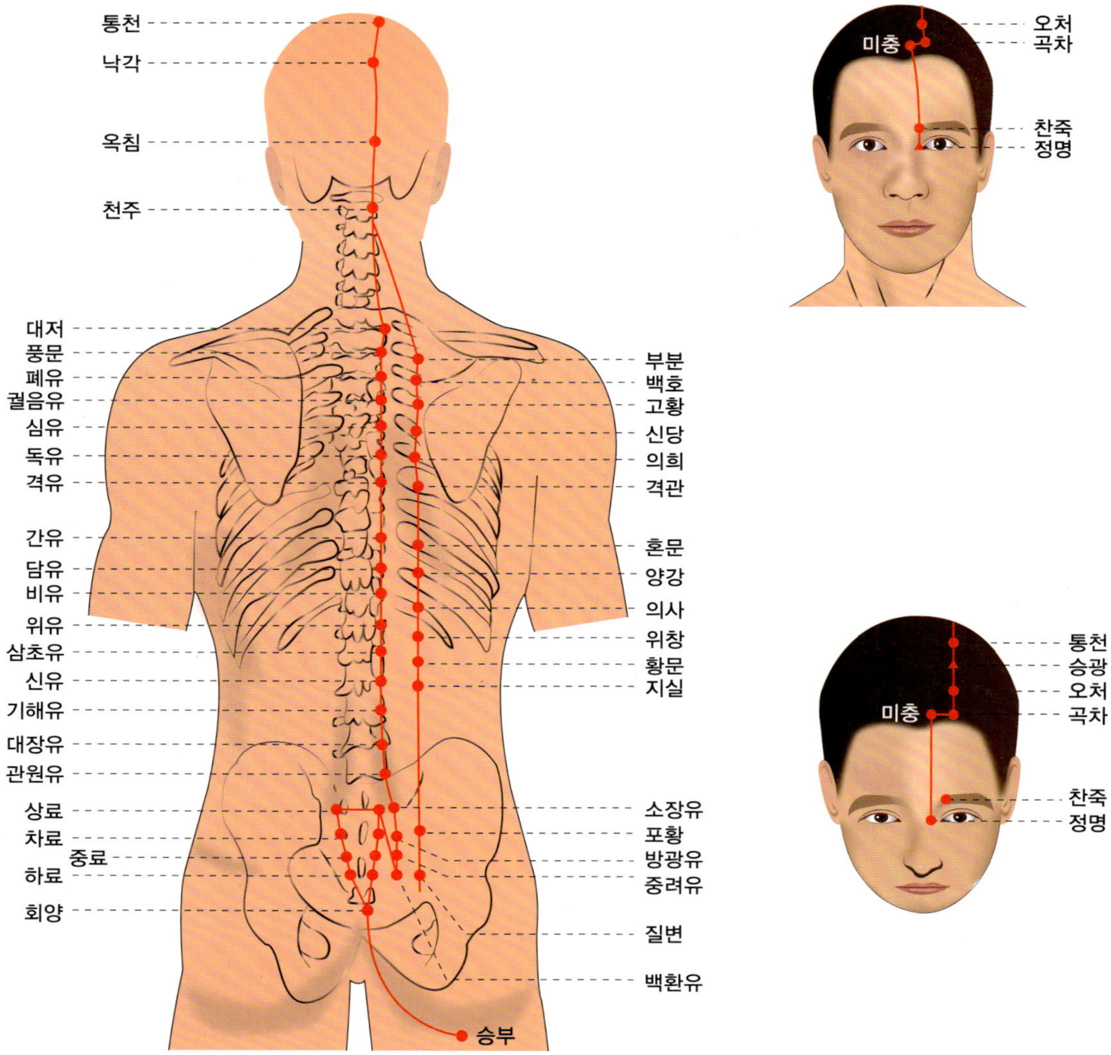

경혈순서(67혈)

정명–찬죽–미충–곡차–오처–승광–통천–낙각–옥침–천주–대저–풍문–폐수–궐음수–심수–독수–격수–간수–담수–비수–위수–삼초수–신수–기해수–대장수–관원수–소장수–방광수–중려수–백환수–상료–차료–중료–하료–회양–승부–은문–부극–위양–위중–부분–백호–고황–신당–의희–격관–혼문–양강–의사–위창–황문–지실–포황–질변–합양–승근–승산–비양–부양–곤륜–복삼–신맥–금문–경골–속골–통곡–지음

그림 3–7　족태양방광경(b)

2. 족소음신경(足少陰腎經)

새끼발가락쪽 발바닥에서 시작하여 용천혈을 비스듬히 지나고, 연곡혈 아래로 나와 안쪽 복사뼈 뒤쪽(태계혈)을 따라 발꿈치 속으로 들어간 다음 종아리 안쪽 뒤쪽으로 올라가서 오금 안쪽(음곡혈)으로 나와, 위로 넓적다리 안쪽 뒤쪽을 따라 올라가, 독맥의 장강혈 부위에서 등줄기를 관통하여 신에 소속하고 방광에 연락한다. 곧게 가는 경맥은 신에서 올라가 위로 간과 횡격막을 통과해서 폐로 들어가고, 목구멍을 따라 혀뿌리에 이른다. 다른 한 가지는 폐에서 갈라져나가 심에 이어지고, 가슴으로 들어가 수궐음심포경과 만난다.

(1) 미용변증

신경의 경로는 발바닥의 용천에서 시작하여 안쪽 복사뼈를 따라 돌아 흐르고 허벅지 안쪽과 복부를 지나 흉부에 이르는 경락이다. 이 기혈 안에서 생식 호르몬과 부신 생식 계통이 속해 있다. 신경은 주로 신장의 이상과 비뇨기의 이상을 치료한다. 이 신경맥의 문제로는 입이 마르고 혀가 굳어지며 허리나 무릎이 시리거나 신경이 예민해지며 건망증이 있고 어지럽다. 모든 내분비 계통이 이에 속하므로 미용적 변이의 전반에 걸쳐 관여한다. 신경은 부신과 관계가 있기 때문에 부신호르몬의 부조화로 오는 피부 트러블을 발생시킨다. 신경맥의 대표적인 미용트러블은 피부의 건조, 노화, 부종이다.

① 피부

- 눈 밑이 꺼지며 검어진다.
- 피부가 건조하며 색이 검고 거칠다.
- 입이 마르고 갈라지며 입 주위가 지저분하다.
- 입 아랫부분에 단단한 여드름이 잘 생긴다.
- 눈빛이 흐리며 얼굴, 특히 눈이 붓는다.

② 신체

- 설사를 잘하고 여위며, 아랫배가 부르다.
- 무릎이 시리며, 몸이 잘 붓는데 특히 얼굴과 발 등이 심하다.
- 발바닥의 용천 부위가 두꺼워지며, 조금만 걸어도 피로를 느낀다.

③ 관찰 및 진단.

신경을 진단하는 곳은 엎드려 누운 자세로 볼 때 제12늑골의 하단에 있다. 이 부위를 누르면 통증이 있다. 허리 부위에 띠를 두른 듯이 검고, 시린 듯한 느낌이 있다. 쉬 피로하다. 저녁에 소화력이 떨어지며 음식을 먹으면 붓는다. 허리디스크를 일으키는 부위는 수기가 주관하는 부위이며, 할머니가 허리를 구부정한 것도 신기가 약해진 때문이다.

(2) 신경의 강화

신경락의 기의 유주시간은 유시(17-19시)이다. 이후 무리한 활동은 피부 조기노화의 원인이 된다. 이 시간 이후는 신체를 외사로부터 방어해 주는 위기의 활동이 정지된 시간이므로 외출을 삼가고 심신의 안정을 취한다. 신은 신체의 정기를 주고 스트레스에 대해 저항한다. 신기를 강화시키는 것은 정기를 강화하는 것이다. 요추부위를 강화시킨다. 바로 누운 상태에서 무릎을 펴고 한쪽 다리는 바닥에 닿지 않도록 고정하고 한쪽 다리만 90도 각도로 들어 올린다. 두 손으로 양쪽 무릎을 안고 가슴으로 당겼다 편다. 신경의 진단점을 부드럽게 풀어준다. 신경맥을 따라 위, 아래로 쓸어준다.

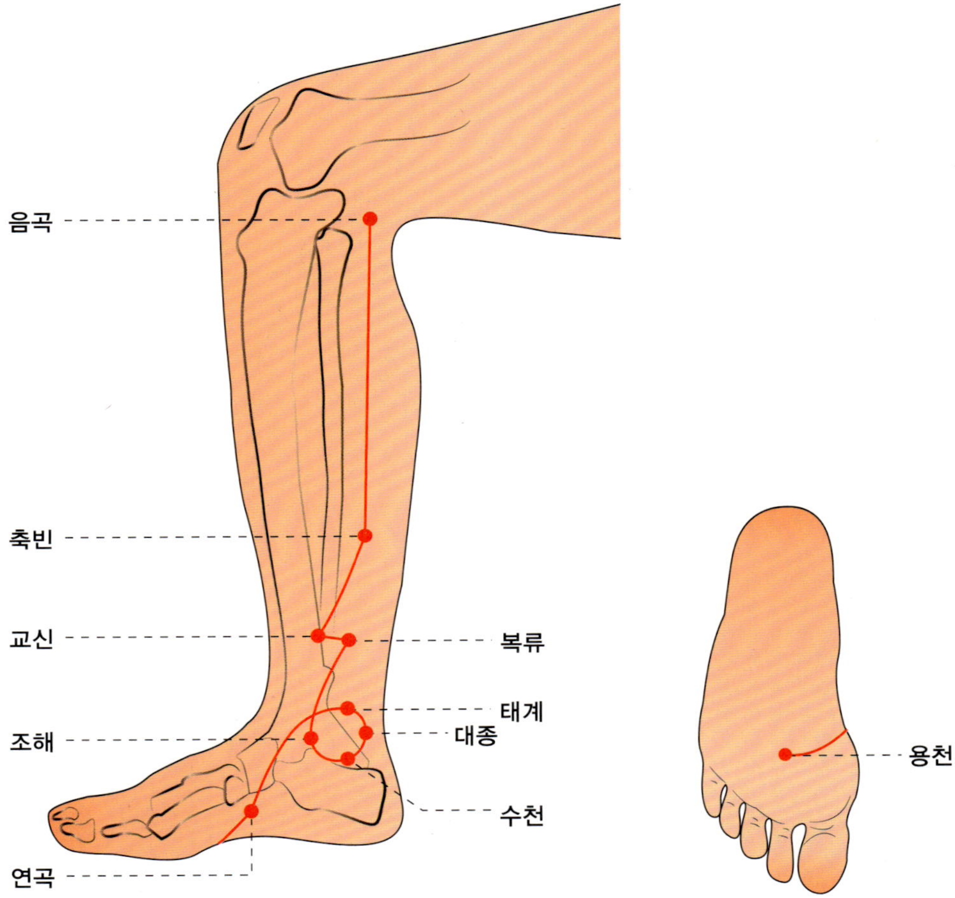

경혈순서(27혈)
용천–연곡–태계–태종–수천–조해–복류–교신–축빈–음곡–횡골–대혁–기혈–사만–중주–황유–상곡–석관–음도–통곡–유문–보랑–신봉–영허–신장–욱중–유부

그림 3-8 족소음신경(a)

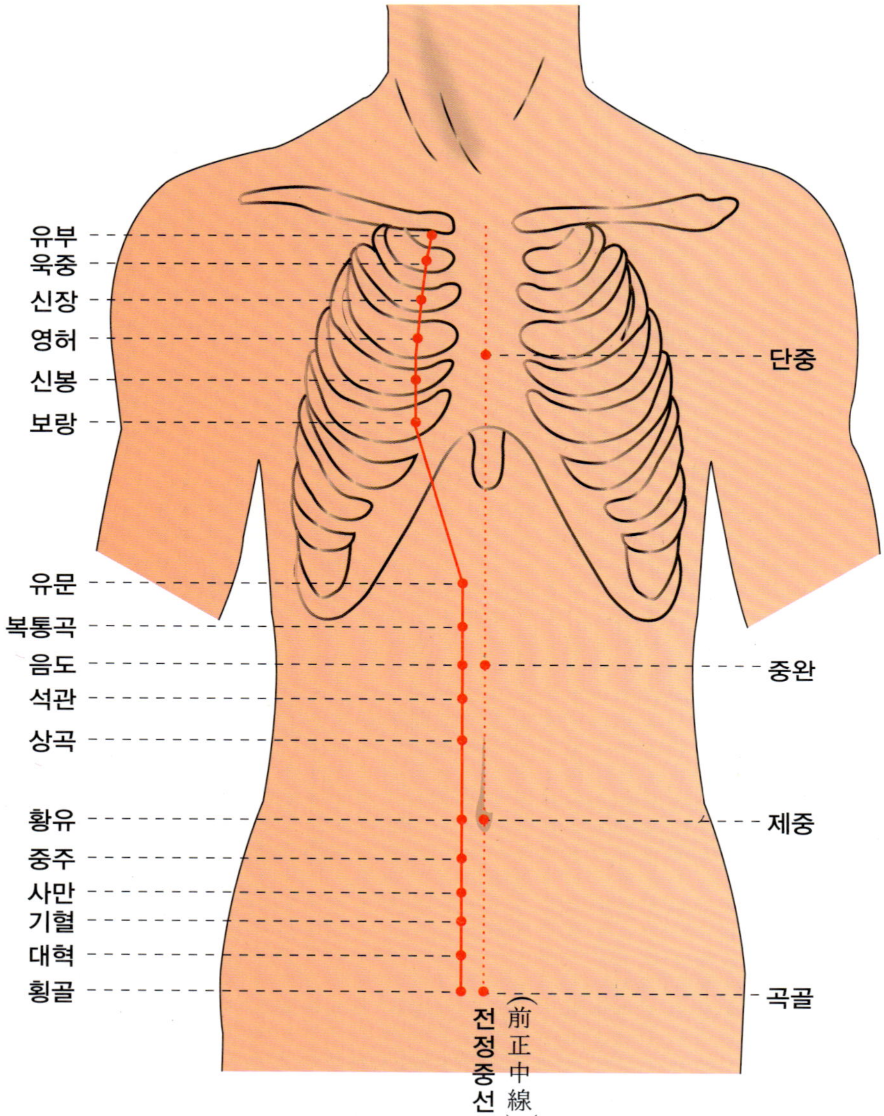

유부
육중
신장
영허
신봉
보랑
단중
유문
복통곡
음도
석관
상곡
중완
황유
중주
사만
기혈
대혁
횡골
제중
곡골
전정중선(前正中線)

그림 3-8 족소음신경(b)

5. 순환보호계 – 심포, 삼초경

이 그룹은 두 개 모두 실존하지 않는 장기라는 것은 앞에서 이야기한 바 있다. 심포는 심장을 감싸고 있는 심막이다. 심(心)은 군주의 관(冠)이라고 말했듯이 심포는 실제로 마음의 역할을 담당하는 뇌의 뇌막을 의미하고 있다는 설도 있다. 삼초는 옛날부터 일은 하지만 형태가 없다고 말하고 있는 대로 이것에 해당하는 장기는 없지만, 이 경이 우리 몸통을 상중하로 삼등분해 보면 가슴의 상초는 호흡을 주관하고, 중초는 소화를 주관하고, 하초는 대사를 주관하는 아주 중요한 경맥이다. 그래서 삼초경의 정혈이 위치해 있는 넷째손가락을 약지라고 한다.

(음) 손궐음 심포경 ... 셋재손가락
(양) 손소양 삼초경 ... 넷째손가락 ⇨ 순환보호계 ⇦ 공통점은 심포경과 심초경은 실존하지 않는 독립된 경락

1. 수궐음심포경(手厥陰心包經)

가슴에서 시작하여 심포에 소속하고 아래로 횡격막을 지나 차례대로 상중하 삼초와 연락한다. 그 가지는 가슴에서 옆구리로 나와 겨드랑이 아래 3촌 부위(천지혈)로 내려왔다가, 다시 위로 올라가 겨드랑이에 이르러, 위팔안쪽 가운데를 따라, 수태음폐경과 수소음심경 사이를 지나서 팔꿈치 가운데(곡택혈)로 들어가고, 팔뚝 두 힘줄(장장근건, 요측완굴근건) 사이로 내려가서 손바닥 한가운데(노궁혈)로 들어간 다음, 가운데손가락을 따라 그 끝(중충혈)으로 나온다. 다른 한 가지는 손바닥 한가운데에서 갈라져 나가, 넷째 손가락 바깥쪽을 따라 손가락끝(관충혈)으로 나와 수소양삼초경과 만난다.

(1) 미용변증

수궐음심포경의 주요작용은 심장 및 순환기계통과 정신적인 문제이다. 심포경의 미용적 증상은 심경과 유사하여 열증에 의한 변이로 나타난다. 심포는 전신의 신체 리듬에 관여하므로 여러 종류의 미용적 문제를 야기한다.

① 피부

- 얼굴이 검어지는 경우와 눈동자의 색이 탁해지기도 한다.
- 얼굴이 붉어지고 열감을 느끼는 여드름 등이 발생한다.

② 신체

- 추위와 더위 등 저항력이 약하다.
- 열감을 느끼고 가슴이 답답하다.
- 등쪽 견갑골 사이의 모공이 넓고 두껍다.
- 가슴이 유난히 크거나 작다
- 겨드랑이 부위가 두꺼워 팔을 내렸을 때 불뚝하게 솟아 보이며, 내측이 두껍다.

③ 관찰 및 진단

심포경의 진단점은 유두 사이의 단중이라는 곳인데 마음이 아플 때 쓸어내리는 부위이다. 마음이 아프다는 것은 장기는 없지만 통증만 있는 것이다. 마음이 불안하고 손바닥에 열이 나며 팔의 윗부분이 저리거나 아프다.

(2) 심포경의 강화

심포경으로 경락이 유주하는 시기는 우리 몸의 보호 작용을 하는 술시(19–21시)이다. 이 시간 후 무리하게 되면 몸에 열이 나며 마르고, 허약해지며 잠이 잘 오지 않는다. 처치 방법으로는 등의 견갑골 부위의 뭉침을 풀어주거나 가슴 정중선의 진단점을 풀어준다. 겨드랑이 부위의 뭉침을 풀어준다. 손바닥을 위로 하여 팔을 폈을 때 팔의 정중선을 따라 흐르는 선이 단단하면 가슴의 두근거림이 생기는데 이 부위를 위에서 아래로 쓸어내린다.

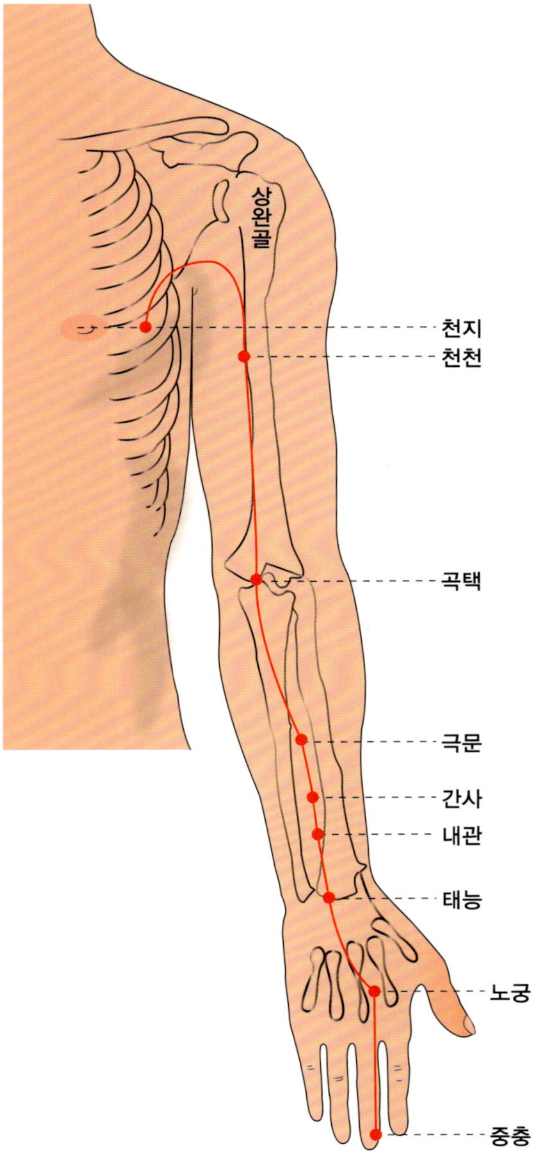

경혈순서(9혈)

천지-천천-곡택-극문-간사-내관-태릉-노궁-중충

그림 3-9 수궐음심포경

2. 수소양삼초경(手少陽三焦經)

넷째손가락 바깥쪽(관충혈)에서 시작하여, 위로 넷째손가락 바깥쪽을 따라 손바닥뼈 제4,5번 사이로 나와서, 손등과 손목(양지혈)을 따라 팔뚝 바깥쪽에서 두 뼈(요골과 척골) 사이로 나오고, 팔꿈치를 지나 위팔바깥쪽을 따라 어깨로 올라가서 족소양담경과 교차하여 담경 뒤로 나와, 결분으로 들어가고 단중에 분포하며 심포에 흩어져 연락한 다음, 아래로 횡격막을 지나서 상중하 삼초에 차례로 소속한다.

그 가지는 단중에서 결분으로 올라나와 목덜미를 따라 귀 뒤에 이어지며, 곧게 올라가 귀 위쪽 끝으로 나와, 다시 구부러져 아래로 뺨을 지나 눈밑에 이른다. 다른 한 가지는 귀 뒤(예풍혈)에서 귓 속으로 들어간 다음 귀 앞으로 나와 객주인혈(족소양담경의 상관혈) 앞을 지나 청궁혈(수태양소장경)에서 앞의 가지와 만나고, 눈초리(동자료혈)에 이르러 족소양담경과 만난다.

(1) 미용변증

삼초는 소장을 보좌하고 상초, 중초, 하초로 전신에 원기를 분포하며 림프계 등 모든 내분비계에 영향을 준다. 삼초경의 미용적 변이는 기의 순환장애와 내분비계의 이상에서 오는 여러 가지 현상이 나타날 수 있는데 대표적 문제는 피부의 가려움증과 예민함이다.

① 피부

피부가 가렵고, 예민하며 알레르기성 피부가 되기 쉽다.
습기에 약하여 습진 등에 잘 걸린다.
귀 뒤쪽에 좁쌀처럼 솟는다.
볼 부위가 뭉친 듯이 아프다.

② 신체

배꼽을 중심으로 단단하고 차며, 설사를 자주 한다.

눈이 피로하고, 목이 아프고 뻣뻣하다.

팔의 외측과 소지에 걸쳐 단단하게 뭉침이 있으며 저린듯한 통증이 있다.

③ 관찰과 진단

삼초경의 진단점은 하복부의 석문이라는 혈로 하단전의 영역이다. 이 부위를 누르면 아프고 단단하다. 복근에 탄력이 없고 감기에 걸리면 쉽게 낫지 않는다.

(2) 삼초의 강화

유주시간은 해시(21-23시)이며, 체온이 가장 많이 떨어지는 시간으로 삼초는 체온을 유지해 주는 기관이다. 이 시간에 잠을 자야 피의 정혈과 식히는 작용을 원활하게 할 수 있다.

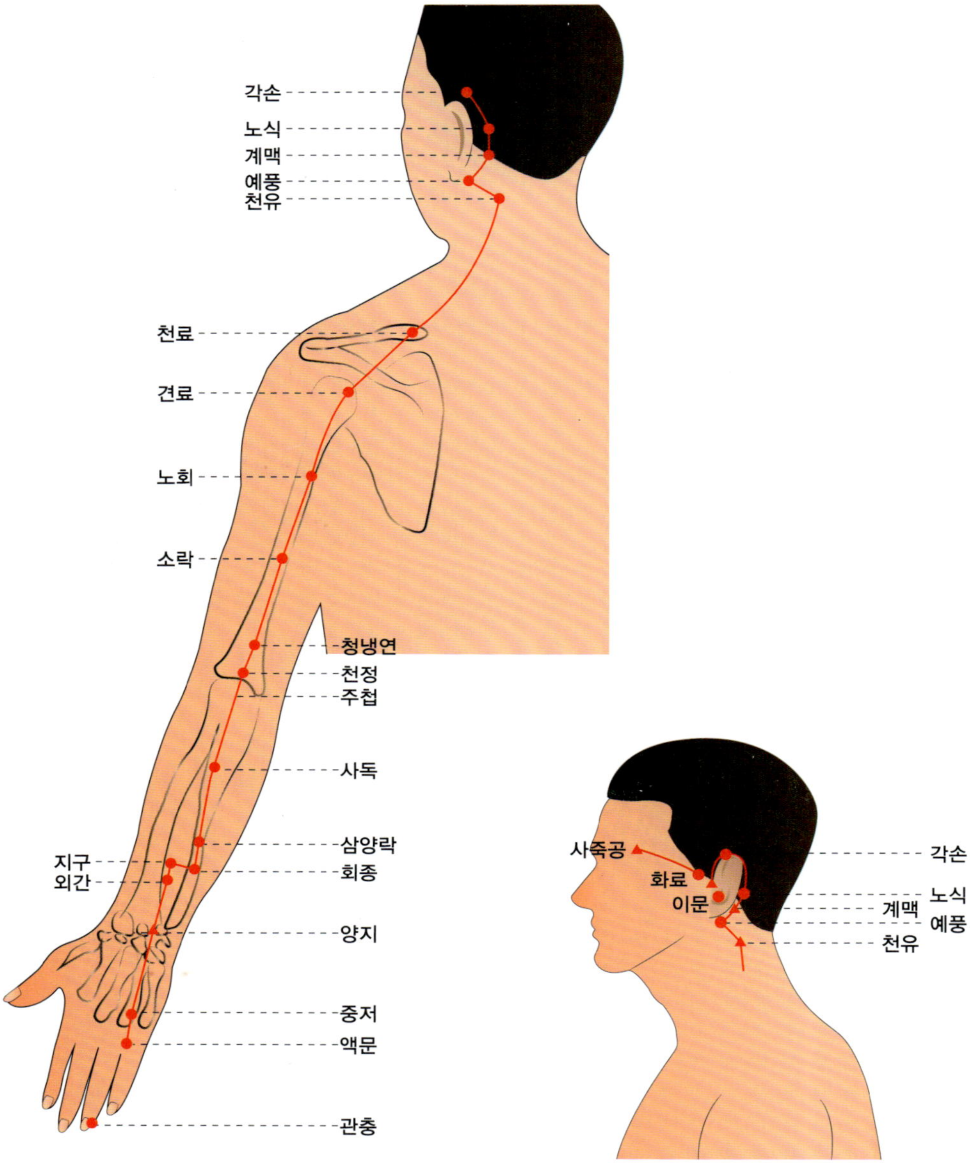

경혈순서(23혈)
관충–액문–중저–양지–외관–지구–회종–삼양락–사독–천정–청냉연–소낙–노회–견료–천료–천유–예풍–계맥–노식–각손–이문–화료–사죽공

그림 3–10 수소양삼초경

6. 저장배분계 – 담경, 간경

두 개의 경락은 서로 협력하면서 에너지와 영양을 저장하고 이것을 각 기관에 배분하고 있다. 옛말에 간에 붙었다 쓸개에 붙고, 또 '간담이 서늘하다'라는 속담과, 간이 부었다는 말이 있듯이 모든 음식물은 소장에서 걸러서 영양분은 간에서 해독한다. 피로하면 이 해독작용이 되지 않아 간에 독소를 보유하게 되면 피로를 느끼고 눈까지 피곤하다. 또 호르몬의 과부족을 조절하고 있기 때문에 피부, 두발에도 큰 영향을 미치고 있다. 이상과 같이 각 경락의 기능을 이해하려면 어떤 것의 기능이 쇠퇴하여도 또는 거꾸로 지나치게 활발하여도 신체밸런스가 무너져 건강을 유지하기가 곤란해진다.

(양) 발소양 담경 ..... 넷째발가락
(음) 발궐음 간경 ..... 엄지발가락
⇨ 저장배분계 ⇦
영양을 저장 각 기관에 배분과 해독작용을 함

1. 족소양담경(足少陽膽經)

눈꼬리(동자료혈)에서 시작하여 올라가 이마 구석(함염혈)에 이르고, 다시 내려가서 귀 뒤에서 꺾어져 이마로 올라가서, 눈썹 위 양백혈에서 꺾어져서 아래로 귀 뒤에 이르러, 목을 따라 수소양삼초경의 앞쪽으로 가며, 어깨에 이른 뒤에 뒤로 물러나와 수소양삼초경과 교차하여 그 뒤쪽으로 나와 결분으로 들어간다. 그 가지는 귀 뒤에서 귓속으로 들어가고 또 귀 앞으로 나와 눈꼬리에 이른다. 다른 한 가지는 눈꼬리에서 내려가 대영혈 부위에 이르고, 수소양삼초경과 만나서 눈 밑에 이른다. 아래로 협거혈을 지나 목으로 내려가서 결분에서 위 부분의 맥과 만난 다음, 가슴으로 내려가 횡격막을 지나 간에 연락하고 담에 소속한다.

겨드랑이 속을 따라 사타구니(기충혈)로 나와 거웃을 돌아 옆으로 큰 대퇴돌기(환도혈) 속으로 들어간다. 곧게 가는 경맥은 결분에서 아래로 겨드랑이에 이르러 옆구리를 따라 쭉 내려가 큰 대퇴돌기에서 앞 맥과 만난다. 다시 아래로 넓적다리 바깥쪽을 따라 내려가 무릎 바깥쪽으로 나오고 종아리뼈 앞에서 내려가 곧

바로 절골(현종혈)에 이른 다음, 아래로 바깥 복사뼈 앞으로 나와서 발등을 따라 넷째발가락 바깥쪽 끝(족규음)에 이른다. 한 가지는 발등(임읍혈)에서 갈라져 나가 엄지발가락과 둘째발가락 사이를 따라 끝(대돈혈)으로 나오고, 되돌아가서 발톱을 뚫고 털난 곳으로 나와 족궐음간경과 만난다.

(1) 미용변증

담경의 흐름은 귀의 끝에서 머리의 측면을 돌아 어깨를 거쳐 몸의 측면을 지나 다리의 옆선으로 내려가 네 번째 발가락으로 흐른다. 담은 소화에 관여하고 에너지 밸런스를 조절한다. 담력이 없고 불면증이 있다. 미용 문제는 지루성 피부이다.

① 피부

- 피부가 건조하고 윤기가 없으며 모공이 넓고, 피지가 많으며 기미가 생기기 쉽다.
- 피부가 닭살처럼 거칠며, 어둡고 부분적으로 짙은 갈색을 띤다.
- 눈가의 가는 주름이 있다.

② 신체

- 목에 가래가 끼며, 통증이 있다.
- 목과 옆구리 부분이 두껍다.
- 허벅지가 승마 형으로 단단하고 비대하면서 발목이 굵다.
- 전체적인 비만 혹은 상체형 비만이다.

③ 관찰 및 진단

담경의 진단점은 제7늑간의 안쪽에 있으며 간의 진단점인 기문의 아래에 있다. 근이 약하며 손목, 발목관절이 약하다. 담력이 약해 결단력이 없고 화를 잘 내며 발 무게 중심이 바깥쪽으로 향한다.

(2) 담경의 강화

담경으로 기가 유주하는 시간은 자시(23-01시)이다. 내분비작용에 의해 전체의 에너지 밸런스 조절을 한다. 등 부위의 흉추 하단(담수)을 풀어준다. 진단점인 늑골 밑 부분을 쓸어주되 오른쪽의 늑골아래를 더욱 세밀하게 한다. 담경의 흐름을 따라 쓸어준다.

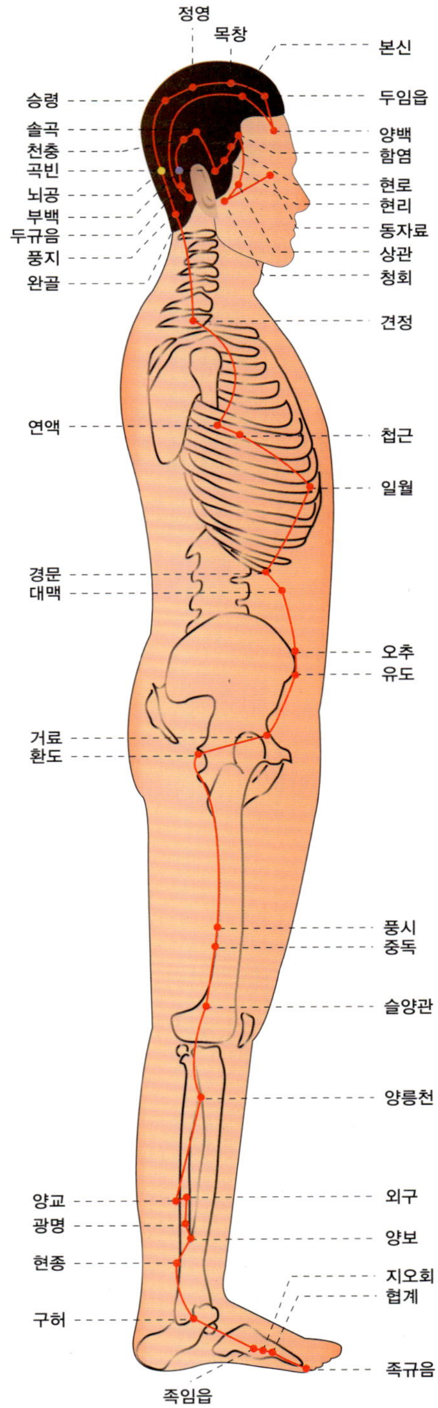

경혈순서(44혈)

동자료–청회–상관–함염–현로–현리–곡빈–솔곡–천충–부백–규음–완골–본신–양백–임읍–목창–정령–승령–뇌공–풍지–견정–연액–첩근–일월–경문–대맥–오추–유도–거료–환도–풍시–중독–슬양관–양릉천–양교–외구–광명–양보–현종–구허–족임읍–지오회–협계–족규음

그림 3–14 족소양담경

2. 족궐음간경(足厥陰肝經)

엄지발가락 끝(대돈혈)에서 시작하여, 위로 발등 안쪽을 따라 올라가 안쪽 복사뼈 앞1촌 부위(중봉혈)를 지나, 안쪽 복사뼈 위 8촌 부위에서 족태음비경과 교차하여 그 뒤쪽으로 나온 다음, 위로 올라가 오금 안쪽을 지나, 허벅지를 따라 거웃으로 들어가서 성기를 돌아 아랫배에 이른 다음, 위를 끼고 간에 소속하고 담에 연락한다. 다시 올라가서 횡격막을 지나 옆구리에 이른 다음, 목구멍을 뒤를 따라 비인부(윗턱과 코가 서로 통하는 부위)로 들어가서 목계(눈 주위 조직)에 이어지고, 이마로 나와 정수리에서 독맥과 만난다. 그 가지는 목계에서 뺨으로 내려가 입술 안을 돈다. 또 한 가지는 다시 간에서 갈라져나가, 횡격막을 지나 위로 폐에 들어가고 수태음폐경과 만난다.

(1) 미용변증

간경의 흐름은 엄지발가락 안쪽에서 시작하여 허벅지 안쪽을 흐르고 복부를 마름모 형태로 그리면서 옆구리 늑골 하부로 간다. 이 기혈이 좋지 않으면 현기증이 있으며 쉽게 피로하고 눈이 아프거나 시력이 떨어진다. 일에 대한 마무리가 약하다. 미용적 문제는 탄력이 없는 피부와 몸매에 있다.

① 피부

- 색소 침착이 되기 쉬우며, 피부가 약하고 탄력이 없다.
- 눈가의 가는 주름이나 눈 밑에 기미가 낀다.
- 정맥류가 보이기도 한다.

② 신체

- 가슴 부위가 볼륨이 있으나 임신, 출산을 지난 후 탄력이 급격하게 저하되며 늘어질 수 있다.
- 복부, 특히 상복부에 두루 걸쳐 팽만하다.
- 감량 후에는 근의 무력감으로 탄력이 급격히 떨어진다.
- 발목이 굵거나 허벅지 안쪽이 볼룩하다.

• 부종에 의해 비대해진다.

③ 관찰 및 진단

간경의 진단점은 담경의 진단점 바로 위에 있는데 명치끝에서 옆으로 이은 선상에 있다. 손톱이 뻣뻣하고 줄이 그어져 있으나 이명이 있고 눈이 나쁘다. 손, 발이 차다. 힘줄이 당긴다. 가슴, 옆구리가 결린다.

(2) 간경의 강화

간경의 유주 시간은 축시(01-03시)이며, 영양의 배분, 저장과 신체 에너지 확보 및 저항력 생성을 한다. 처치 방법으로는 흉부의 하부를 누르면 단단한 부위가 있는데 이 곳을 세밀하게 풀어준다. 간경을 따라 쓸어주되 간경은 음의 경락이므로 부드럽게 쓸어 올린다.

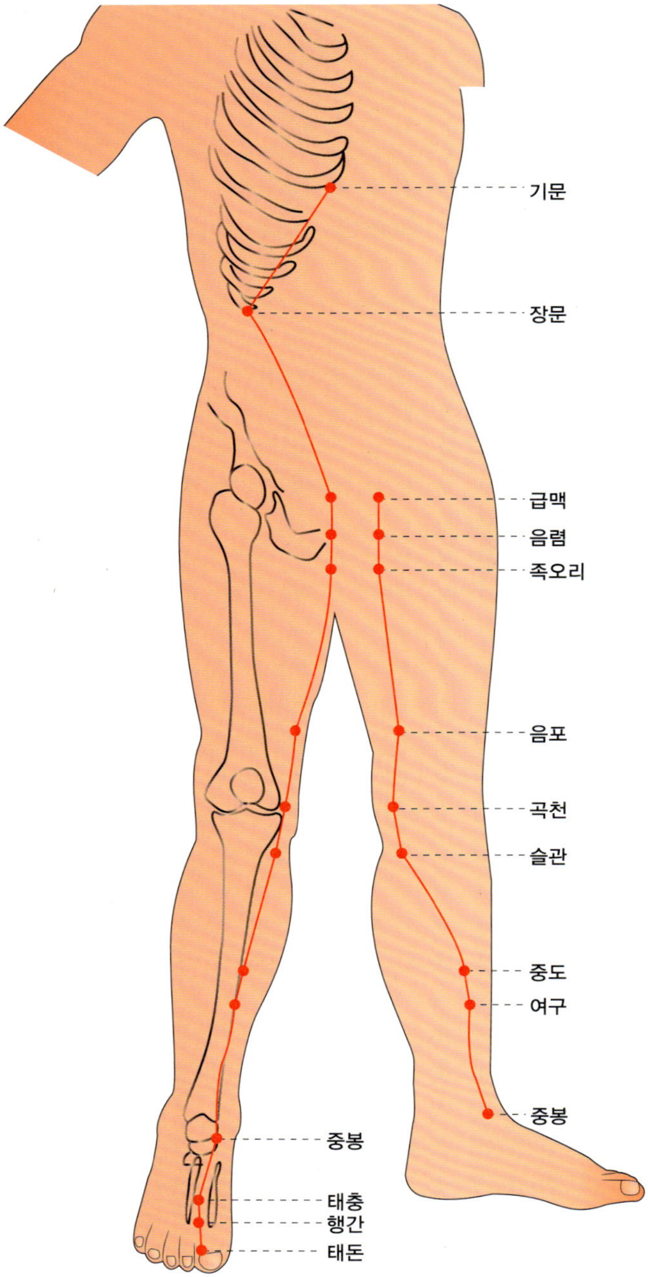

경혈순서(14혈)
태돈–행간–태충–중봉–여구–중도–슬관–곡천–음포–족오리–음렴–급맥–장문–기문

그림 3–11 족궐음간경

3. 임맥(任脈)

인체의 음측부분을 흐르고 있으며 모든 음경이 임맥과 연결되어 음경의 기혈을 조절한다. 또한 정, 혈, 진액 등도 임맥에 의해 조절되므로 음맥지해라고 하였으며 포에서 시작되어 자궁과 연결되므로 여자의 월경, 대하와 관계가 깊고 충맥과 함께 임신을 주관하기도 한다. 임맥과 독맥은 인체의 전, 후면을 흐르고 있어 나누어진 것 같이 보이나, 그 근원은 회음부 즉 남자는 정장정, 여자는 포증으로 하나이며 임, 독맥이 서로 이어져 전강후승이 지속된다. 회음부에서 기하여 외음부를 들렀다가 음모제를 상행 복부정중선상제를 통하여 후두까지 올라가 턱에서 안면으로 나와서 입술을 돌아서 둘로 나누어져 양안의 중앙하부에서 양교와 족양명의 이경과 만나고 끝난다. 인체의 앞쪽 중앙으로 24개의 경혈이 분포되어 있다.

(1) 신체

임맥의 모혈은 회음이며 항문과 성기의 중간에 위치한다. 임맥이 나쁜 사람의 대표적인 증상은 산부인과 질환(여자)을 유발한다. 주요작용은 전신의 건강관리이고, 증상으로는 전신의 실조증이며, 먹은 음식을 조절하는 기관이기도 하다.

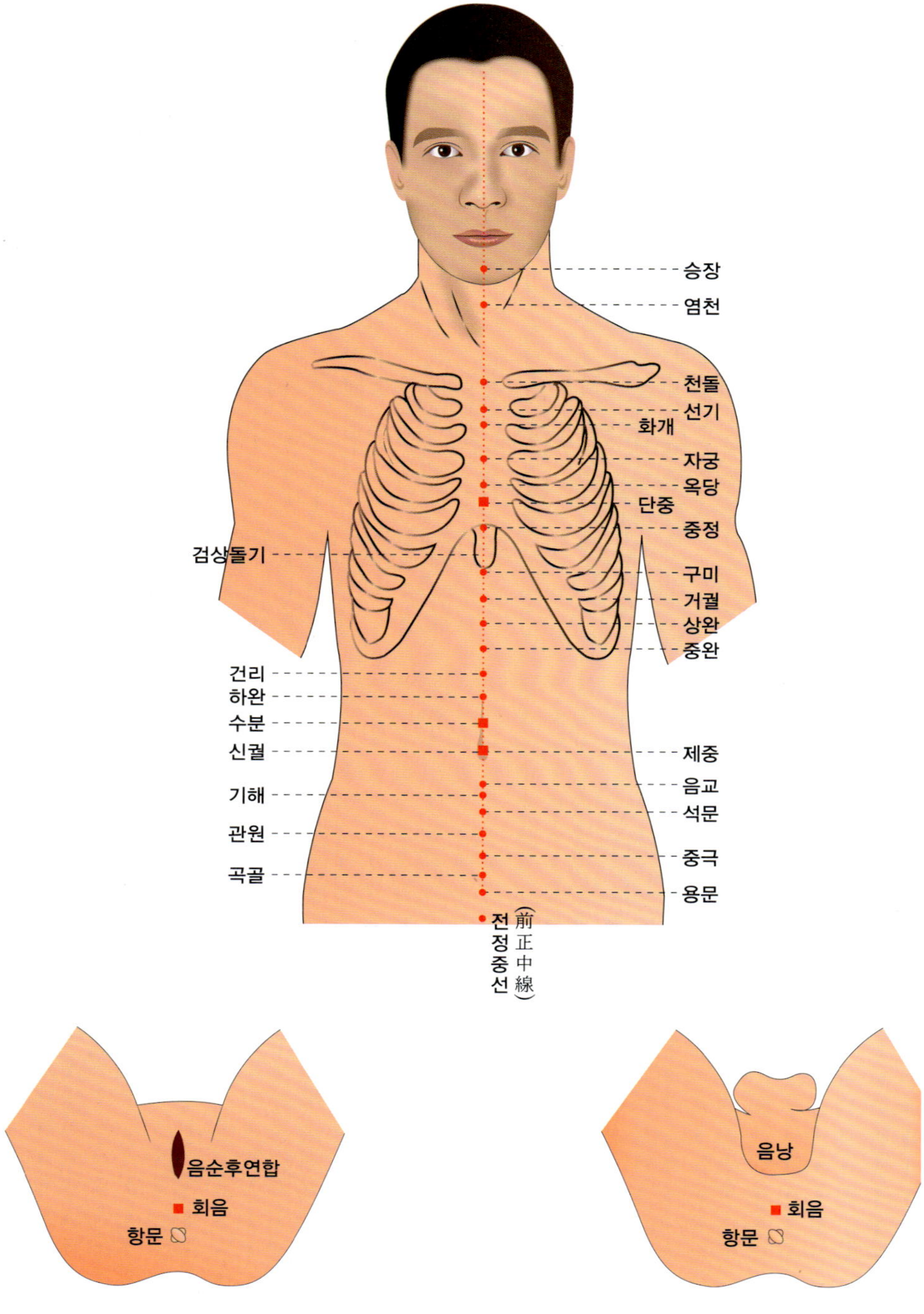
승장
염천
천돌
선기
화개
자궁
옥당
단중
중정
검상돌기
구미
거궐
상완
중완
건리
하완
수분
신궐
제중
기해
음교
석문
관원
중극
곡골
용문
전정중선 (前正中線)
음순후연합
회음
항문
음낭
회음
항문

그림 3-12 임맥

4. 독맥(督脈)

회음부에서 기하여 배부정중선상을 올라가 견갑부에서 좌우로 분하였다가 다시 정중선상에서 합하여 상행하고 항부에서 두정의 정중선을 통해 앞으로 나와서 상치은부에서 그친다.

(1) 신체

독맥의 모혈은 꼬리뼈의 선단에 위치하고 있는 장강이며 독맥이 나쁜 경우 목이 마르거나 목의 통증, 하복부로부터 명치부위에 걸쳐서 솟아오르는 듯한 느낌과 통증, 치질과 불임증세 등이 있다. 주요작용으로는 에너지 순환 조절이며, 증상으로는 성기장애, 머리질병, 호흡기, 소화기 증세(이상), 명치에서 하복부에 이르는 통증, 치질 등이 있다.

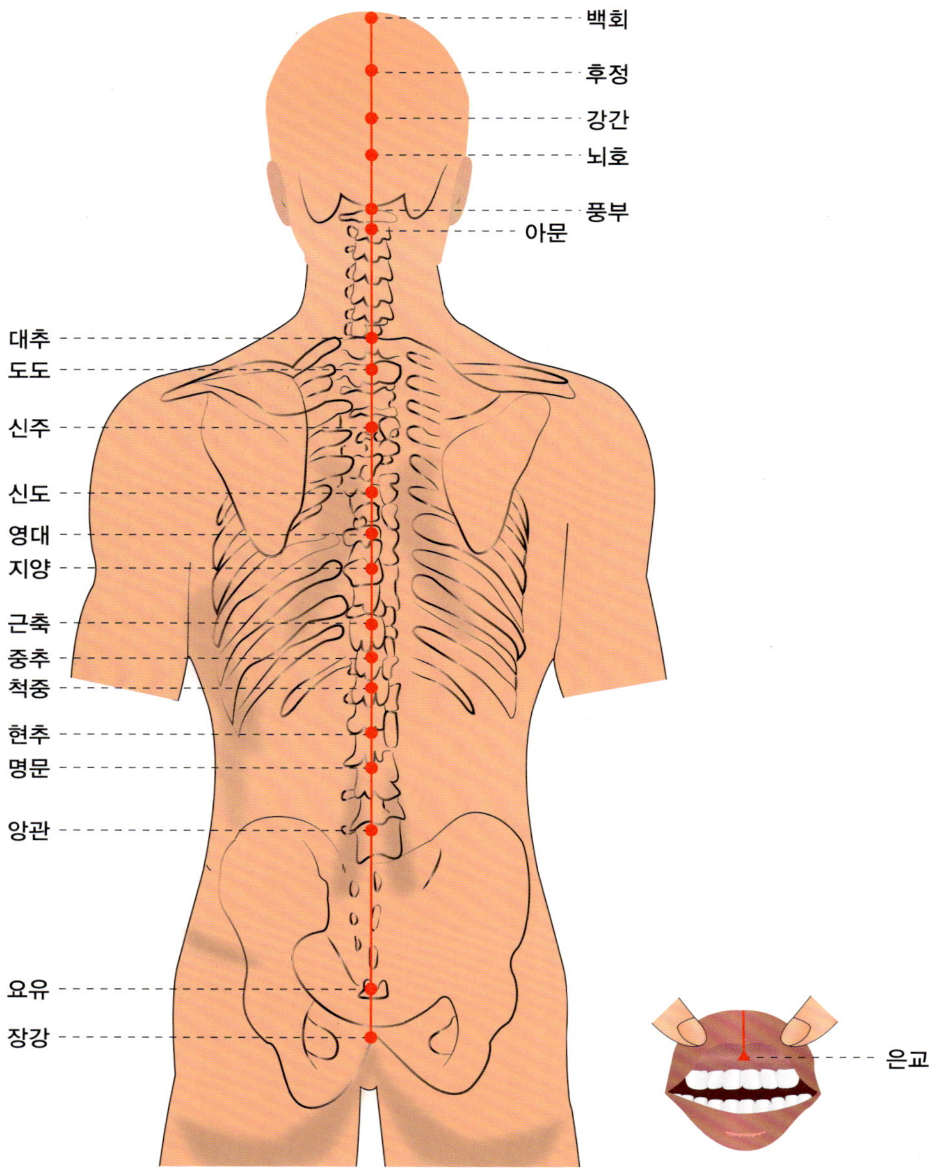

그림 3-13　독맥

5. 기경팔맥(奇經八脈)

기경은 12경맥처럼 규칙적이지 않으며, 오장육부와 직접 관계가 없고 경맥 간에 표리관계는 없다. 기경팔맥은 12경맥을 보충하고 신체영양/위기기능/기혈순환을 조절하는 역할을 한다.

① **독맥** : 신체 후면 정중선에 분포하며 6개의 양경맥과 관련하여 전신의 양경락에 기를 조절한다.

② **임맥** : 신체 전면 정중선에 분포하며 6개의 음경맥과 관련하여 전신의 음경락에 기를 조절한다.

③ **충맥** : 복부에 분포하며 12경맥의 기혈을 주관한다.

④ **대맥** : 허리와 복부 상이의 가로 방향으로 순행하며 전신경락을 통제한다.

⑤ **양교맥** : 발뒤축에서 하지 외측 및 어깨, 머리 분포, 인체 활동과 수면에 관계한다.

⑥ **음교맥** : 하지 내측과 흉복부 및 눈과 인후 순행, 인체 활동과 수면에 관계한다.

⑦ **양유맥** : 하지 외측과 옆구리 및 어깨, 머리 뒷목, 귀 뒤, 볼 등에 분포되어 있다.

⑧ **음유맥** : 복부, 흉부에 순행하고 심장과 위를 다스린다.

Chapter 4

한국형 특수 관리하기

1. 한국형 특수 피부미용의 이해
2. 부위별 한국형 특수 피부미용의 실제

Chapter 04

한국형 특수 관리하기

1. 한국형 특수 피부미용의 이해

1. 인체부위의 명칭

- 체지 : 사지(상지, 하지)
- 체간 : 두부, 경부, 흉부, 복부

(1) 두부

① 전두 : 앞머리

② 두정 : 머리의 중앙부(정수리)

③ 측두 : 옆머리

④ 후두 : 뒷머리

⑤ 전발제 : 이마의 머리털이 난 경계

⑥ 후발제 : 뒤쪽 머리털이 난 경계

⑦ 유양돌기 : 귀 바로 뒤에 툭 불거진 뼈

⑧ 대천문 : 출생 후 정수리에 있던 숨구멍

⑨ 소천문 : 출생 후 뒷머리에 있던 숨구멍

(2) 안면부

① 액 : 이마

② 안검 : 눈꺼풀, 상안검(윗 눈꺼풀)

③ 하안검 : 아래 눈꺼풀

④ 양미간 : 두 눈썹 사이

⑤ 비근 : 코의 맨 윗부분

⑥ 비첨 : 코 끝

⑦ 비익 : 코의 양쪽 날

⑧ 비중격 : 코 속의 칸막이

⑨ 비순구 : 코 가의 고랑

⑩ 안중구 : 코 밑의 고랑

⑪ 구순 : 입술

⑫ 상순 : 윗입술

⑬ 하순 : 아랫입술

⑭ 구각 : 입술의 양쪽 뾰쪽한 곳

⑮ 상악골 : 위턱뼈

⑯ 하악골 : 아래턱뼈

⑰ 하악각 : 아래턱의 양쪽 뼈가 튀어 나온 곳

⑱ 이주 : 귀 젖

⑲ 이첨 : 귀 끝

⑳ 이수 : 귓볼

㉑ 후두융기(후두결절) : 앞 목에 툭 튀어나온 뼈

㉒ 경추 : 목뼈

(3) 흉·복부

① 흉강 : 가슴속

② 흉골 : 가슴뼈(흉골병, 흉골체, 검상돌기로 이루어져 있다.)

③ 늑골 : 갈비뼈

④ 늑간 : 갈비뼈와 갈비뼈 사이

⑤ 협늑 : 옆구리 갈비뼈

⑥ 계늑 : 갈비뼈 끝부분

⑦ 유두 : 젖꼭지

⑧ 횡격막 : 가슴속과 배속을 갈라놓은 막

⑨ 상복부 : 배꼽 위의 배

⑩ 하복부 : 배꼽 아래의 배

⑪ 측부 : 옆구리 배

⑫ 복강 : 뱃속

⑬ 제와 : 배꼽

⑭ 전상장골극 : 아랫배의 양쪽에 튀어나온 뼈

(4) 상지부

① 상완 : 윗 팔뚝

② 상완골 : 윗 팔뼈

③ 주관절 : 팔꿈치 관절

④ 주와 : 팔꿈치 안쪽 움푹한 곳

⑤ 주두 : 팔꿈치 뒤쪽의 돌출부

⑥ 전완 : 앞 팔

⑦ 요골경상돌기 : 요골 끝에 있는 툭 튀어나온 뼈

⑧ 척골경상돌기 : 척골 끝에 있는 툭 튀어나온 뼈

⑨ 수근관절 : 손목의 관절

⑩ 완횡문 : 손목의 가로무늬

⑪ 장골(중수골) : 손바닥에 있는 다섯 개의 뼈

⑫ 수지 : 무지 – 엄지손가락, 시지 – 둘째손가락, 중지 – 가운데손가락, 약지 – 넷째손가락, 소지 – 다섯째손가락

⑬ 지갑 : 손톱

⑭ 지갑각 : 손톱 뒤 부분의 두 모퉁이

⑮ 기갑근 : 손톱의 뿌리 부분

⑯ 지골 : 손가락 뼈(기절골 – 첫째마디 뼈, 중절골 – 둘째마디 뼈, 말절골 – 셋째마디 뼈)

⑰ 지관절횡문 : 손가락 마디의 가로무늬

⑱ 요측 : 상지 중앙에서 엄지손가락 쪽

⑲ 척측 : 상지 중앙에서 다섯째손가락 쪽

⑳ 수근부위 : 손바닥의 뿌리 부위

㉑ 지관절 : 손가락마디

㉒ 지첨 : 손가락 끝

㉓ 지과 : 주먹을 쥐고 손가락의 마디 각진 부위

㉔ 지복 : 손가락의 지문 부위(모지복 – 엄지손가락의 지문부위, 삼지복 – 2,3,4지의 지문부위, 사지복 – 2,3,4,5지의 지문부위)

㉕ 호구부위 : 엄지와 검지 사이의 둥근부위

㉖ 모지구 : 엄지 하부 손바닥 부위의 살이 솟은 부위

㉗ 소지구 : 소지 하부 손바닥 부위의 살이 솟은 부위

㉘ 소지측 : 소지의 옆면

㉙ 척부 : 팔목에서 팔꿈치까지의 측면 부위

㉚ 주첨 : 팔꿈치 부위

(5) 견배부

① 견 : 어깨

② 배 : 등

③ 견배 : 어깨와 등

④ 견봉 : 어깨 위에 툭 튀어나옴 뼈(오훼돌기)

⑤ 견관절 : 어깨관절

⑥ 견갑골 : 어깻죽지 뼈

⑦ 척추 : 경추 – 목뼈, 흉추 – 등뼈, 요추 – 허리뼈, 천골 – 엉덩이뼈, 미골 – 꼬리뼈

⑧ 액 : 겨드랑이

⑨ 액와 : 겨드랑이 움푹한 곳

(6) 골반부

① 회음부 : 항문과 생식기의 중간 부분

② 외음부 : 생식기의 겉 부분

③ 치골결합 : 좌우의 치골이 맞닿는 곳

④ 골반강 : 엉덩이 속

⑤ 골반 : 관골(좌골, 장골, 치골), 천골(선골), 미골

⑥ 고관절 : 넓적다리의 관절

⑦ 천골공 : 천골에 있는 여덟 개의 구멍

⑧ 미골단 : 꼬리뼈 끝

(7) 하지부

① 대퇴 : 넓적다리

② 대퇴골 : 넓적다리 뼈

③ 대전자 : 대퇴골의 둥근 골두

④ 슬와 : 오금

⑤ 하퇴 : 무릎 밑의 다리

⑥ 경골 : 정강이 뼈

⑦ 비골 : 장딴지 뼈

⑧ 비골두 : 장딴지 뼈의 머리뼈

⑨ 내과 : 안쪽 복사뼈

⑩ 외과 : 바깥쪽 복사뼈

⑪ 족배 : 발등

⑫ 족저 : 발바닥

⑬ 중족골 : 발바닥에 있는 다섯 개의 뼈

⑭ 지골 : 발가락 뼈

2. 매뉴얼 테크닉의 종류

(1) 쓸어서 펴바르기 능력

손바닥을 피부에 접촉시켜 부드럽고 가볍게 하는 동작으로 관리의 시작과 마무리 또는 연결동작에 유용하게 적용된다. 이 동작은 진피에 분포한 신경을 알맞게 자극하여 피부를 진정시켜주고 심리적으로 긴장을 해소시켜 안정감을 준다. 또한 림프순환의 촉진과 세정작용에 관계한다.

(2) 밀착하여 펴바르기 능력

피부표면의 일정부위에 압을 가하여 가로, 세로, 원형 혹은 나선형으로 연결하여 굴려주기를 하는 동작으로 밀어주거나 당겨 올려주기의 다양한 응용이 이루어지는 능력이다. 주로 손가락의 수장부, 소지 측면, 전완 측면을 이용하여 피부의 노폐물 배출을 촉진한다.

(3) 어루만져 펴바르기 능력

손바닥을 이용하여 피부를 맞잡아 주거나 근육을 맞잡아 펴바르기 능력이다. 가볍게 잡아올려 연결동작으로 굳어진 하부조직을 이완시킬 때 많이 적용한다, 전신관리의 경우 신체의 넓은 부위인 복부, 배부, 허벅지, 상완부위, 종아리에 구사되며 양 손 교대로 맞잡아 비틀어 주는 동작의 비틀어주기와 손끝을 이용해 맞잡아 집어주는 동작의 꼬집어주기가 있다.

(4) 토닥토닥 펴바르기 능력

양손을 이용하여 번갈아서 가볍고 빠르며 경쾌하게 두드려주는 동작으로 안면매뉴얼테크닉 시 적용된다.

(5) 떨며 펴 바르기 능력

손바닥을 이용해 피부표면 또는 심부에 진동효과를 주는 동작이다. 안면의 시술 시 손바닥을 피부에 접촉한 후 떨어주기 동작을 구사할 수 있고 넓은 피부면의 전신관리시 좌우방향으로 흔들어 주는 동작의 능력이다. 근육의 수축력을 강화시켜 근육의 유연성을 준다.

3. 전신관리의 구성 요소

(1) 방향

매뉴얼테크닉의 방향이 원심력 방향으로 가볍게 관리하며, 심부자극에는 정맥과 림프순환과 동일한 방향으로 해준다.

① 얼굴관리는 피부결을 따라 시행해 주며 얼굴 중심에서 바깥 방향으로 해준다.

② 전신관리는 심장에서 먼 부위에서부터 시작하여 가까운 부위로 해 준다. 전신관리의 순서는 오른쪽 발과 다리 – 왼쪽 발과 다리 – 오른쪽 손과 팔 – 왼손과 팔 – 복부 – 하체전면과 등 – 가슴 – 얼굴 – 머리 순으로 하는 것을 기본원칙으로 하며 관리의 용이성을 고려하여 하지 – 배부 – 상지 – 복부 – 흉부 – 두부 순으로 시행한다.

(2) 압력

주로 부드럽게 약한 압으로 시작하여 관리를 하는 과정 중에는 강하고 약한 압을 관리의 목적과 피부와 골격근의 신체적 조건에 맞게 시행한다. 마무리의 압은 안면의 경우 부드럽고 약한 압에서 마무리하고 전신의 경우 보통의 압력으로 마무리해 준다.

(3) 속도와 리듬

속도와 리듬의 정도는 진정효과를 얻고자 할 때는 천천히 부드럽게, 자극할 때는 빠르게 할 수 있으며 일정한 속도로 시행한다. 또 돌발적이지 않은 속도가 진정효과와 안정감을 줄 수 있다.

4. 기본자세와 환경

(1) 시술자의 마음자세

① 마음을 평정하게 하고 잡념을 없애고 마음이 안정된 상태에서 시행한다.

② 관리 중에 대화는 금물이다. 필요에 따라서 간단한 질문이나 응답정도는 무난하나 될 수 있는 한 대화를 자제한다.

③ 불필요한 잡담을 하지 않는다. – 집중력을 떨어뜨리고 관리의 효과를 반감시킨다.

④ 관리를 행하고자 하는 과정을 고객에게 미리 이야기해줌으로써 고객으로 하여금 효과에 대한 기대감을 갖게 한다.

⑤ 충분한 지식을 갖추어야 한다.

(2) 관리자의 신체적 준비

① 손톱을 짧게 자르고 에나멜은 바르지 않으며 손은 청결히 한다.

② 시술자의 손에 감염우려가 있는 피부질환이 생기기 않도록 각별히 준비한다.

③ 손가락이나 손바닥에 굳은살이 생기지 않도록 한다.

④ 시술자 고객 모두 기의 흐름을 막는 장신구는 착용하지 않는다.

⑤ 머리는 단정하게 뒤로 묶어 올리거나 핀 등으로 고정하여 흘러내리지 않게 한다.

⑥ 화장 등은 가능한 엷게 하며 향수 등은 짙게 뿌리지 않는다.

⑦ 관리 시 복장을 청결히 하며, 일상복을 입고 시술하지 않는다.

⑧ 복장은 단일색으로 하며 팔목의 폭은 너무 넓게 하지 않고 길이는 7부 이상으로 길게 하지 않는다.

⑨ 신은 움직일 때에 소리가 나지 않도록 신발바닥의 소재도 고려한다.

(3) 관리실의 환경

① 관리공간의 온도는 25~27도 정도로 유지하며 적정한 습도를 유지한다.
② 관리공간의 조명은 너무 밝지 않게 하며 간접조명으로 고객이 편안하게 관리를 받을 수 있도록 한다.
③ 관리공간은 소음을 차단하여 고객이 쾌적한 상태에서 관리를 받을 수 있도록 한다.
④ 음악은 고객의 개인적 성향을 고려하되 지나치게 크지 않도록 한다.
⑤ 관리공간은 먼지나 악취가 나지 않도록 한다.
⑥ 베드의 높이와 넓이는 관리자가 고객이 편안한 상태에서 관리가 이루어질 수 있도록 조절이 가능하게 한다.
⑦ 대기중인 고객이나 외부의 손님에 의해 관리전경이 노출되지 않도록 해야 하며, 외부의 소음이 차단된 공간으로 구성하는 것이 바람직하다.
⑧ 기타 기본적으로 피부관리실에서 갖추어야 하는 기본 환경을 포함한다.

5. 관리의 유의사항

① 관리 전 고객의 청결과 혈액순환의 유도를 위해 족욕이나 온습포를 이용하여 발등과 발바닥을 닦아준다.
② 관리 전 시술자의 수기부의를 소독하여 위생과 청결을 유지한다.
③ 시술자는 관리 전 시술 수기부위의 관절을 풀어주고 온도를 따뜻하게 한 후 실시한다.
④ 관리 전 고객의 상태를 파악하여 피부와 몸의 상태에 따라 테크닉의 강도, 속도, 방향, 압의 정도 등을 조절한다.
⑤ 관리 시 고객의 호흡에 시술자의 호흡을 맞춘다.
⑥ 식사 후에 바로 관리하지 않는다(식후 1시간 경과 후 시행한다).

⑦ 테크닉 시 고객의 입장을 충분히 이해하고 심신의 긴장을 이완시키고 안정감을 줄 수 있게 편안하게 조성하고 불편함이 없도록 적절한 대응을 하는 태도와 자질을 갖춘다.

⑧ 관리 효과의 극대화를 위해 자세를 바르게 한다.

- 의자와 침대간의 적절한 간격과 높이를 조절한다.
- 시술자의 어깨관절, 손관절의 긴장을 풀고 시행한다.
- 흉복부와 배부를 관리할 때는 호흡법을 시행한다.

⑨ 전신관리 시 테크닉을 시술하지 않는 부위의 체온 유지를 위해 두꺼운 타올을 이용하여 덮어준다.

⑩ 관리 목적에 맞는 시술 순서를 계획한다.

- 마사지의 횟수는 연령, 관리목적과 관리부위에 따라 차이가 있으며 일반적으로 얼굴의 경우 1주에 1~2회 정도가 적당하며 전신은 주기적으로 관리해 준다.
- 아토피 피부, 지루성 피부 등의 문제성 피부의 경우와 특히 건조한 계절과 자외선에 심하게 노출한 직후에는 홈케어를 병행해 준다.
- 전신에 대한 관리는 주기적으로 한다.
- 국소관리는 근육의 피로가 많을 때는 5~15분 정도가 적당하다.
- 전신관리는 30~45분이 적당하며 부위별 관리는 개인의 신체적 조건이나 취향에 맞게 시간을 증감하여 적용할 수 있다.
- 근육의 경련이나 급격한 통증이 발생될 경우에 직접 피부를 자극해 줄 수 있다.

⑪ 전염병, 염증성 피부질환, 임산부, 정맥류, 종양 등은 관리를 삼가한다.

6. 미용분석

① 망진 – 눈으로 보아서 분석한다.

부위	체형 및 변증	진단
등과 둔부	등이 구부정하고 견갑골 사이의 모공확대, 여드름, 털 등	폐의 문제
	등이 거북이 등처럼 구부정하고 척추 9,10, 11, 12번 극돌기 아래 양 옆 부위의 이상 증상	소화기계통의 문제 (간, 담, 비, 위경)
	경추 7번 극돌기 부위의 비대	양경맥의 문제, 기의 정체
	흉추 12번 주위의 모공확대, 털의 이상, 색소침착, 얼룩 등	신장, 비장, 림프계의 이상
	장골능선의 비대, 근의 위축, 셀룰라이트 등	대장경의 이상
	천골 위 꺼짐, 색소침착, 건조 등	생식기계통, 대장경의 이상
	천골 부위의 색소침착, 꺼짐, 건조 등	생식기계통, 방광경, 신장경의 이상
복부	하복부의 비대	천골의 형체 이상, 대장경의 이상
	옆구리의 비대	비경, 간경, 담경의 이상
	왼쪽 늑골의 이상	위의 문제
	오른쪽 늑골의 이상	간, 담의 문제
	흉골의 변형	심경, 심포경 이상
하체	무릎 안쪽 위 부위 비대, 허벅지의 셀룰라이트	비경의 이상
	대퇴 옆 부위의 비대	담경의 이상
	엉덩이 처짐, 셀룰라이트	방광의 문제
팔	상완의 비대, 닭살	대장의 문제

② 청진 – 장기조직에서 나는 소리로 진단하는 방법

③ 문진 – 물어서 분석한다(병력, 증상, 생활습관, 생활환경 등을 물어보고 근본적인 원인을 분석한다).

④ 절진 – 손으로 만져보고 분석한다.

2. 부위별 한국형 특수 피부미용의 실제

1. 등 관리

① 건식으로 양 어깨 풀어주기

- 올바르게 고객 준비를 한다.

관리사의 위치 : 고객의 윗편

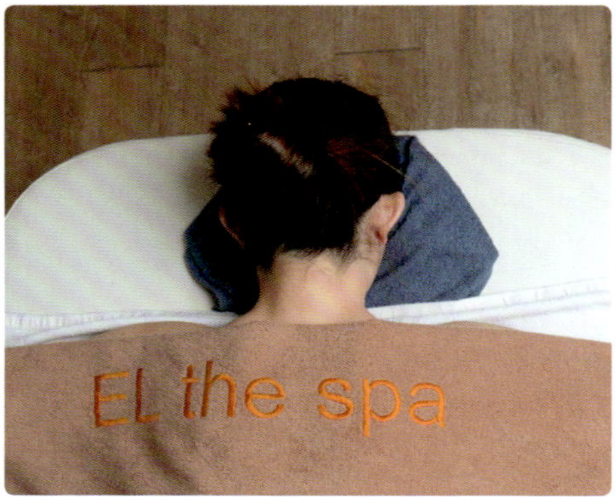

- 어깨를 감싼 타올 위에 척부를 이용하여 양 어깨를 번갈아 지긋이 밀어준다. 3~5회 실시한다.
- 족소양담낭 경맥에 속하는 양쪽의 견정혈을 자극하여 피로물질을 완화시키고 예쁜 어깨라인으로 개선시킨다.

관리사의 위치 : 고객의 윗편

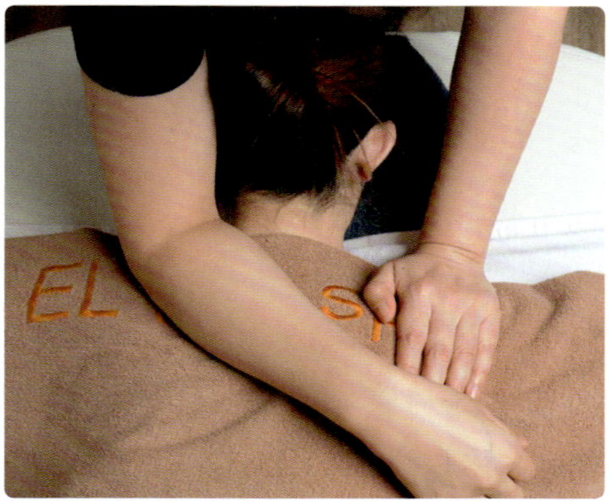

• 시술자의 한 쪽 다리를 뒤로 하고 체중을 실어서 밀어준다.

관리사의 위치 : 고객의 윗편

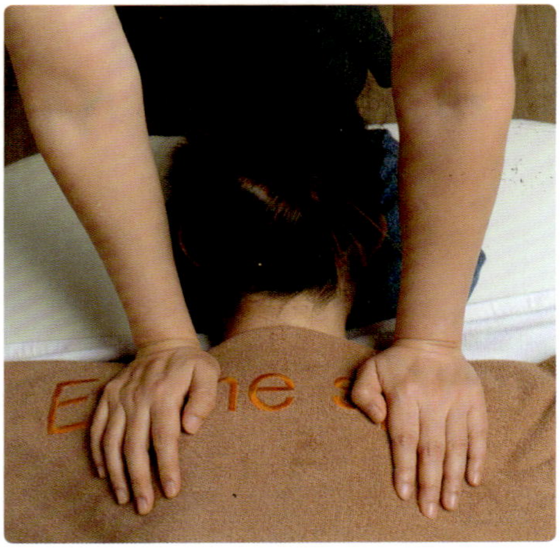

※ 마사지의 시작이므로 너무 강하게 압하지 않는다.

② 백회 지압 후 두피지압하기

• 양 손의 모지복을 백회에 대고 4지를 귀 위쪽으로 하여 머리를 감싸듯이 잡은 다음 모지복을 이용하여 수직압을 한다.
• 백회혈을 압하면 모상근막이 자극되어 혈액순환에 도움을 주어 안면부의 얼굴을 윤택하게 할 수 있다.

관리사의 위치 : 고객의 윗편

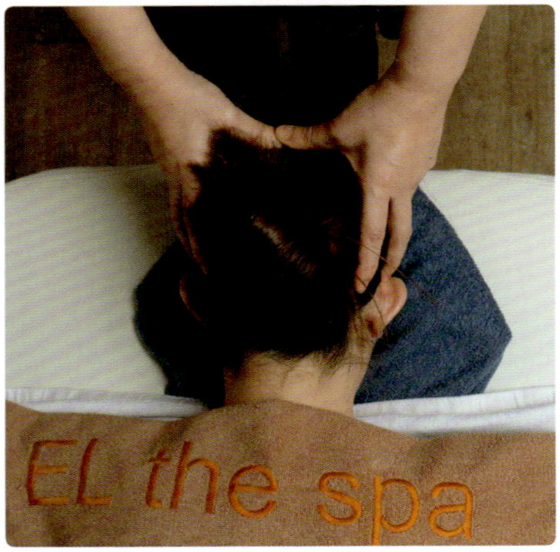

- 백회에서 모지복을 이용하여 후발제까지 지압한다.

관리사의 위치 : 고객의 윗편

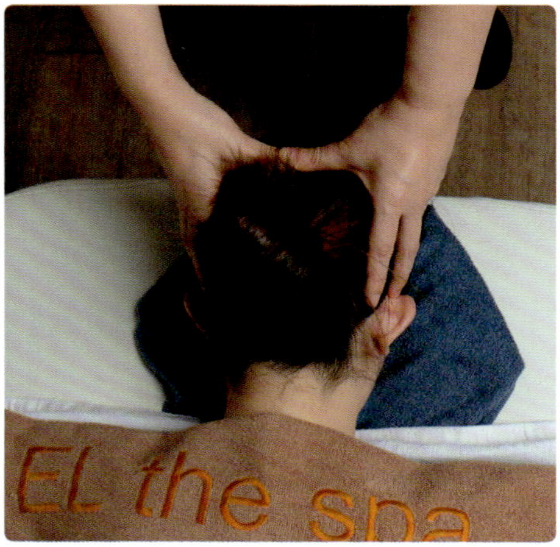

- 양 손의 사지복을 이용하여 머리의 측면부위부터 머리 전체를 골고루 지압한다.
- 두피의 측면부위는 족소양담경맥의 경혈을 자극하게 되므로 두통이나 불면증으로 인한 좌우 눈옆 여드름 개선에 활용 될 수 있다.

관리사의 위치 : 고객의 윗편

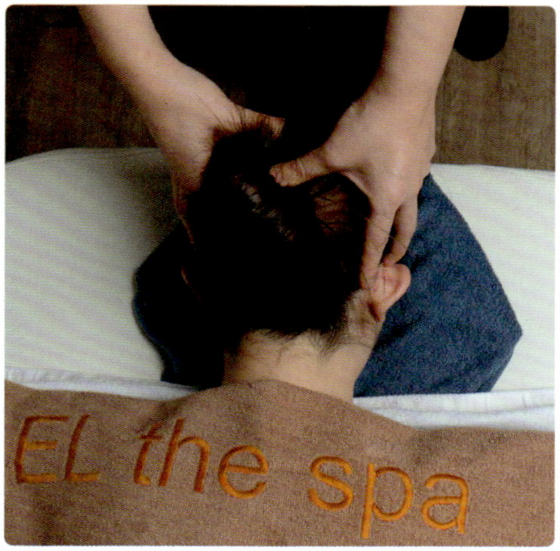

• 양 손의 사지복을 이용하여 후발제 부위를 잡은 후 위로 당겨주듯이 지압한다.

• 후발제에 있는 천주 풍지 아문 풍부혈자리를 압하여 뇌압과 두피 개선을 시키고 모발을 윤택하게 도와줄 수 있다.

관리사의 위치 : 고객의 윗편

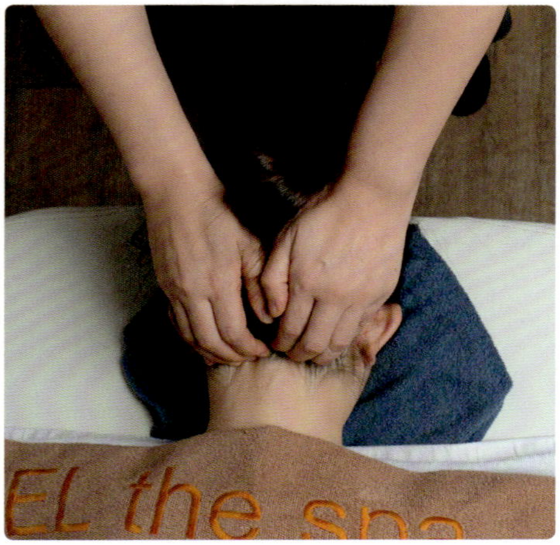

※ 마사지의 시작이므로 너무 강하게 압하지 않는다.

③ 오일도포하기

• 오일의 온도를 조절하여 경추에서 등 전체로 일정한 방법으로 밀착감 있게 도포하고 경추부위로 돌아오는 동작을 3~4회 반복한다.

관리사의 위치 : 고객의 윗편

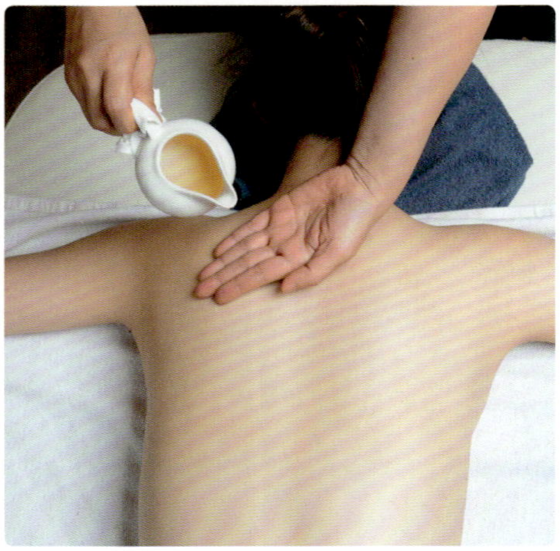

④ 등 전체 쓸어주기

- 수장사지를 이용하여 손끝을 맞닿게 한 다음, 양 어깨에서 둔부를 향하여 쓸어내린다.

  관리사의 위치 : 고객의 윗편

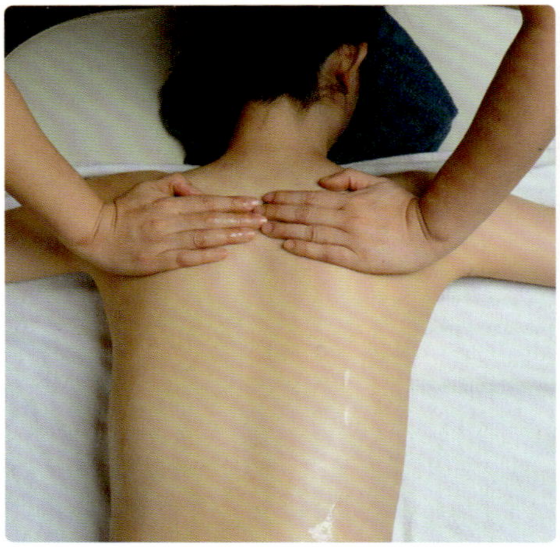
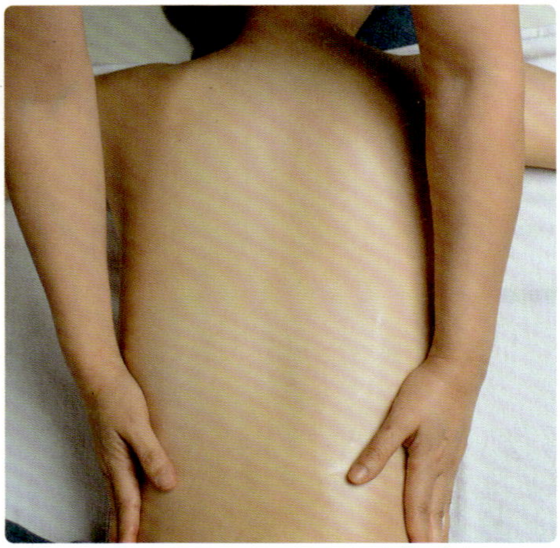

- 둔부를 감싸듯이 하여 옆구리를 따라 올라온 후 양 팔꿈치까지 쓸어내려 경추로 돌아온다.

  관리사의 위치 : 고객의 윗편

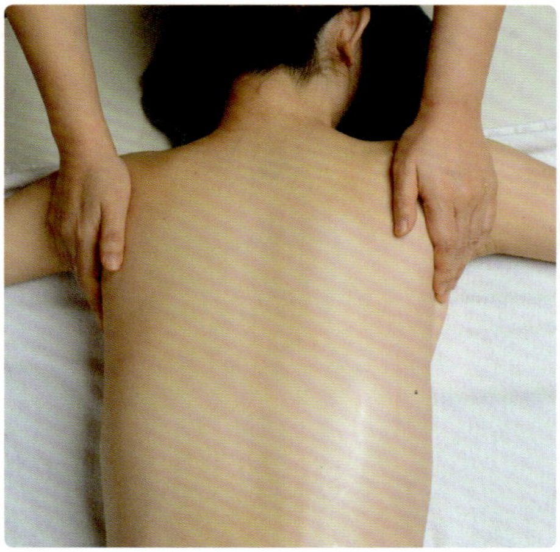
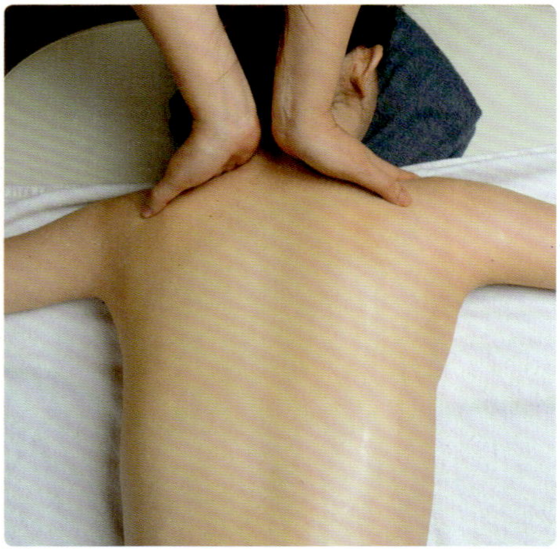

※ 관리 전 긴장감을 줄인다.
※ 관리를 받기 위한 자세를 바로 잡아준다.

⑤ 독맥 쓸어내리고 장강 지압하기

- 대추부위에 양 손의 모지복을 엇갈려 대고 독맥을 따라서 흉추12번까지 쓸어내린다.
- 방광경맥 1, 2 라인을 자극하면 장부의 배부 유혈들을 자극하게 되어 신진대사와 전신의 혈액순환을 도와줄 수 있다.

관리사의 위치 : 고객의 윗편

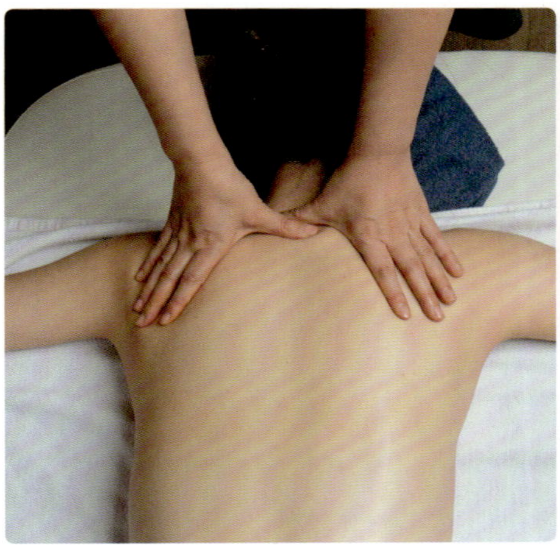

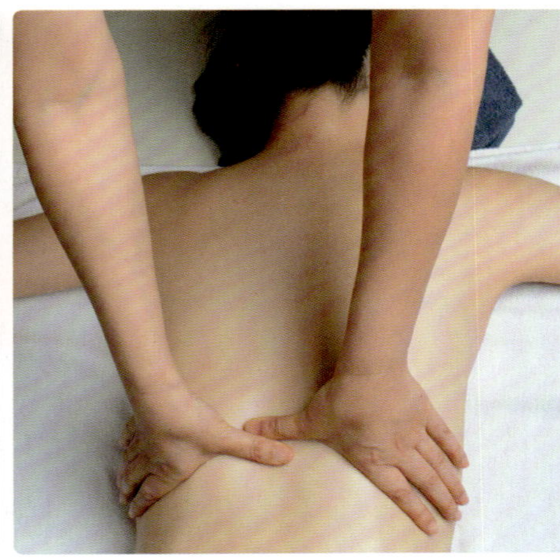

- 수장사지를 이용하여 양 손을 번갈아가며 요추부위를 위에서 아래로 천천히 6회 쓸어내린다.

관리사의 위치 : 고객의 윗편

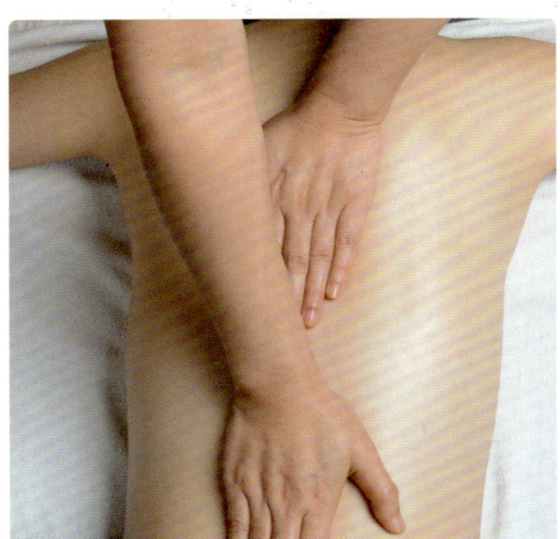

• 요추를 쓸어내린 후, 한 손의 중지복을 이용하여 장강을 지압한다.
• 40대 이후의 고객은 장강을 지압함과 동시에 고객 스스로 항문에 힘을 주도록 한다(괄약근의 수축).
• 요추 부위에 기립근과 요방형근을 자극하여 허리라인에 아름다움을 개선시켜 줄 수 있다.

관리사의 위치 : 고객의 윗편

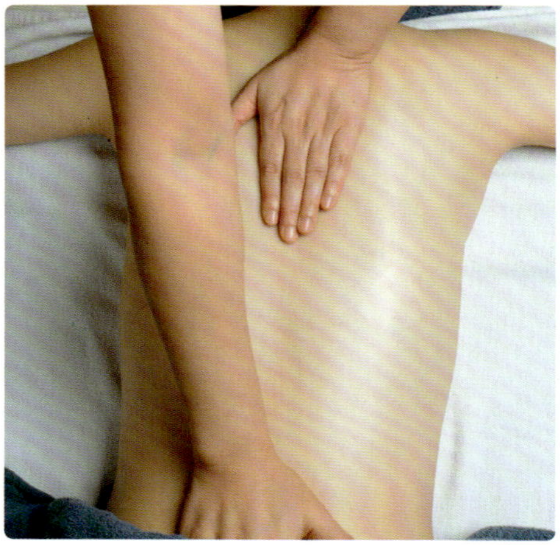

• 양 손으로 둔부를 돌아 옆구리를 따라 올라 온 후 양 팔로 쓸어내린다.
• 3회 반복한다.

관리사의 위치 : 고객의 윗편

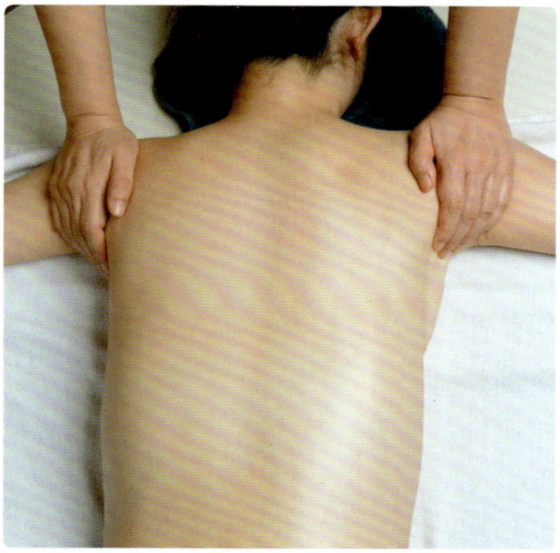

※ 괄약근의 늘어짐을 방지한다.

⑥ 독맥 지그재그로 쓸어주고 장강 지압하기

- 대추부위 아래에서부터 양 손의 모지복을 이용하여 독맥을 따라 흉추12번까지 지그재그로 쓸어준다.

관리사의 위치 : 고객의 윗편

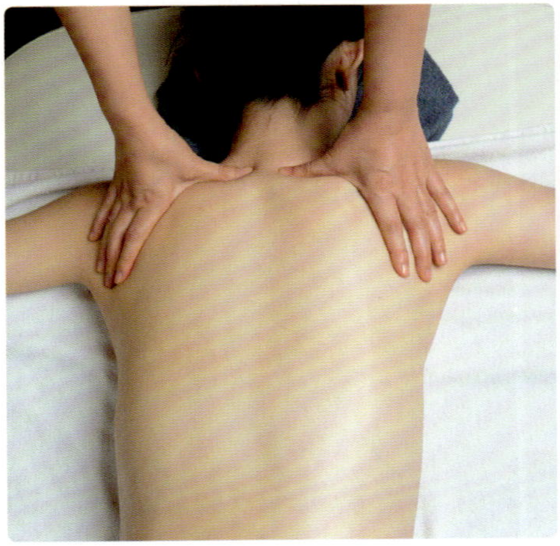

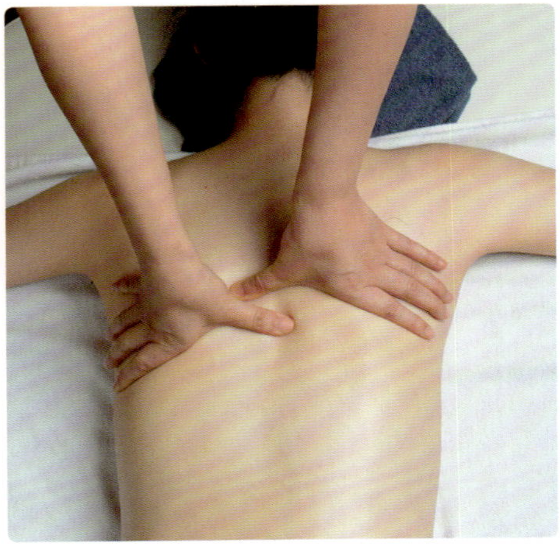

- 수장사지를 이용하여 양 손을 번갈아가며 요추부위를 위에서 아래로 천천히 6회 쓸어내린다.

관리사의 위치 : 고객의 윗편

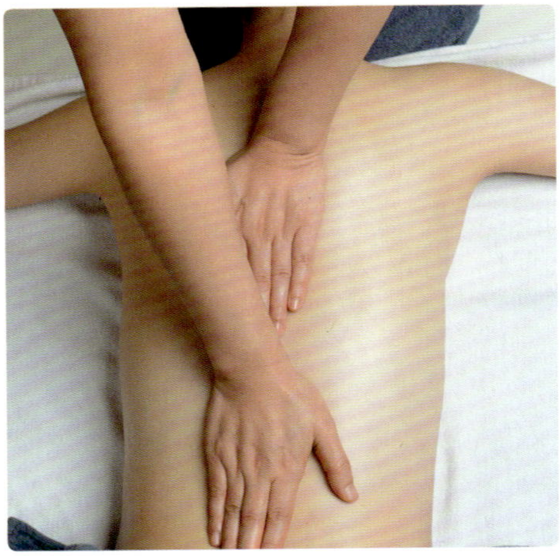

※ 광약근의 늘어짐을 방지한다.

※ 척추 주변의 경직을 방지한다.

⑦ 방광 1선 쓸어주고 회양지압하기

- 양손의 모지복을 이용하여 척추기립근을 따라 회양까지 쓸어내린 후 회양을 압한다.

관리사의 위치 : 고객의 윗편

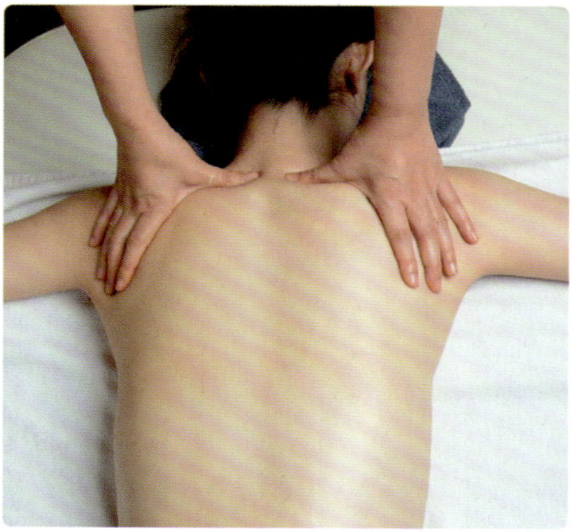
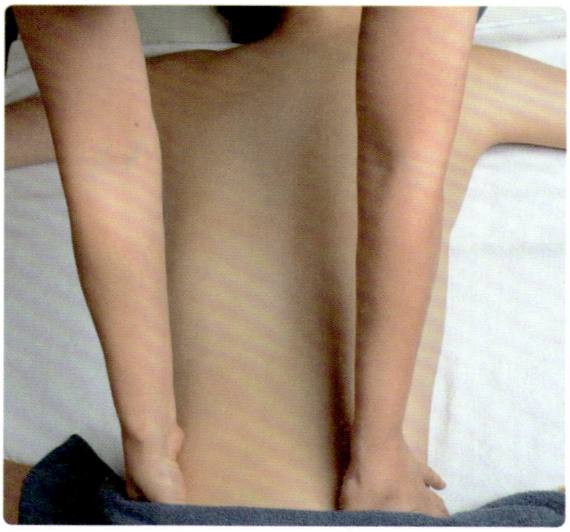

- 양 손으로 둔부를 돌아 옆구리를 따라 올라온 후 양 팔로 쓸어내리고 올린 후 경추부위로 돌아온다. 3회 반복한다.

관리사의 위치 : 고객의 윗편

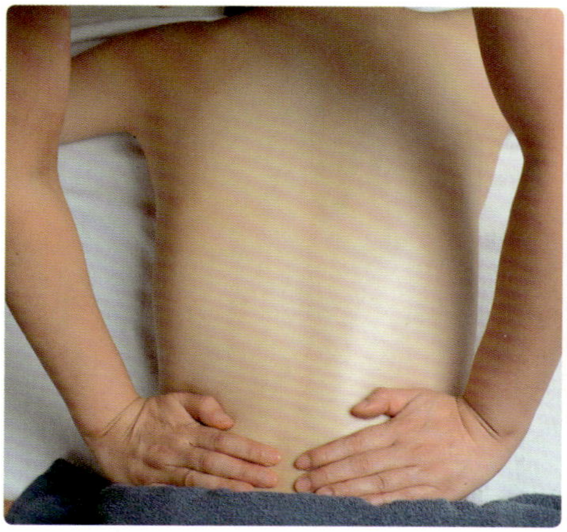
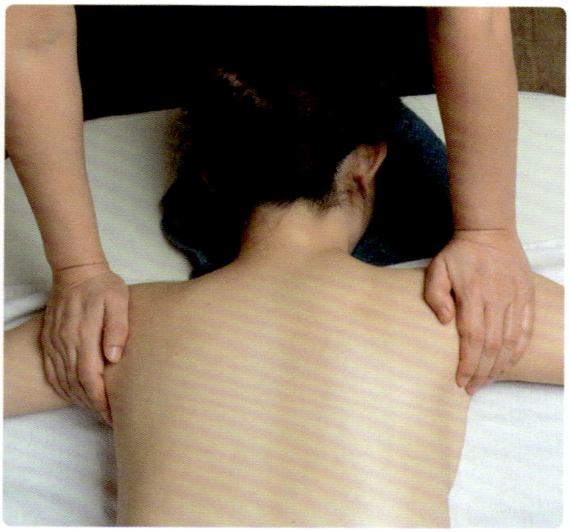

※ 양의 기운을 쓸어내림으로써 얼굴이 붉어짐을 방지한다.
※ 신체의 균형을 바르게 한다.

⑧ 승모근과 견갑골 쓸어내리기

• 양 손가락을 벌린 후 사지복을 이용하여 늑골 사이사이를 쓸어준다.
• 견갑골 주변의 근육은 상부승모근 중부승모근 하부승모근 능형근 극하극 극상근 등의 원활한 움직임을 도와주고 소장경맥과 방광경맥의 유주에 따라서 압하여 주면 어깨와 팔 라인에 도움을 줄 수 있다. 3회 반복한다.

관리사의 위치 : 고객의 윗편

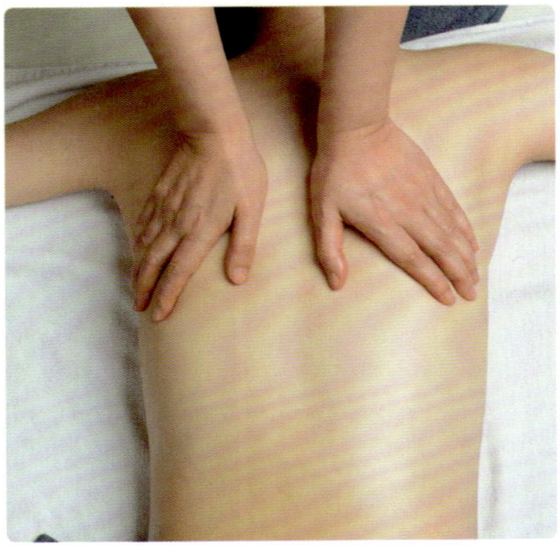

• 늑골을 쓸어준 후 양 손으로 둔부를 돌아 옆구리를 따라 올라온 후 양 팔로 쓸어내린다. 3회 반복한다.

관리사의 위치 : 고객의 윗편

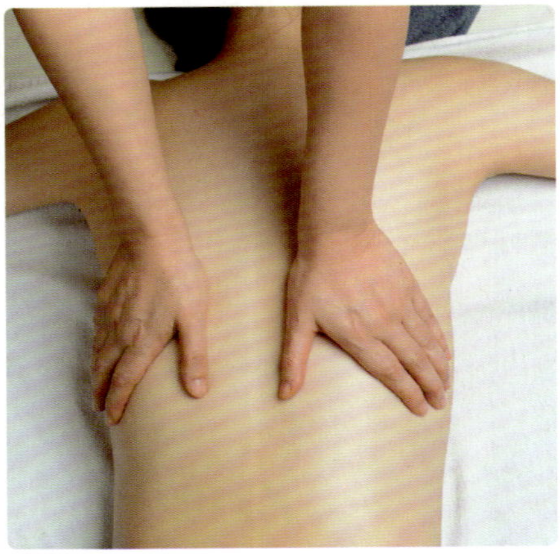

※ 늑골사이의 경결을 방지한다.
※ 등의 군살을 제거한다.

⑨ 견갑골 쓸어주고 시술자 위치 이동하기

- 양손의 수장사지로 번갈아가며 고객의 왼쪽 견갑부위를 번갈아 쓸어준다.

관리사의 위치 : 고객의 윗편

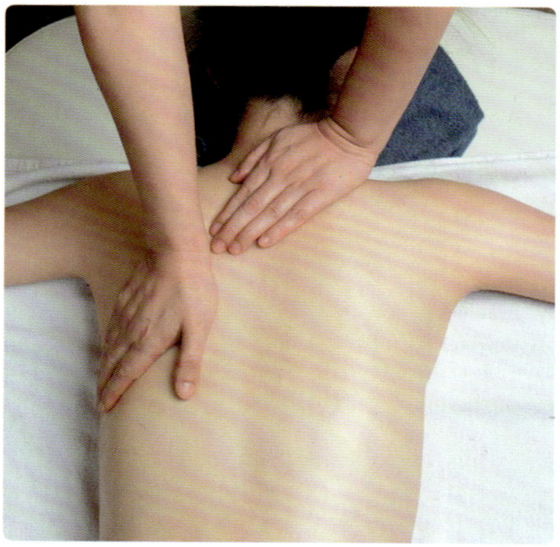

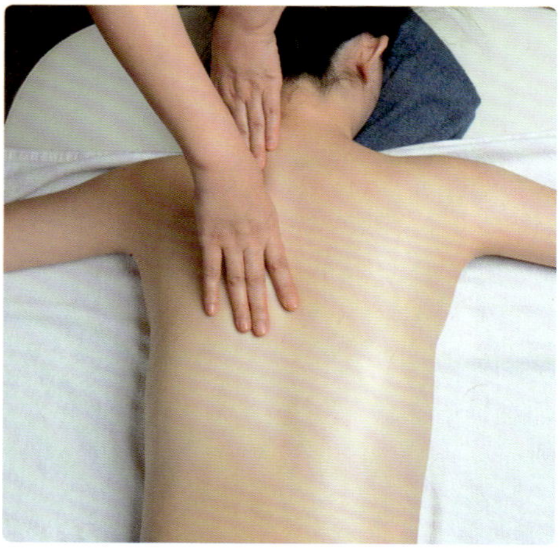

- 견갑부위를 양손으로 겹쳐서 장압을 한 다음, 수장사지로 상완부를 지난다.

관리사의 위치 : 고객의 윗편에서 왼쪽 측면으로 이동

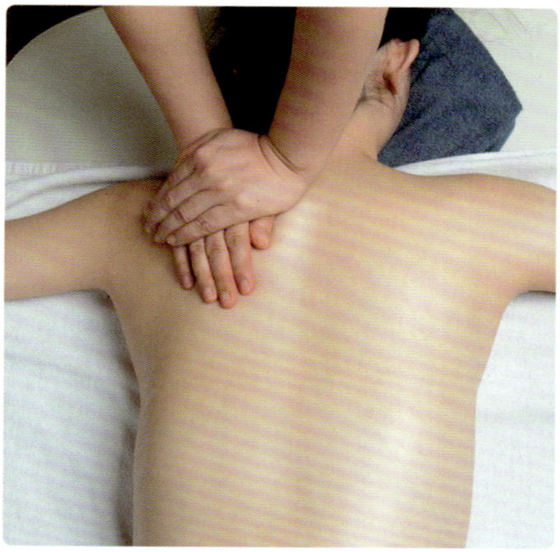

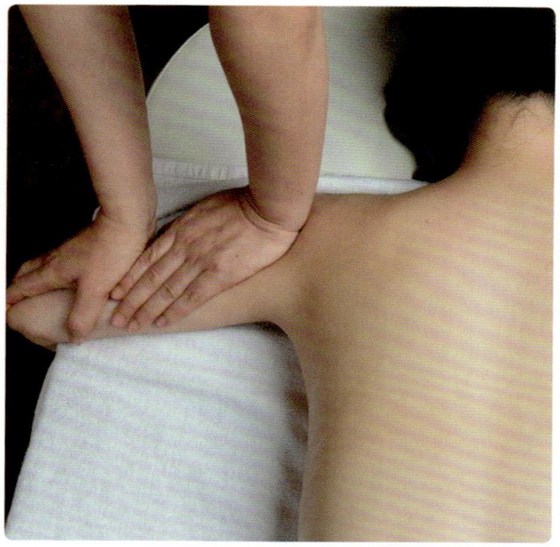

- 팔을 따라 손바닥까지 내려간 후 수장사지로 손바닥을 반복해서 쓸어준다.
- 팔의 수삼음경에 해당하는 경혈들을 압하며 5회 반복하여 쓸어준다.

관리사의 위치 : 고객의 윗편에서 왼쪽 측면으로 이동

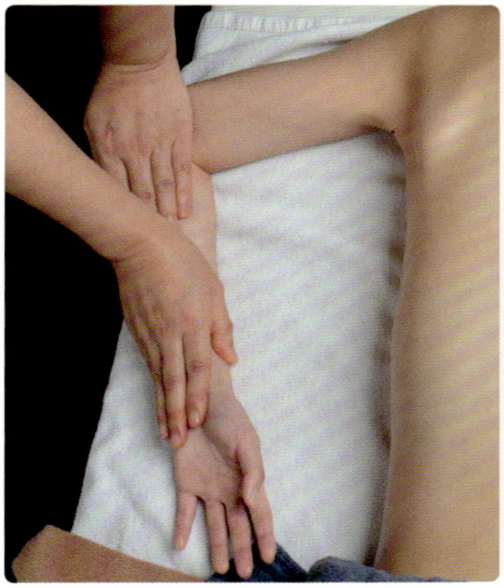
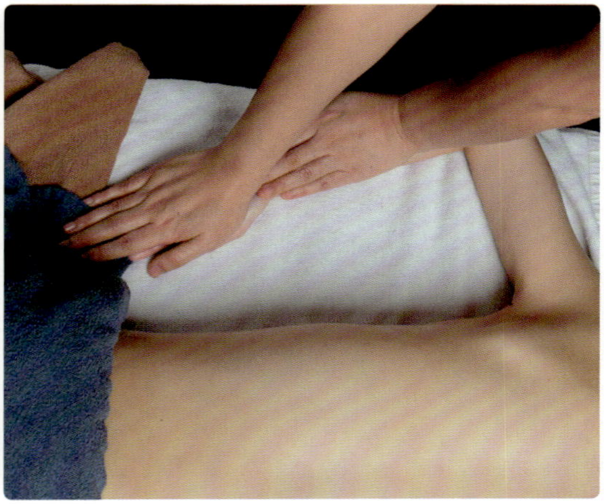

⑩ (10번 동작) 견갑골 자극하기

- 한 손은 손바닥을 장압하고, 한 손을 엄지는 액와에 넣고, 사지복을 이용하여 견갑골 상단을 6회 쓸어준 후 삼지복을 이용하여 중부 부위를 들어준다.
- 견갑골 정중앙의 소장경락에 해당하는 천종, 병풍, 고권, 노유, 견정, 견외유, 견중유 등을 압하여 6회 쓸어준다. 이곳은 견갑골의 좌우 균형과 액와후면의 비만 개선에 탁월하다.

관리사의 위치 : 고객의 왼쪽 측면

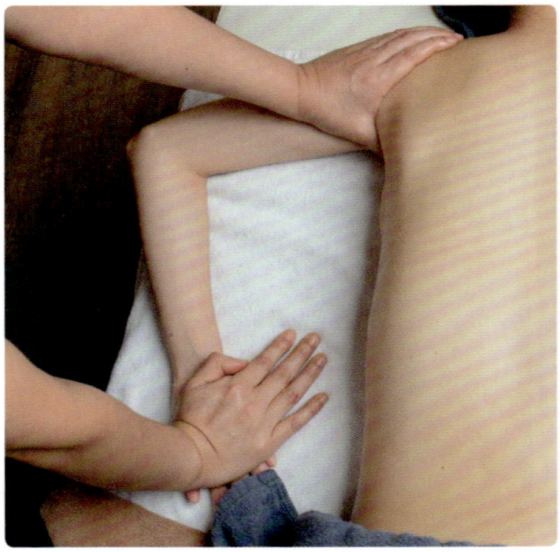
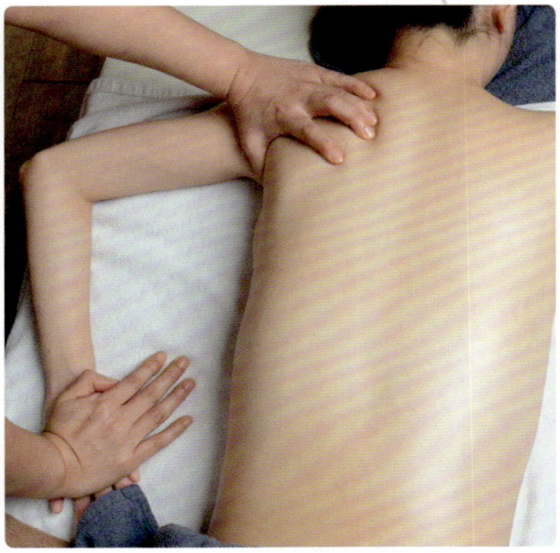

• 손바닥을 장압하고 있던 손을 이용하여 견갑골 어깨로 향하여 번갈아 쓸어 내린다.

관리사의 위치 : 고객의 왼쪽 측면

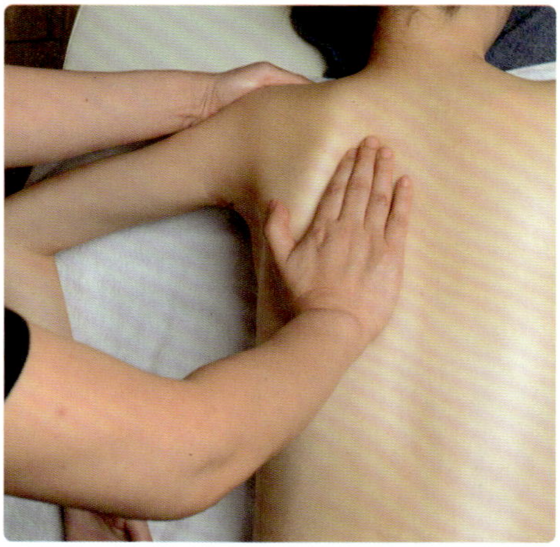

• 양 손의 모지복을 이용하여 견갑골의 중간부터 하단을 향하여 번갈아 쓸어 내린다.

관리사의 위치 : 고객의 왼쪽 측면

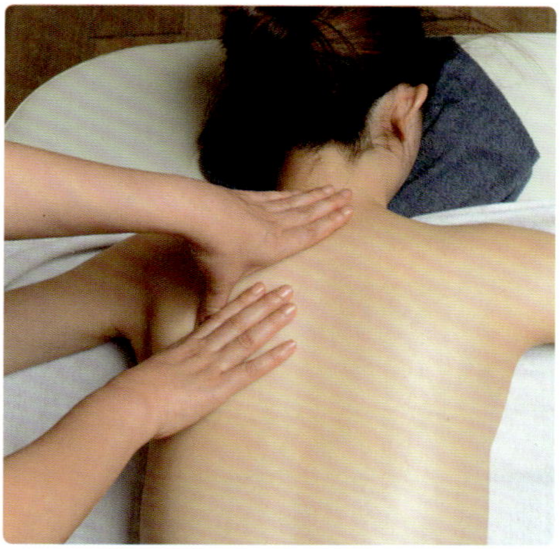

- 양 손의 수장사지로 견갑부에서 손바닥까지 쓸어내린다.
- 3회 반복한다.

관리사의 위치 : 고객의 왼쪽 측면

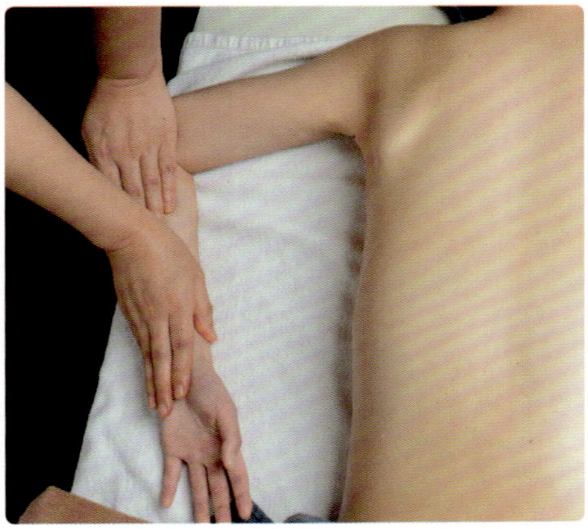

※ 군살을 제거한다.
※ 어깨의 긴장감을 완화한다.

⑪ 견갑골 스트레칭

- 견갑골 하단에서부터 3등분을 한다.
- 오른쪽 척부를 이용하여 견갑 하단에 댄 후 왼손은 호구부위를 이용하여 주관절부위를 잡아준 후 팔을 꺾어준다.
- 관절 부위를 잡고 쓸어내려준다.

관리사의 위치 : 고객의 왼편

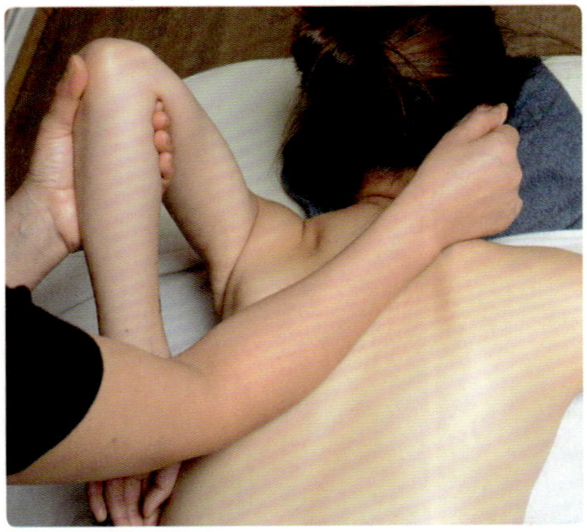

※ 개인마다 견관절의 ROM 각도가 다르므로 너무 많이 꺾이지 않도록 주의바람.

• 견갑골 중앙부위와 상단부위에 오른쪽 척부를 이용하여 팔을 꺾어준다.

관리사의 위치 : 고객의 왼편

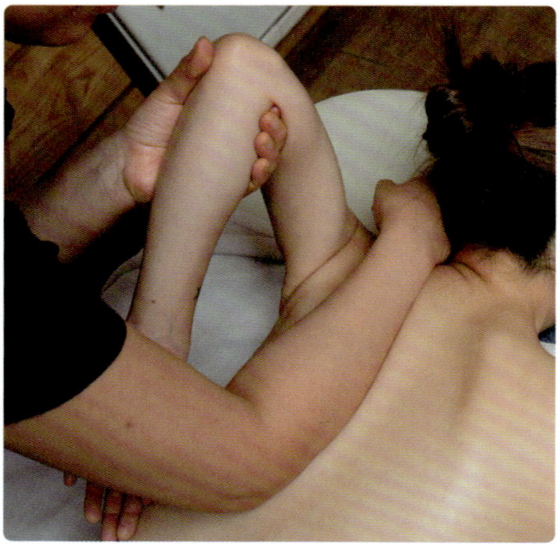

※ 개인마다 견관절의 ROM 각도가 다르므로 너무 많이 꺾이지 않도록 주의바람.

• 완전히 팔을 내린다.
• 시술자의 오른손을 고객의 왼팔사이에 걸어 한 번 더 스트레칭한다.
• 3회 반복한다.

관리사의 위치 : 고객의 왼편

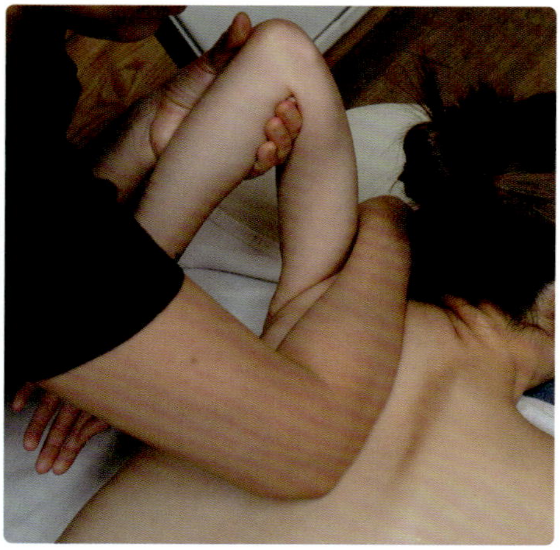

※ 개인마다 견관절의 ROM 각도가 다르므로 너무 많이 꺾이지 않도록 주의바람.

※ 견갑부의 경직을 방지한다.

※ 견갑골 사이사이 군살을 제거한다.

⑫ 양손의 지과부위로 방광 1선 굴려주기

- 양손의 지과부위를 이용하여 방광 1선에 대고 굴려주면서 압한다.

  관리사의 위치 : 고객의 왼편

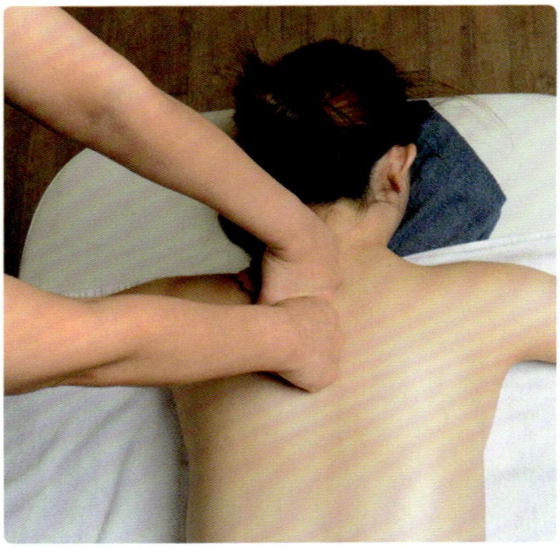

- 3회 굴려준 후, 수장사지를 이용하여 번갈아가며 옆구리를 쓸어내린다.

  관리사의 위치 : 고객의 왼편

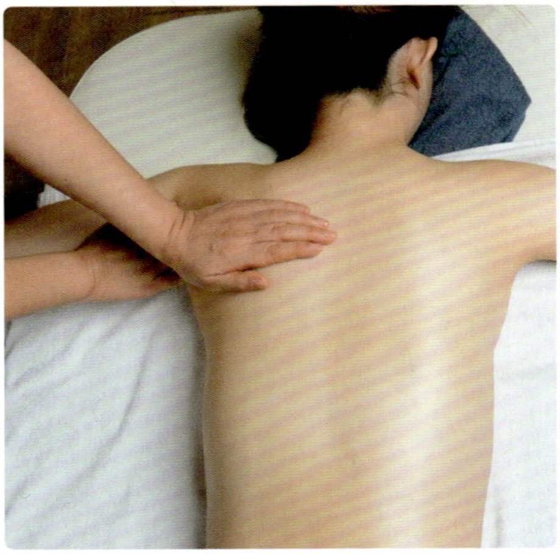

- 척주 상단에서 요추까지 5등분하여 진행한다.
- 둔부에서는 반대편으로 쓸어내린다.
- 3회 반복한다.
- 요추 부위에 있는 요방형근 척추기립근 장요근 등을 압하고 방광경맥의 경혈을 자극하여 풀어주면 허리라인이 개선이 된다.

관리사의 위치 : 고객의 왼편

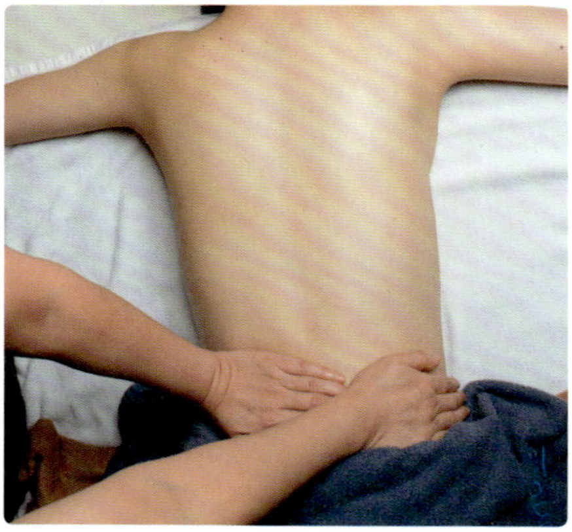

※ 등의 라인을 아름답게 한다.

⑬ 척부를 이용하여 방광 1선 풀어주기

- 오른쪽 척부를 이용하여 방광 1선에 대고 어깨에서 요추까지 내려가서 허리 부위로 쓸어내린다.

관리사의 위치 : 고객의 왼편

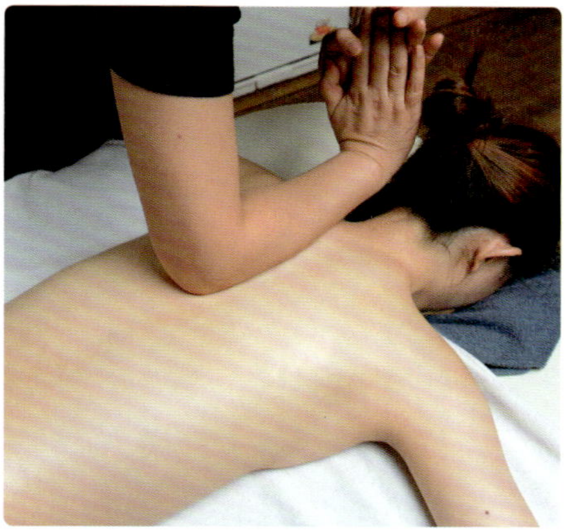

- 왼쪽 척부를 이용하여 방광 1선에 대고 요추에서 어깨라인까지 올라가서 쓸어내린다.
- 6회 반복한다.

관리사의 위치 : 고객의 왼편

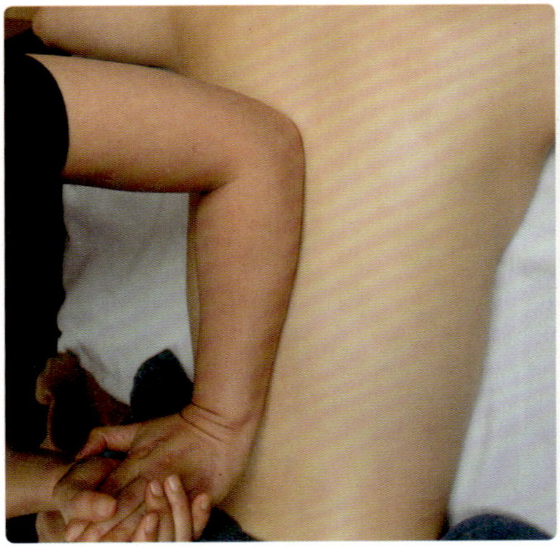

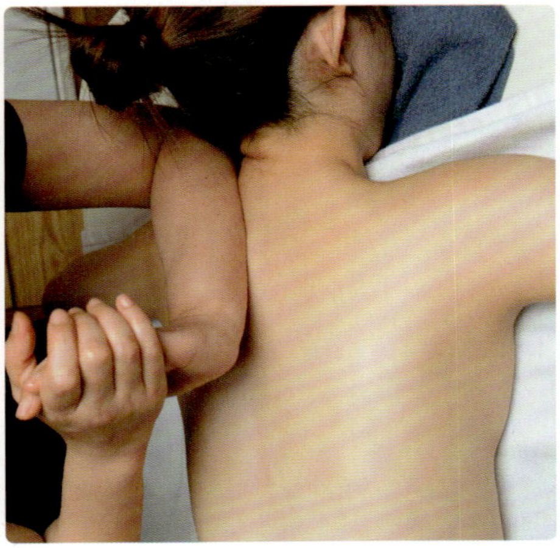

⑭ 척부로 견갑골 쓸어주기

- 오른손의 척부를 이용하여 견갑골을 아래에서 어깨부위로 쓸어준다.
- 6회 반복한다.

관리사의 위치 : 고객의 왼편

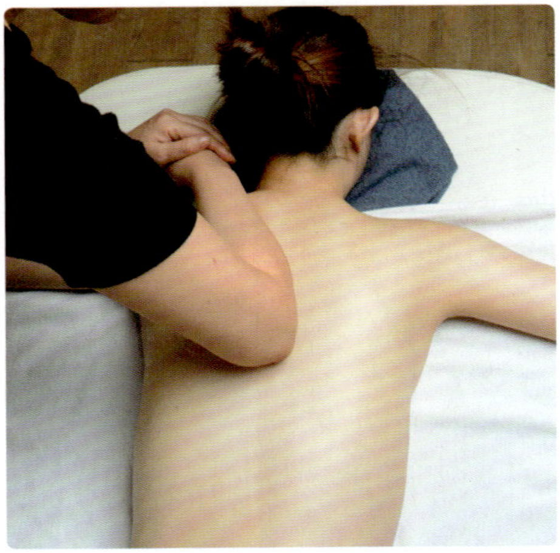

- 척주상단에서 오른 척부를 고객이 상단에 걸쳐 대고 왼손으로 오른팔을 잡는다.

관리사의 위치 : 고객의 왼편

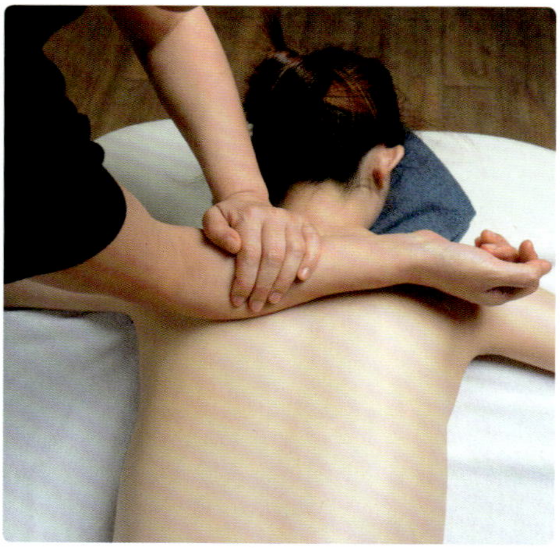

- 등을 3등분하여 나누어 쓸어내린다.
- 3회 반복한다. 2번째는 2등분하여 나누어 쓸어내리고, 3번째는 1회 쓸어올리고 한 번에 쓸어내린다.

관리사의 위치 : 고객의 왼편

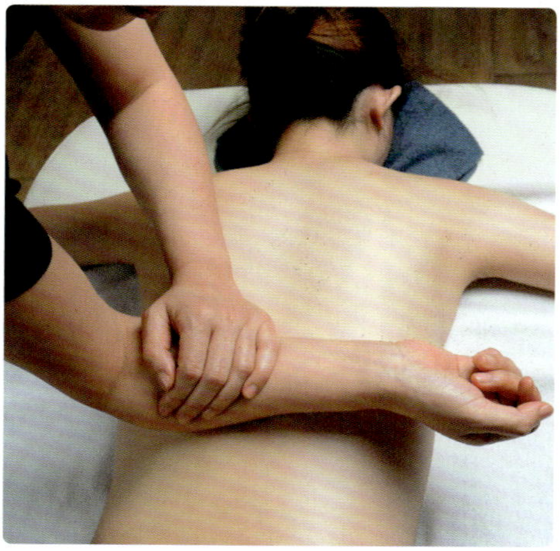

※ 등의 곡선을 아름답게 한다.
※ 등 전체의 긴장감을 푼다.

⑮ 등 전체 쓸어주기

- 양 팔의 척부를 척주 상단에 나란히 대고, 양 팔을 교차하면서 둔부를 향하여 이동한다.

관리사의 위치 : 고객의 왼편

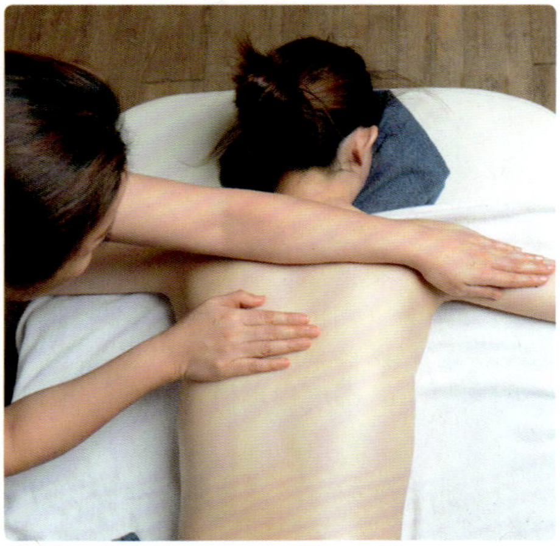

- 팔을 비틀듯이 지그재그 모양으로 등 전체를 늘려준다.
- 3회 반복한다.

관리사의 위치 : 고객의 왼편

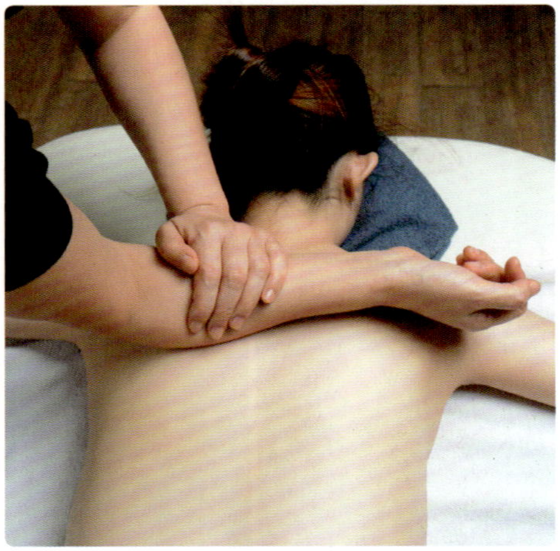

※ 등 전체의 긴장감을 푼다.

※ 등의 곡선을 아름답게 한다.

⑯ 장골능 굴려주기

- 오른쪽 주첨를 이용하여 환도부위를 압한다.
- 대둔근 중둔근 소둔근의 근육에 심부층을 자극하여 주며 질변 환도혈을 압하여 골반 라인의 개선을 활용한다. 5회 반복한다.

관리사의 위치 : 고객의 왼편

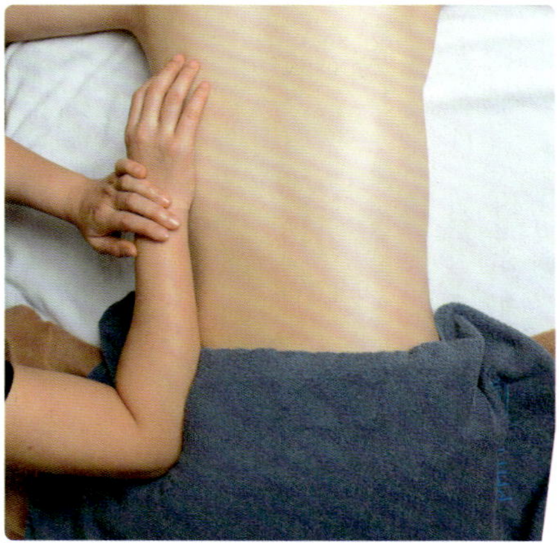

- 오른쪽 척부를 이용하여 후상장골능을 따라 쓸어준다.
- 3회 반복한다.

관리사의 위치 : 고객의 왼편

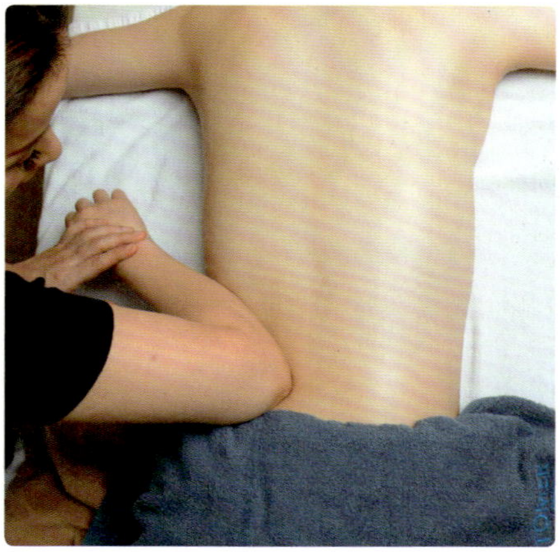

※ 하초(하복부)의 기운을 강화시킨다.

※ 둔부의 라인을 아름답게 한다.

⑰ 수장사지로 등 전체 쓸어주기

- 수장사지를 이용하여 한 손은 요추에서 어깨까지 쓸어올린다.

관리사의 위치 : 고객의 왼편

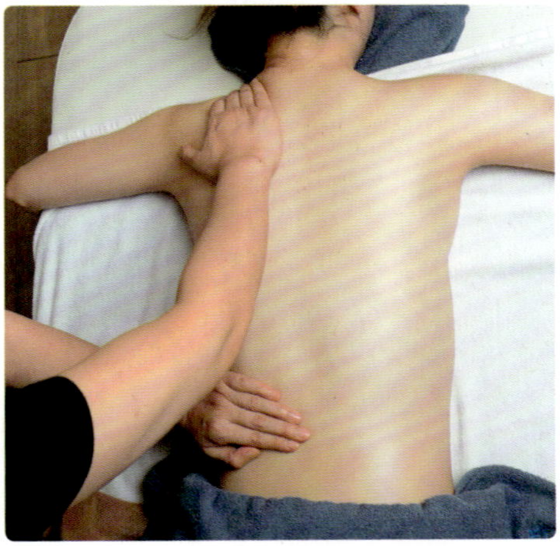

- 수장사지를 이용하여 한 손은 요추에서 어깨를 걸쳐 상완까지 쓸어올린다.
- 6회 반복한다.

관리사의 위치 : 고객의 왼편

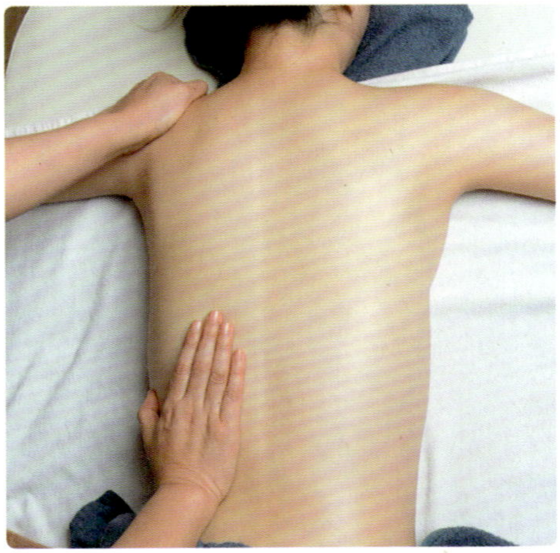

⑱ 견갑골 엄지로 쓸어내리기

- 모지를 이용하여 견갑골안쪽라인을 척주에서 늑골방향으로 쓸어내린다.
- 6회 반복한다.

관리사의 위치 : 고객의 윗편

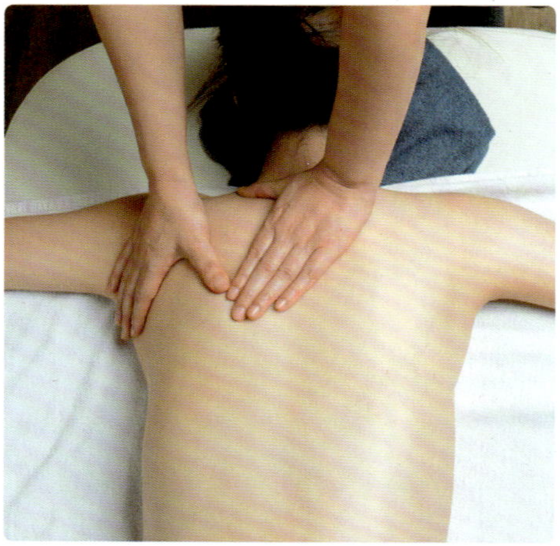

⑲ 옆구리 쓸어올리기

- 수장사지를 이용하여 늑골에서 액와로 쓸어올린다.

관리사의 위치 : 고객의 윗편

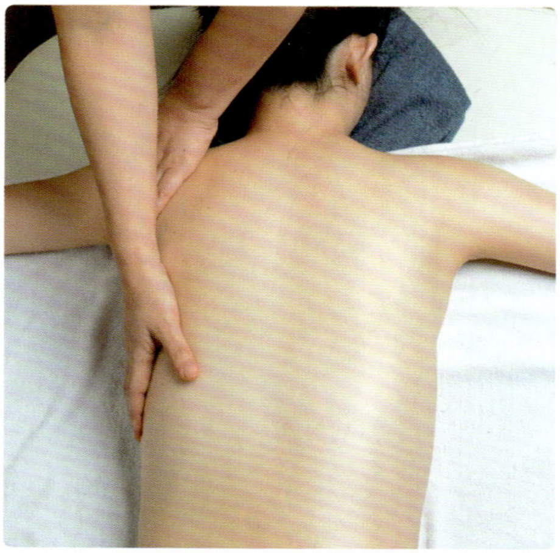

- 액와에서 상완부로 쓸어내린다.
- 삼각근과 이두박근에 분포되어 있는 수삼양경에 해당하는 비노 노회 견우 결료 견정 노유혈 등을 압하여 저고릿살을 개선시킨다.

관리사의 위치 : 고객의 윗편

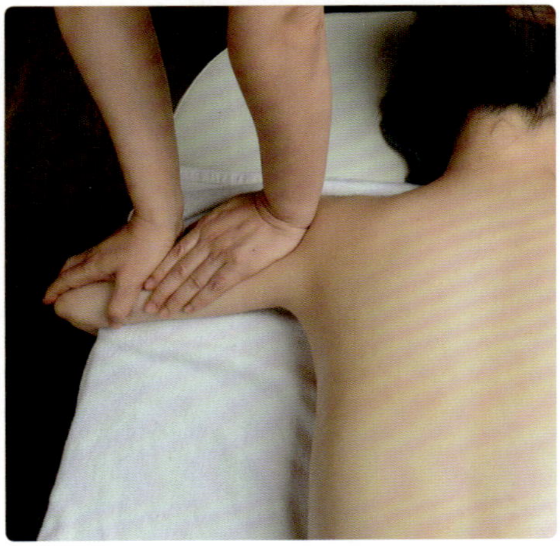

이 동작이 끝나면 반대편에서 9번 동작부터 반복하여 19번까지 진행한다.

⑳ 등 전체 쓸어주면서 마무리하기

- 수장사지를 이용하여 손끝을 맞닿게 한 다음, 양 어깨에서 둔부를 향하여 쓸어내린다.

관리사의 위치 : 고객의 윗편

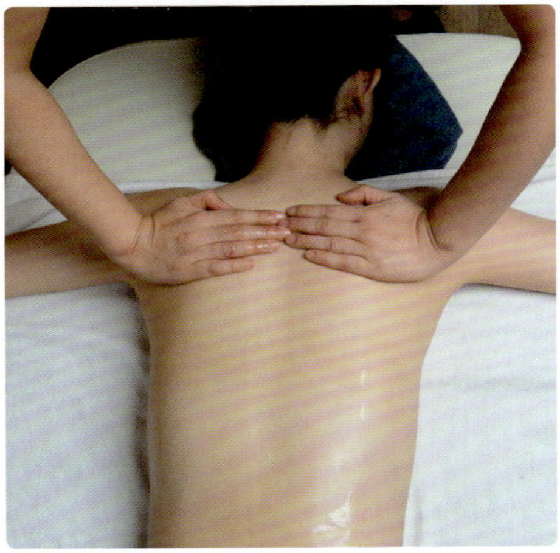

• 둔부를 감싸듯이 하여 옆구리를 따라 올라온 후 양 팔꿈치까지 쓸어내려 경추로 돌아온다.

관리사의 위치 : 고객의 윗편

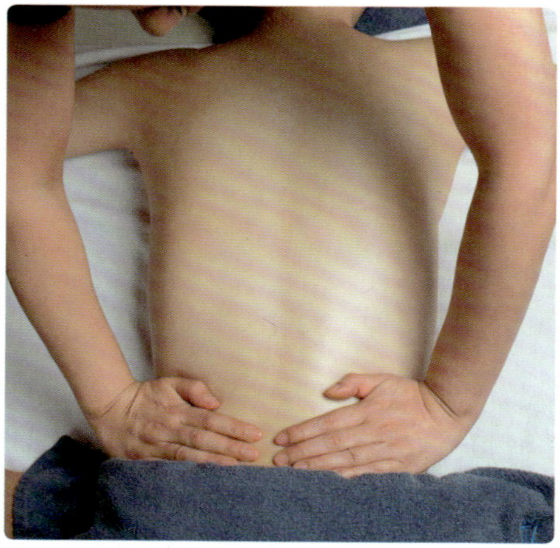

• 척부를 교차하여 척부가 흉추에서 내려갈 수 있는데까지 간 후 돌아온다.
• 3회 반복한다.
• 척부를 풀어서 상완부에서 팔꿈치까지 쓸어준다.

관리사의 위치 : 고객의 윗편

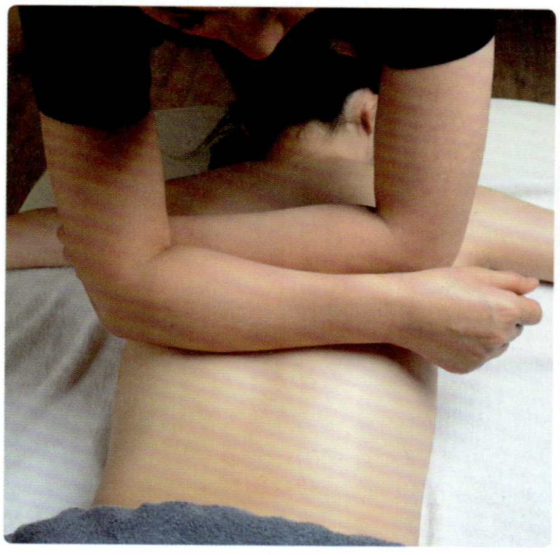

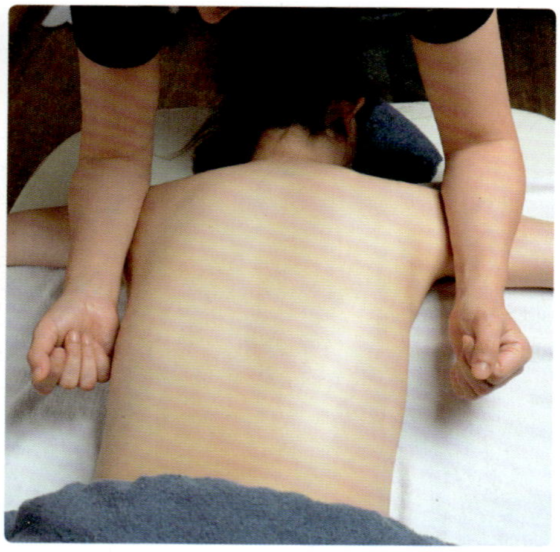

2. 다리후면 관리

① 오일 도포하기

- 적당량의 오일을 덜어낸 후 손바닥에서 오일의 온도를 조절한 후 다리 전체를 펴 바른다.

관리사의 위치 : 고객의 다리 아래

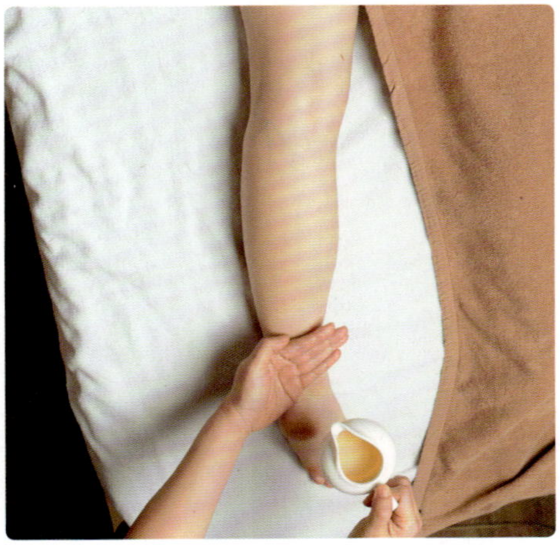

② 전체 쓸어 주기

- 양 손을 위, 아래로 하여 다리 전체를 쓸어 올린 후 왼손을 둔부를 돌아 다리 양측으로 쓸어 내린다.
- 둔부를 돌 때에는 후상장골능까지 쓸어준다.
- 3회 반복한다.

관리사의 위치 : 고객의 다리 아래

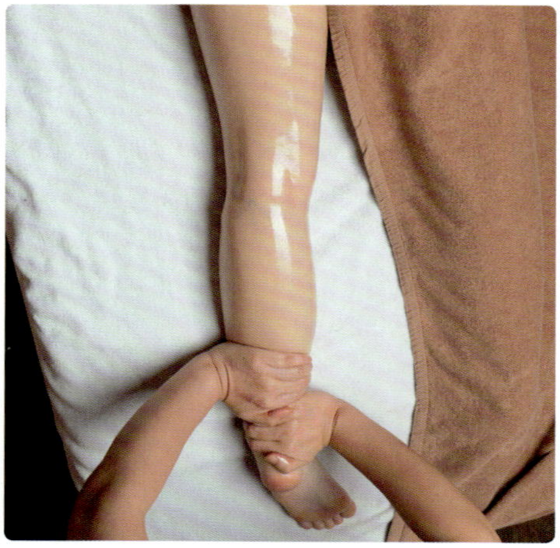

- 양 손을 이용하여 전체를 쓸어 준 다음, 수장사지를 이용하여 발바닥을 압하고 지과면을 이용하여 압한다.
- 3회 반복한다.
- 아킬레스건을 중심으로 내과첨과 외과첨을 쓸어주고 족저신경을 쓸어주고 이완시켜준다.

관리사의 위치 : 고객의 다리 아래

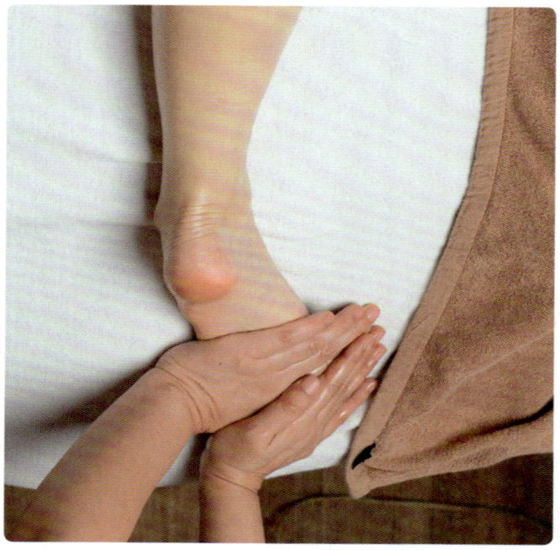

③ 발뒤꿈치 감싸기

- 양 손의 호구부위를 이용하여 발뒤꿈치를 감싼다.
- 8~10회 반복한다.

관리사의 위치 : 고객의 다리 아래

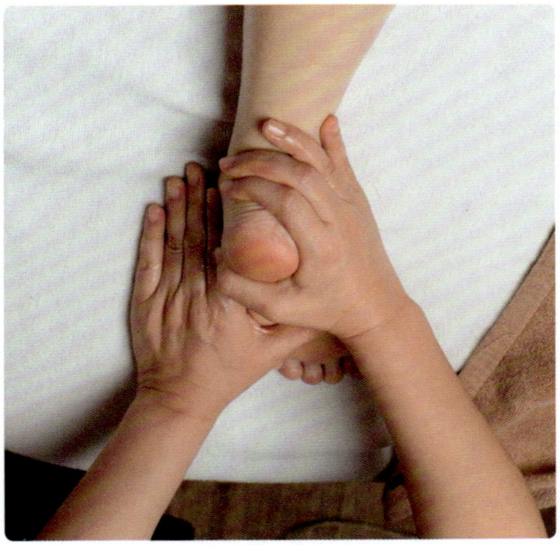

④ (4번 동작) 발바닥 문지르기

- 양 손의 모지복을 이용하여 중족골 라인에 따라서 엇갈려 가면서 눌려주며 발뒤꿈치까지 올라간다.

관리사의 위치 : 고객의 다리 측면

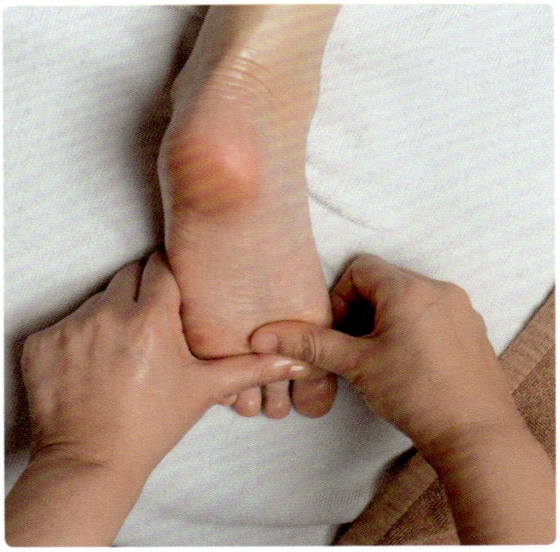

- 발뒤꿈치에서 올라간 후에 내려올 때는 발측면으로 소지측을 이용하여 내려온다.
- 중족골 총 4곳을 올라간 후에 내려온다.

관리사의 위치 : 고객의 다리 측면

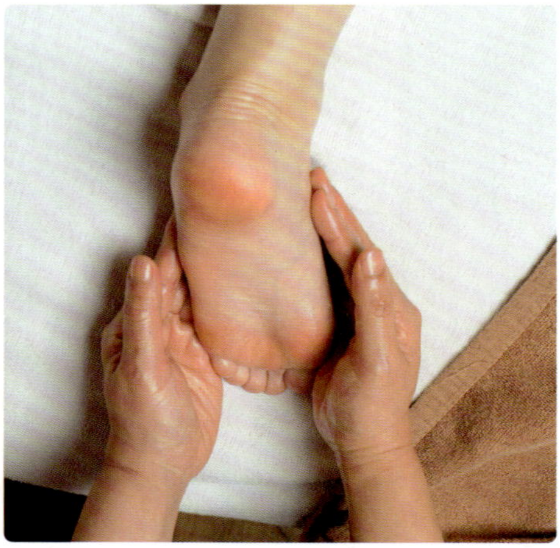

⑤ 족저신경 지과로 문지르기

- 둘째 손가락의 지과면으로 용천혈을 시작하여 뒷꿈치쪽으로 눌러준다.

관리사의 위치 : 고객의 다리 측면

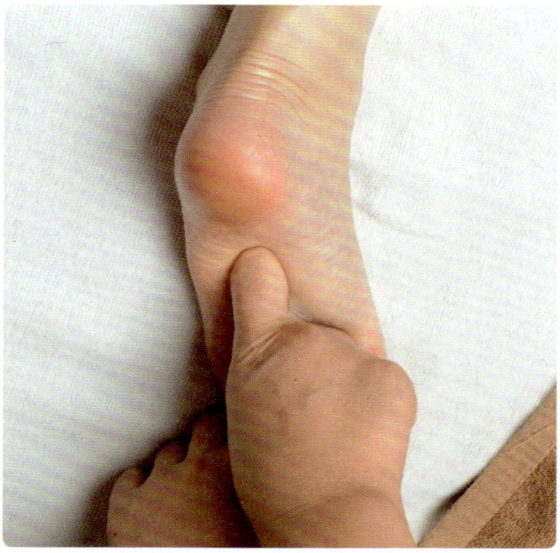

• 양 손의 지과면으로 돌아가면서 눌려준다.
• 6회 반복한다.

관리사의 위치 : 고객의 다리 측면

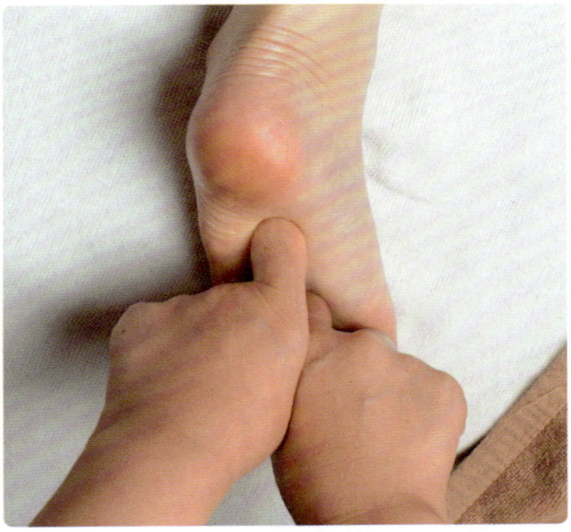

⑥ 전체 쓰다듬기

• 양 손을 위, 아래로 하여 다리 전체를 쓸어 올린 후 왼손을 둔부를 돌아 다리 양측으로 쓸어 내린다.
• 둔부를 돌 때에는 후상장골능까지 쓸어준다.
• 3회 반복한다.

관리사의 위치 : 고객의 다리 아래

- 양 손을 이용하여 전체를 쓸어 준 다음, 수장사지를 이용하여 발바닥을 압하고 지과면을 이용하여 압한다.
- 3회 반복한다.

관리사의 위치 : 고객의 다리 아래

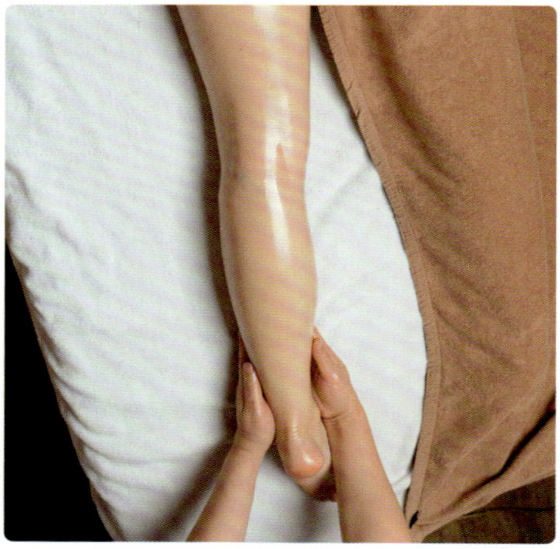

⑦ 호구부위를 이용하여 펴 올리기

- 오른 손의 호구부위를 발목부위에 밀착시킨다.
- 삼음교를 제자리에서 6회 펴 올려준다.

관리사의 위치 : 고객의 다리 아래

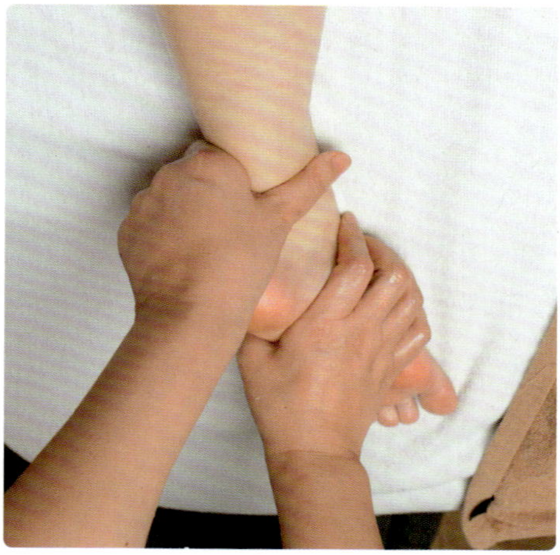

- 삼음교를 아래에서 위를 향하여 펴 올린다.
- 삼음교에서부터 오른손으로 펴 올리고 무릎부위는 호구부위로 엇갈리고 비틀어준다.
- 대퇴부 부위를 향해 이동한다.
- 견골능선 외측에 있는 족양명위경의 경혈을 압하여주면서 하지라인을 개선시켜 준다. 5회 반복한다.

관리사의 위치 : 고객의 다리 아래

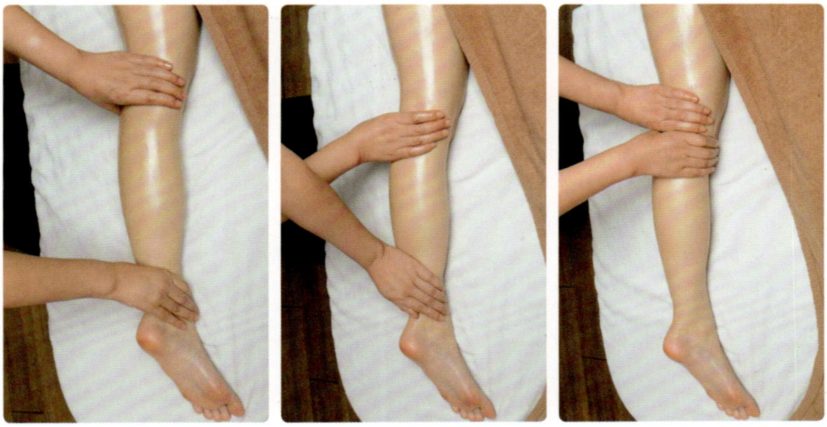

- 대퇴부 끝까지 쓸어준 후 오른손은 대퇴부 내측을 받쳐주고, 왼손의 수근부위를 이용하여 강하게 비틀어 준 다음 음경락을 따라 발을 향해 가볍게 내려온다.
- 대퇴외측 족소양담경맥의 경혈들을 압하여 대퇴의 셀룰라이트를 개선시키고 라인을 잡아준다.

관리사의 위치 : 고객의 다리 아래

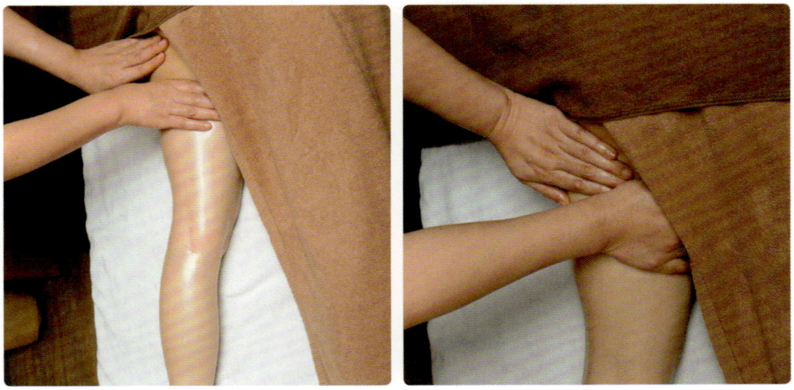

- 발목까지 내려온 후 발바닥을 수근부위로 압한다.
- 3회 반복한다.
- 족저신경을 압하고 정맥혈관 맛사지를 도외주며 하지의 혈액순환을 도와준다.

관리사의 위치 : 고객의 다리 아래

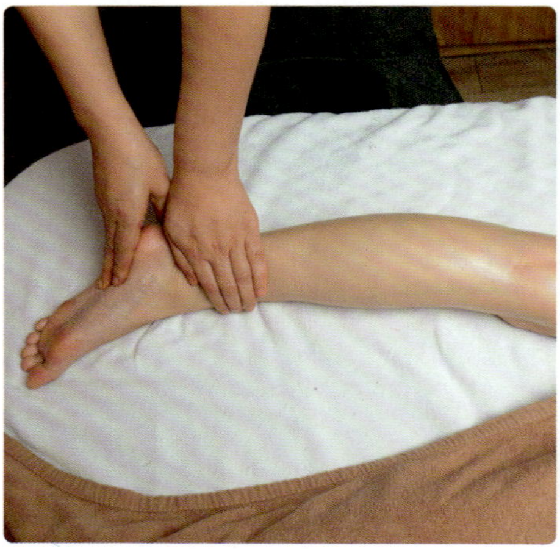
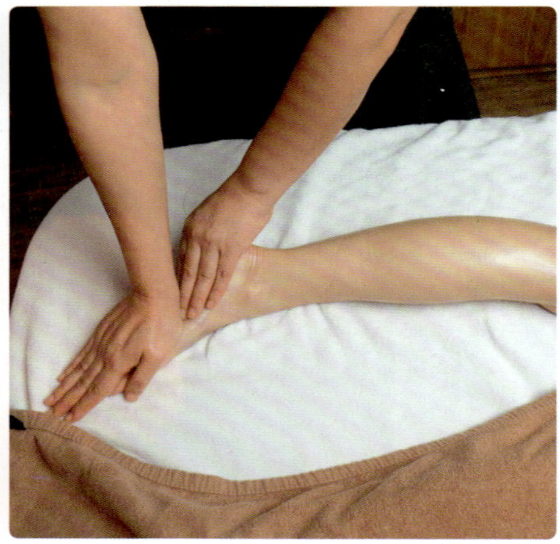

※ 다리의 부종이나 순환장애를 개선시킨다.
※ 발목의 굵어짐을 개선한다.

⑧ 부채살 모양으로 쓸어 올리기

- 양 손의 모지구를 이용하여 번갈아 가며 부채살 모양으로 아래에서 위로 쓸어준다.
- 족태양방광경맥에 해당하는 위중 위양 부극 합양 승근 승산 비양 부양 곤륜혈 등을 압하며 비복근과 가자미근을 적당한 압으로 쓸어주어 하지의 라인을 개선한다.

관리사의 위치 : 고객의 다리 아래

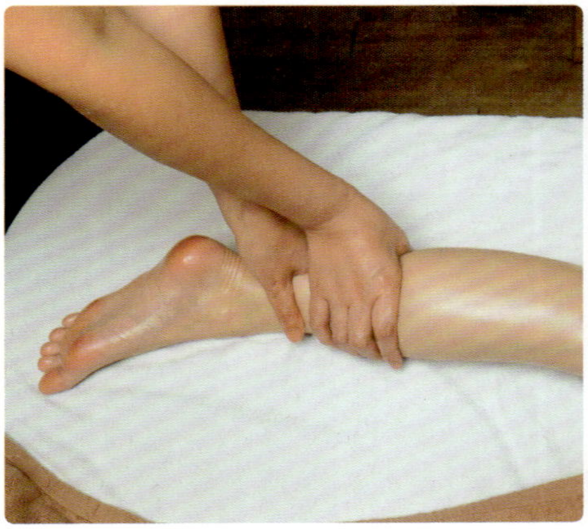

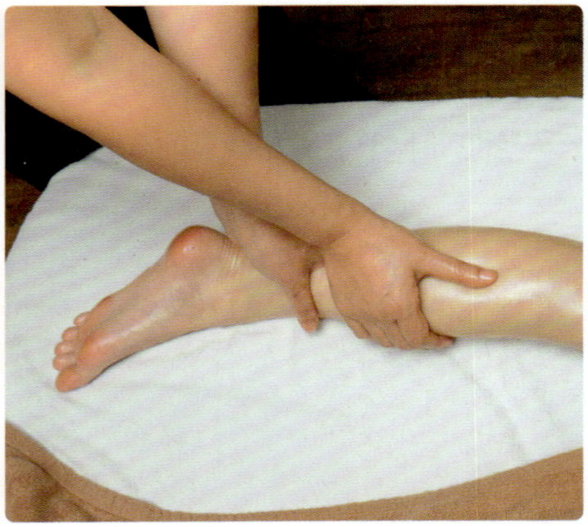

- 대퇴부 끝까지 올라간 후 둔부를 돌아 발을 향해 내려오는데, 이 때 양 손을 밀착시켜 발끝까지 쓸어내린다.
- 족태양방광경맥의 승부 은문혈을 자극하며 쓸어내리고 대퇴 이두박근의 강직을 개선시키고 셀룰라이트를 줄여준다.

관리사의 위치 : 고객의 다리 아래

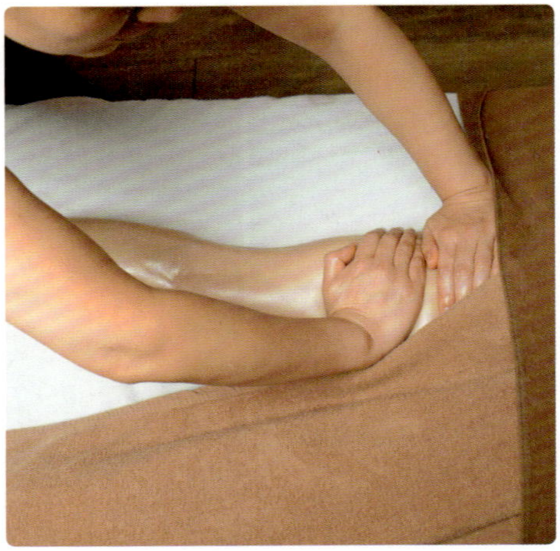

• 3회를 반복하는데, 3회째는 발끝에서 쓸어내리지 않고 오금부위까지만 쓸어내린다.

관리사의 위치 : 고객의 측면

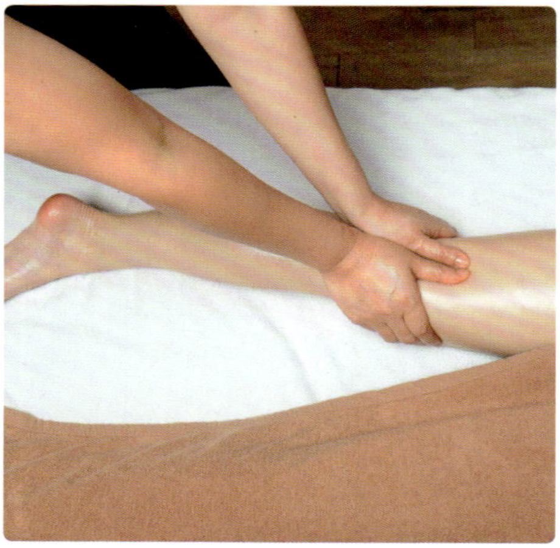

※ 다리의 부종을 예방한다.
※ 다리를 가볍게 하고 다리의 굵어짐을 개선한다.

⑨ 승부까지 쓸어올리고 양 옆으로 쓸어내리기

• 양 손의 모지구을 모아서 승부까지 쓸어 올린 다음, 양 옆으로 쓸어내리고 다시 오금 부위를 향해 내려온다.

관리사의 위치 : 고객의 다리 측면

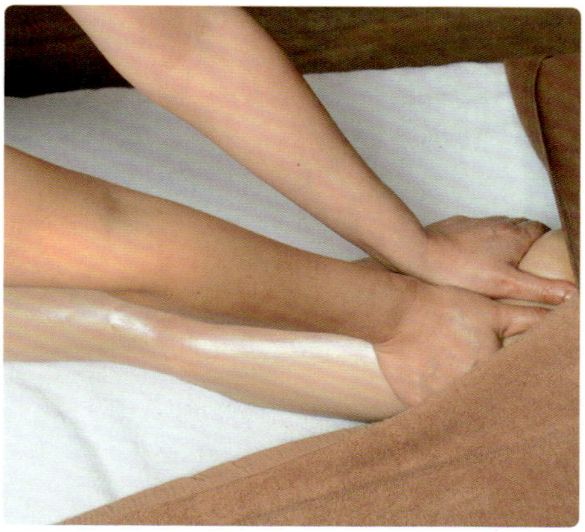

• 3회 반복하는데 처음에는 승부까지 쓸어 올리고, 두 번째는 2/3정도, 세 번째는 1/3정도 쓸어올린다.

관리사의 위치 : 고객의 다리 측면

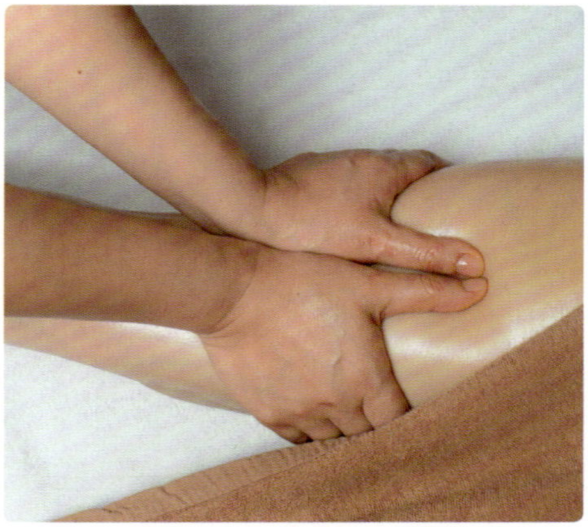

※ 대퇴부의 경결을 풀어준다.

※ 대퇴부의 비대를 개선한다.

⑩ 족태양방광경맥의 위양 부극혈 부위풀기

• 족태양방광경맥의 위중 위양 부극혈을 압하여 풀어준다.

• 6회 반복한다.

관리사의 위치 : 고객의 다리 측면

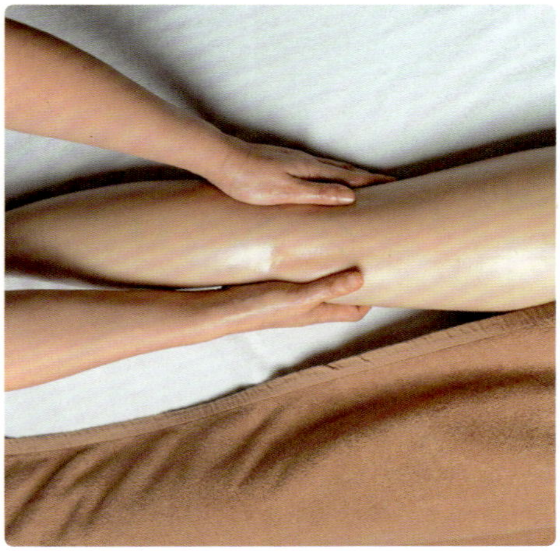

• 혈해 부위를 다시 지과면을 이용하여 풀어준다.
• 6회 반복한다.
관리사의 위치 : 고객의 다리 측면

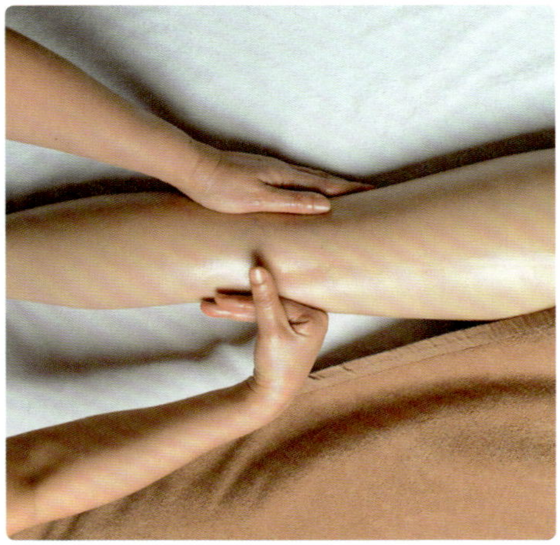

※ 대퇴부 내측의 비대를 개선한다.

⑪ 대퇴부 비틀어주기

• 양 손의 수근부위를 이용하여 대퇴부 안쪽을 비틀어 주듯이 문지른다.
관리사의 위치 : 고객의 다리측면

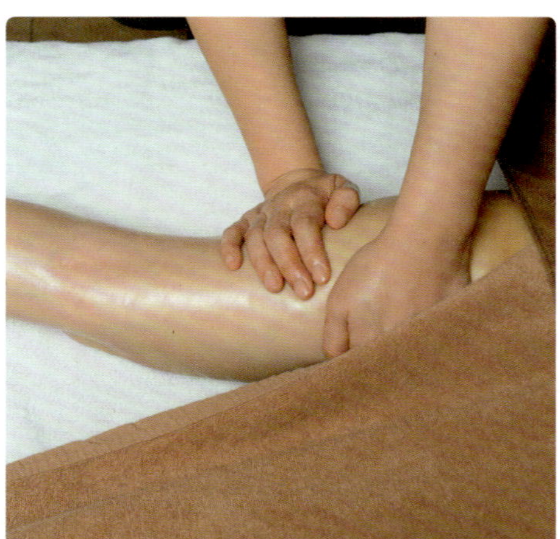

• 오금부위에서 위 아래로 이동하면서 비틀어준다.
• 3회 반복한다.

관리사의 위치 : 고객의 다리 측면

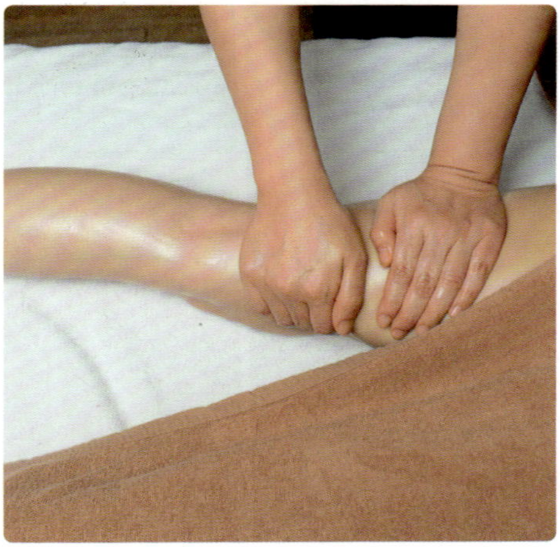

※ 대퇴부 비대를 개선한다.
※ 둔부의 늘어짐을 개선한다.

⑫ 대퇴부 안쪽 쓸어주기

• 양 손의 수근부위를 나란히 하여 대퇴부의 내측으로 쓸어준다.

관리사의 위치 : 고객의 다리 측면

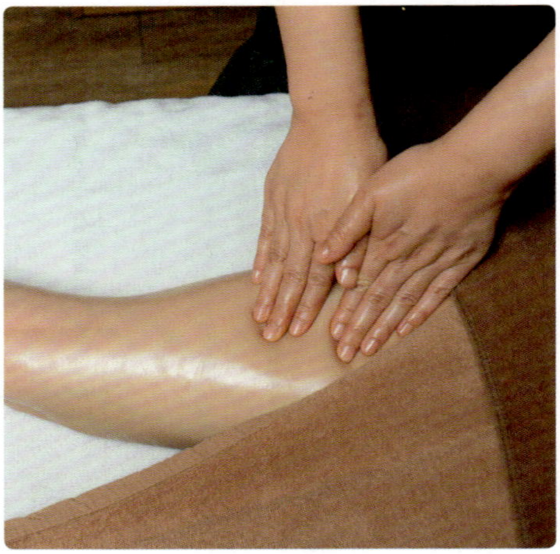

- 둔부의 위에서 사선으로 오금부위를 이동하면서 진행한다.
- 3회 반복한다.

관리사의 위치 : 고객의 다리 측면

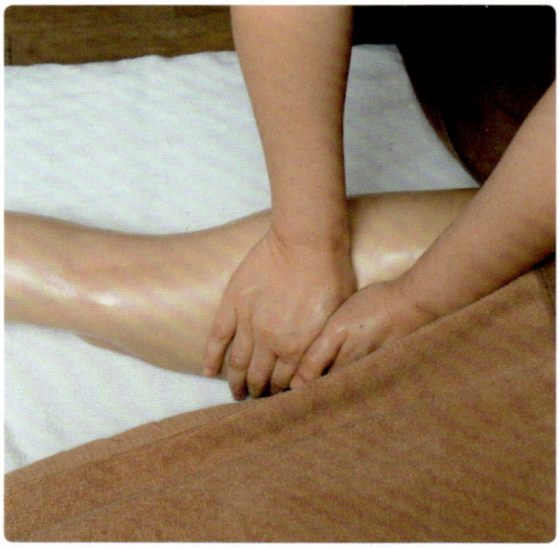

※ 신경, 간경, 비경을 강화한다.
※ 대퇴부 내측의 비대를 개선한다.

⑬ 대퇴부 지과로 올려주기

- 양 손의 지과면을 오금위에서부터 승부까지 쓸어준다.
- 6회 반복한다.

관리사의 위치 : 고객의 측면

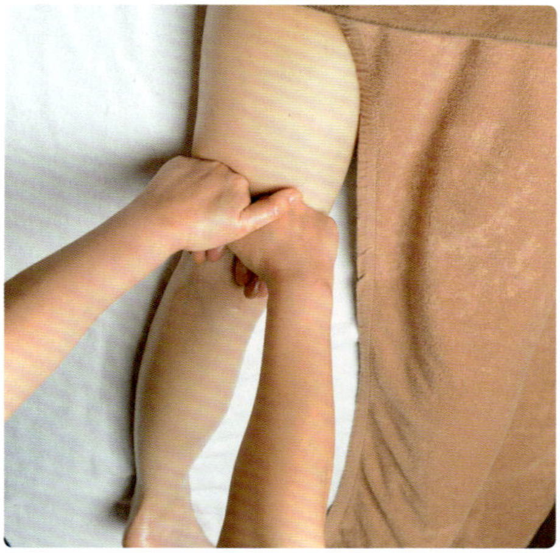

⑭ 환도부위 압하기

- 주첨을 이용하여 환도부위를 압한다.
- 6회 정도 압을 준다.
- 환도부위와 함께 질변혈을 압하여 주고 엉덩이 근육을 깊게 풀어준다.

관리사의 위치 : 고객의 측면

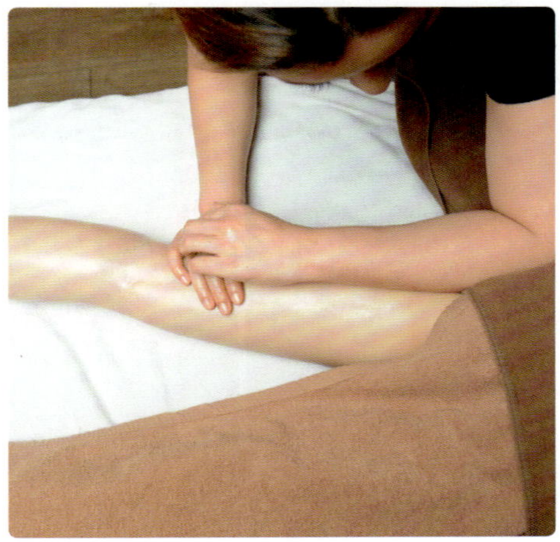

- 모지복으로 승부를 압하고 한 손의 수장사지를 한 손 뒤에 받쳐서 발바닥을 향해 쓸어내린다.
- 3회 반복한다.

관리사의 위치 : 고객의 측면

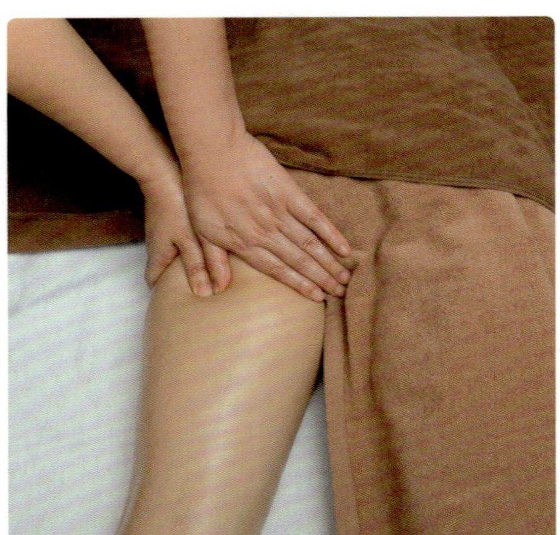

⑮ 방광경락 쓸어내리기

- 한 손은 척부를 받쳐주고 한 손은 척부를 이용하여 대퇴부의 승부에서 시작하여 오금부위까지 쓸어준다.

관리사의 위치 : 고객의 측면

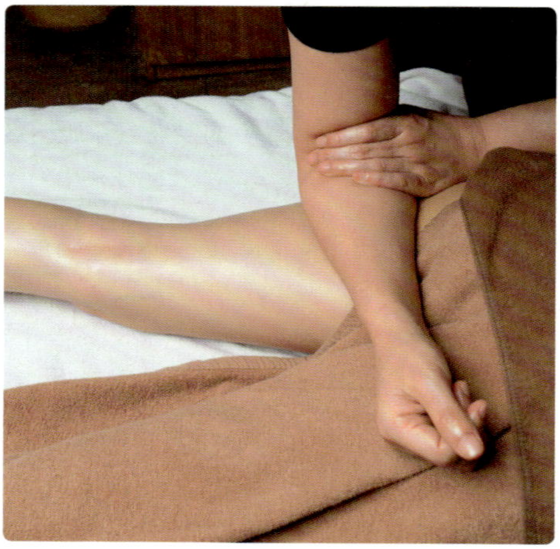

- 한 손의 수장사지를 한 손 뒤에 받쳐서 발바닥을 향해 쓸어내린다.
- 발바닥의 용천부위를 수근부위로 압하며 발끝까지 쓸어준다.
- 3회 반복한다.

관리사의 위치 : 고객의 측면

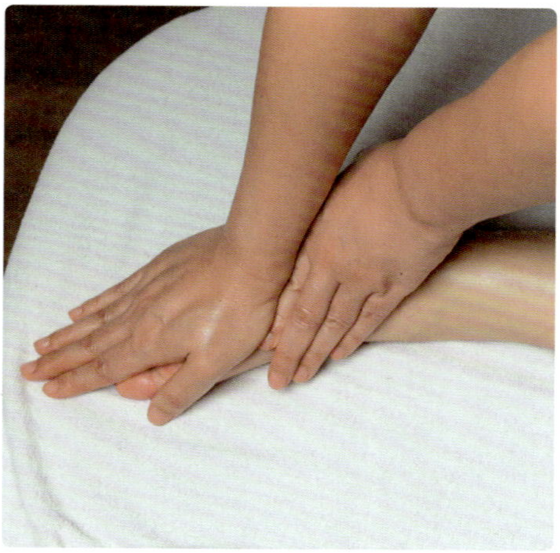

⑯ 개구리 다리하기

- 옆으로 개구리 다리를 한다.
- 오금부위에 사지를 넣어 모지를 이용하여 위아래로 쓸어준다.

관리사의 위치 : 고객의 측면

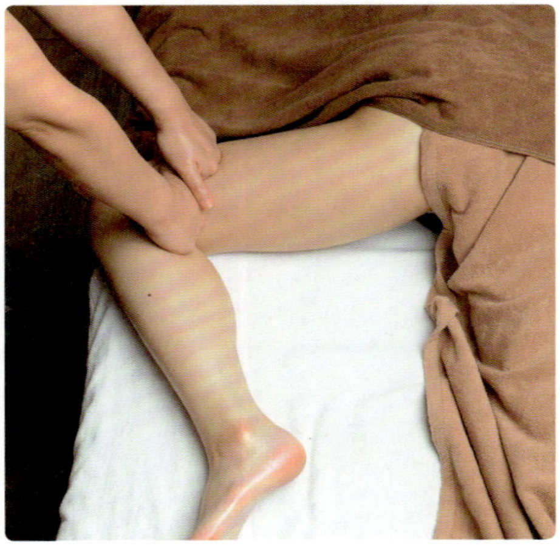

- 지과면을 이용하여 허벅지 옆면을 아래에서 위로 밀어준다.
- 6회 정도 반복한다.
- 족소양담경맥의 경혈들을 자극하여 셀룰라이트를 줄여준다.

관리사의 위치 : 고객의 측면

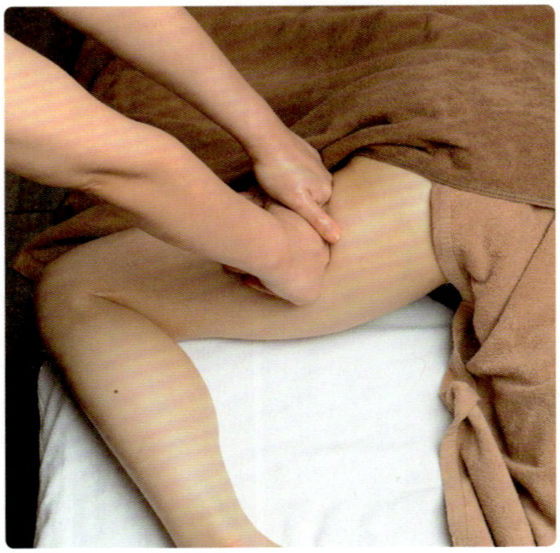

• 척부를 이용하여 둔부라인을 아래에서 후릉장골을 따라 돌려준다.
• 3회 반복한다.

관리사의 위치 : 고객의 측면

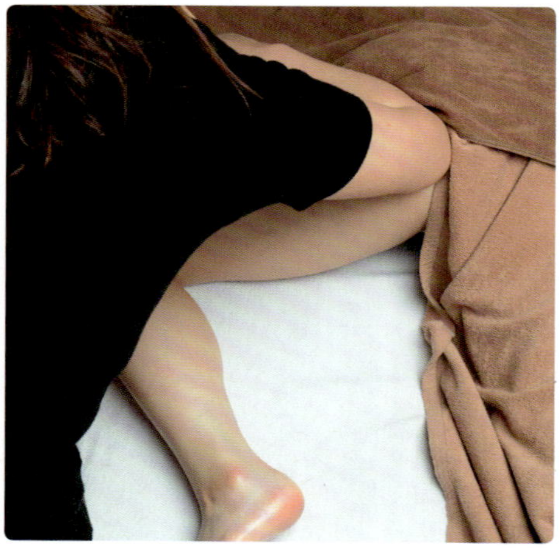

• 관리사의 몸을 돌려서 엄지를 오금부위에 넣는다.
• 사지복을 이용하여 무릎 아래쪽을 돌려준다.

관리사의 위치 : 고객의 측면

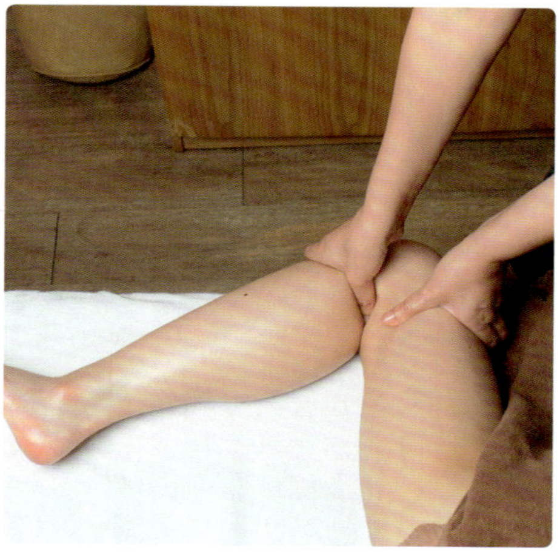

• 지과면을 이용하여 무릎에서 복숭아뼈 아래부위까지 내려준다.
• 6회 반복한다.

관리사의 위치 : 고객의 측면

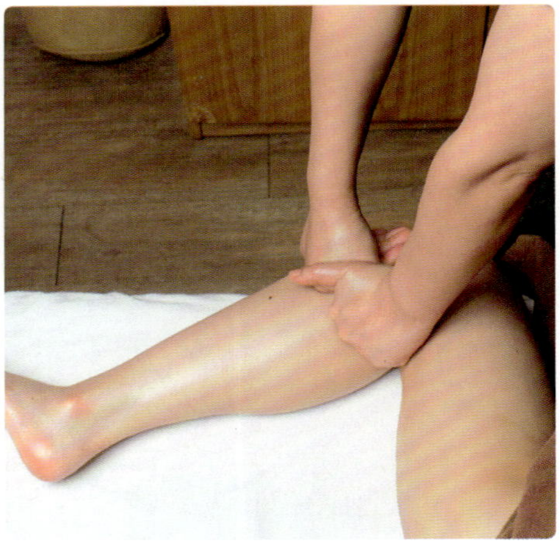

• 수장사지를 이용하여 무릎에서 발까지 쓰다듬어 준다.

관리사의 위치 : 고객의 측면

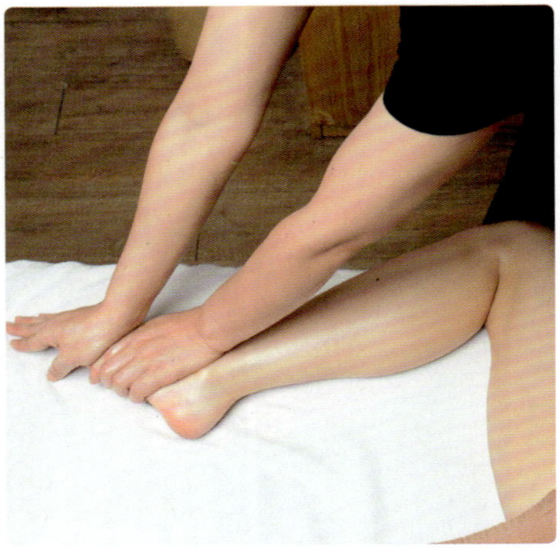

⑰ 다리세워 쓸어주기

• 한 손은 다리를 세워 발목을 잡아 준다.

관리사의 위치 : 고객의 발 부분

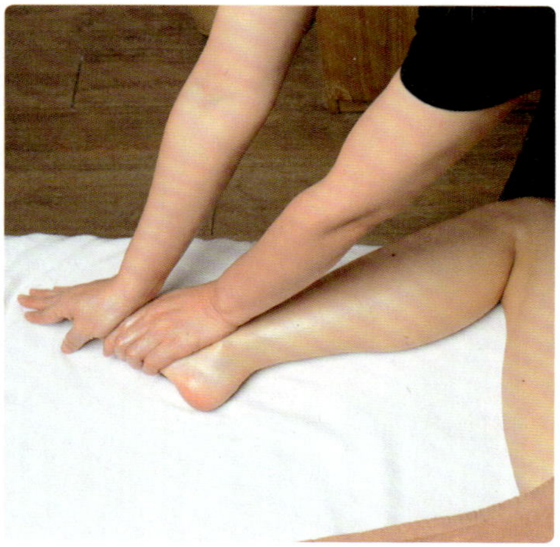

• 다른 한 손은 수장사지를 이용하여 발목에서 무릎까지 쓸어 내려준다.
• 양 손을 번갈아 가면서 쓸어준다.

관리사의 위치 : 고객의 측면

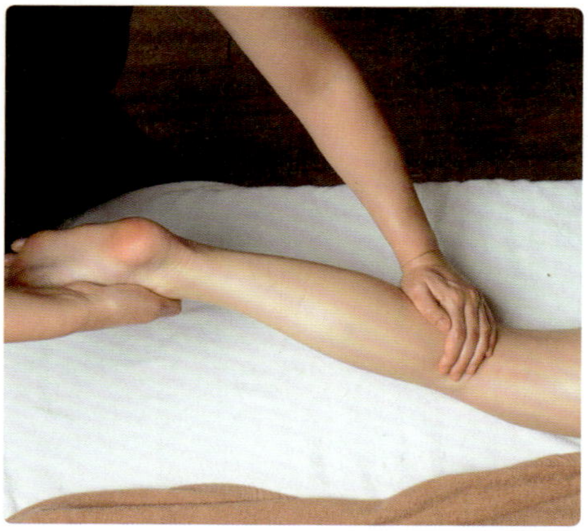

※ 다리의 부종을 개선한다.
※ 발목의 굵어짐을 개선한다.

⑱ 아킬레스건 모지구로 문지르기

- 고객의 발 끝을 세운 후 한 손은 발 끝을 고정시키고, 다른 한 손의 모지복을 이용하여 아킬레스건 부위의 태계혈과 곤륜혈을 마찰한다.

관리사의 위치 : 고객의 발 부분

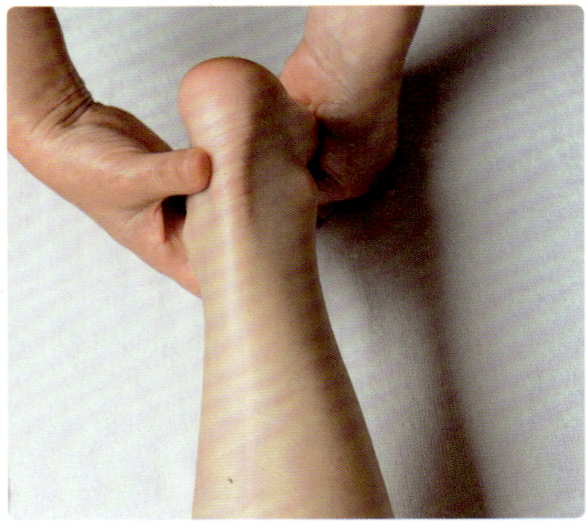

- 양쪽 아킬레스건을 마찰 한 후 발을 감싸 발 끝까지 쓸어내리며, 발을 자연스럽게 내려준다.

관리사의 위치 : 고객의 측면

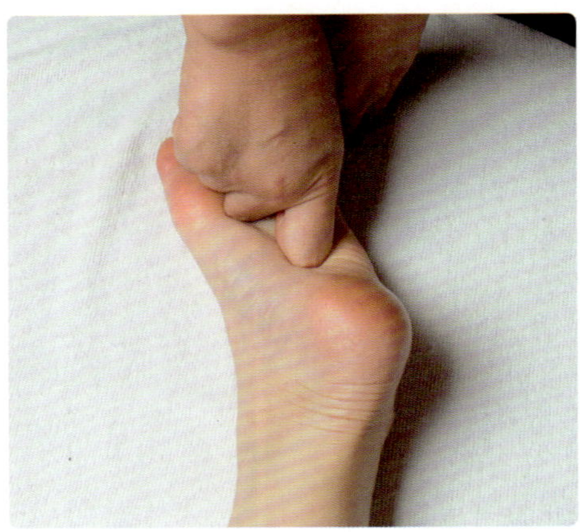

⑲ 전체 쓰다듬기

- 양 손을 위, 아래로 하여 다리 전체를 쓸어올린 후 왼손을 둔부를 돌아 다리 양측으로 쓸어내린다.
- 둔부를 돌 때에는 후상장골능까지 쓸어준다.
- 3회 반복한다.

관리사의 위치 : 고객의 다리 아래

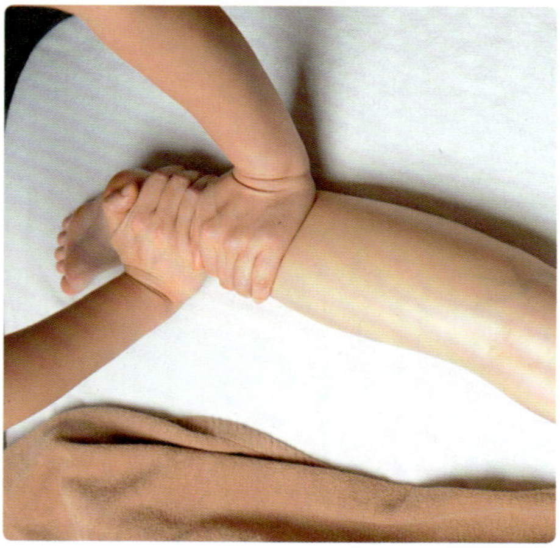

- 양 손을 이용하여 전체를 쓸어 준 다음, 수장사지를 이용하여 발바닥을 압하고, 지과면을 이용하여 압한다.
- 3회 반복한다.

관리사의 위치 : 고객의 다리 아래

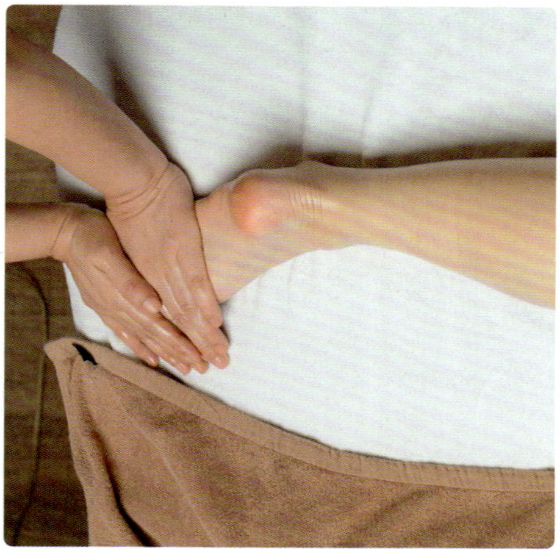

⑳ 스트레칭 하기

- 오금부위에 한쪽 손을 넣고 다른 쪽 손으로 발 등을 감싸고, 등 쪽을 향해 다리를 굽혀 늘여준다.

관리사의 위치 : 고객의 발

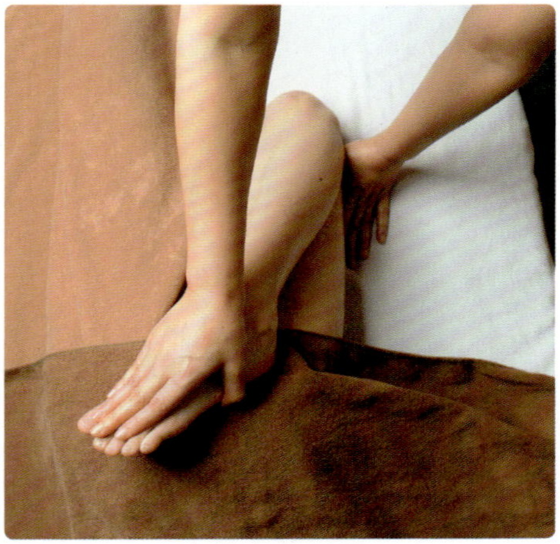

- 굽힌 다리를 안쪽 바깥쪽 번갈아 신전(伸展)시킨다.

관리사의 위치 : 고객의 발 부분

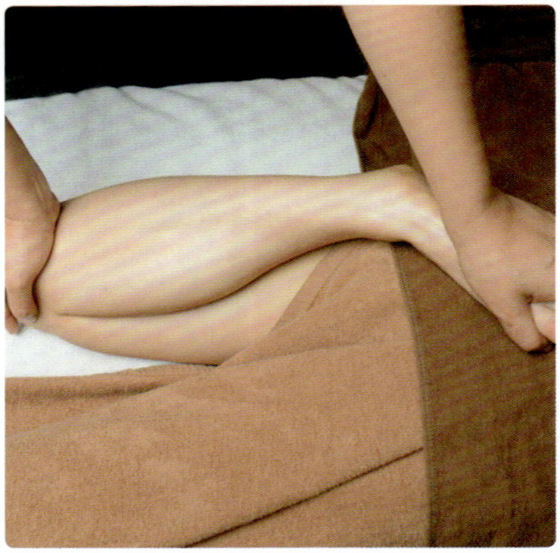

• 굽힌 다리를 안쪽 바깥쪽 번갈아가며 둔부 안쪽으로 신전시킨다.

관리사의 위치 : 고객의 발 부분

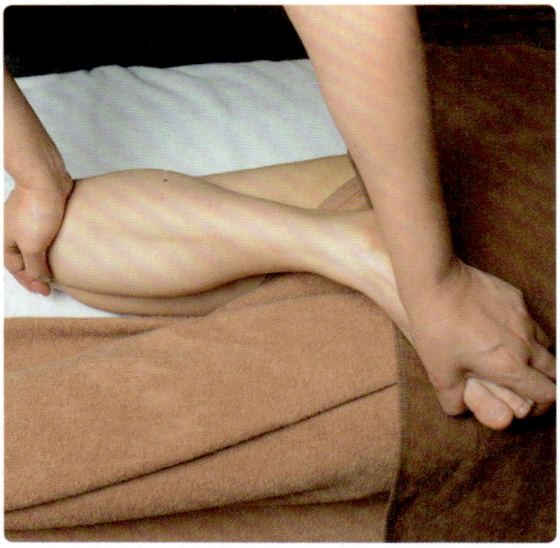

3. 다리전면 관리

① 오일 도포하기

- 적당량의 오일을 덜어내어 손바닥에서 오일의 온도를 조절한 후 다리 전체에 펴 바른다.

관리사의 위치 : 고객의 다리 아래

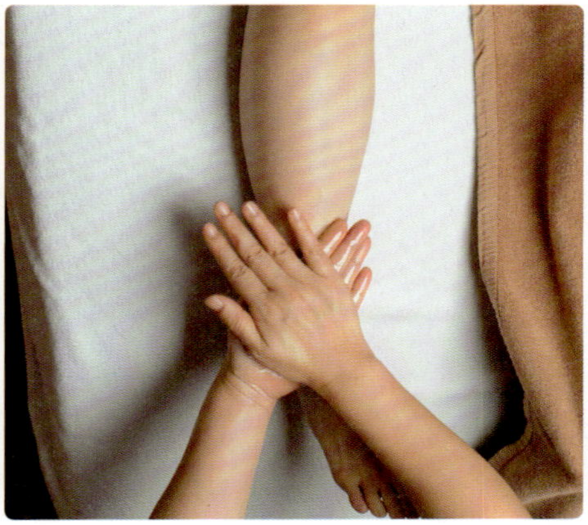

② 전체 쓸어주기

- 양 손을 위 아래로 하여 다리 전체를 쓸어 올린 후 오른손은 대퇴부 바깥쪽을, 왼손은 대퇴부 안쪽을 동시에 쓸어내린다.

관리사의 위치 : 고객의 다리 아래

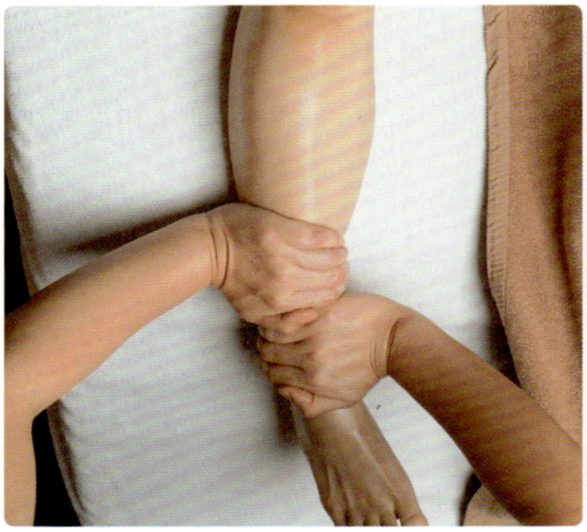

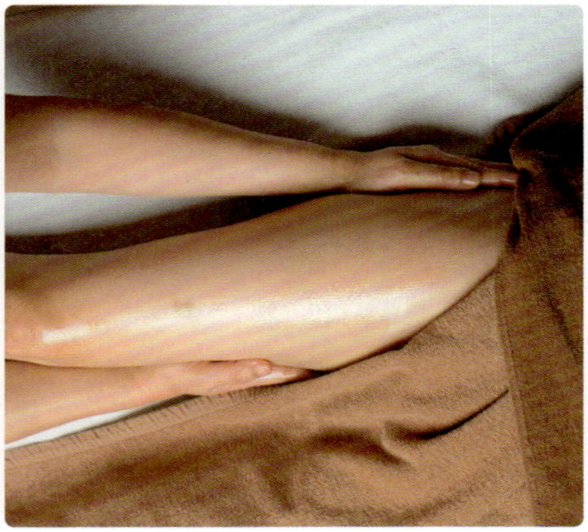

• 돌아 내려올 때 한 손은 발등, 다른 한 손은 발바닥을 쓸어내린다.
• 3회 반복한다.

관리사의 위치 : 고객의 다리 아래

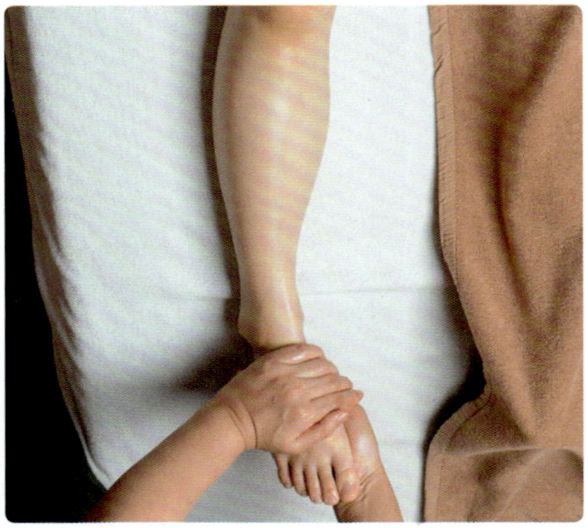

※ 다리 전체의 긴장감을 푼다.

③ 발등 쓸어올리기

• 발가락 끝에서 발목까지 수장사지를 이용하여 쓸어내린다.
• 번갈아가면서 쓸어내린다.
• 6회 반복한다.

관리사의 위치 : 고객의 다리 아래

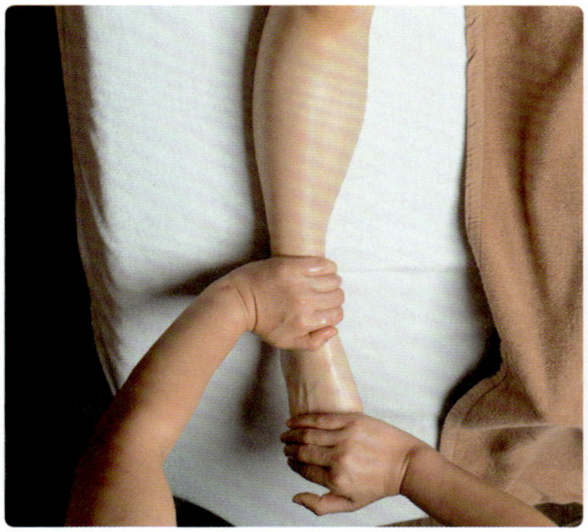

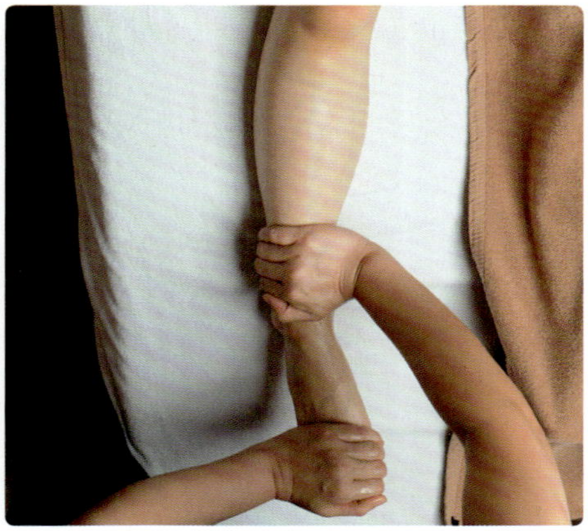

④ 족내외과 굴려주기

- 양 손의 사지복을 이용하여 족내외과 부위를 원을 그리듯이 굴려준다.
- 3회 반복한다.

관리사의 위치 : 고객의 다리 아래

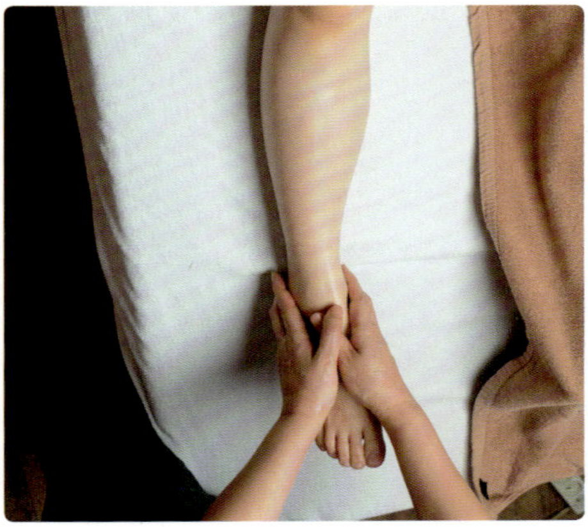

- 동작이 끝난 후 양 손으로 발을 감싸 발끝까지 쓸어준다.

관리사의 위치 : 고객의 다리 아래

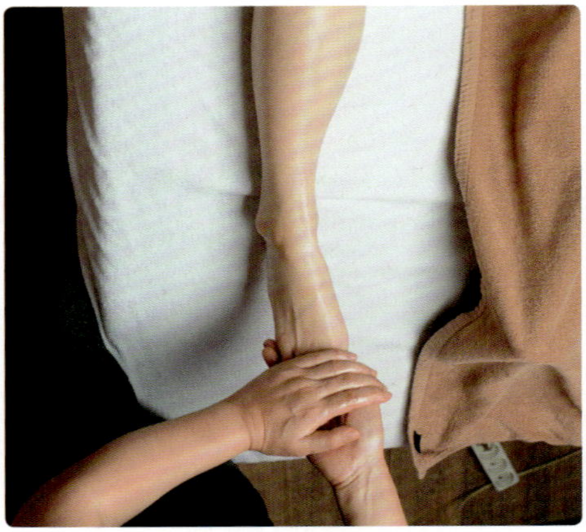

※ 복사뼈 주변의 각화 현상을 막는다.
※ 신경과 방광경을 강화한다.

⑤ 호구부위로 펴 올리기

- 오른손의 호구부위를 발목부위에 밀착시키고 삼음교를 펴 올려준다. (3회)
- 족삼음경에 해당하는 간장 신장 비장 경맥의 혈등을 압하며 쓸어준다. 5회 반복한다.

관리사의 위치 : 고객의 다리 아래

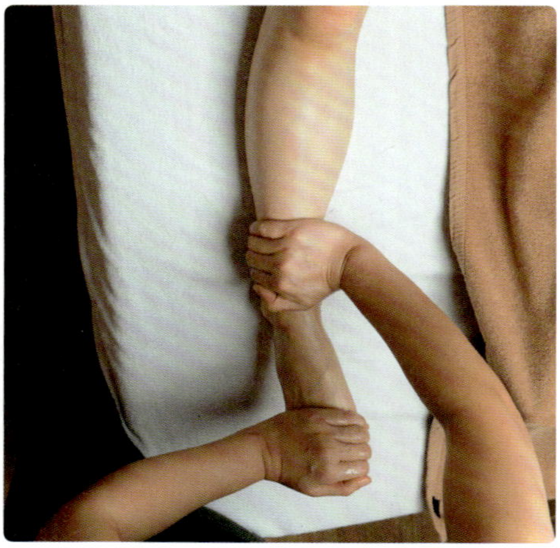

- 한 손은 아래에서 위를 향하여 제자리에서 펴 올리기를 한 다음, 다른 손의 수장사지를 이용하여 펴 올린다.

관리사의 위치 : 고객의 측면

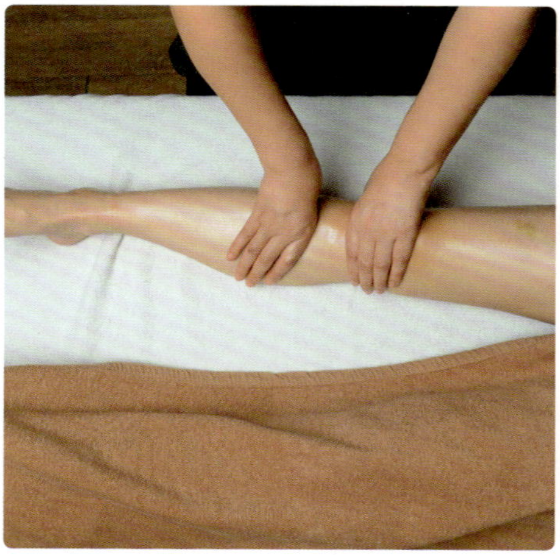

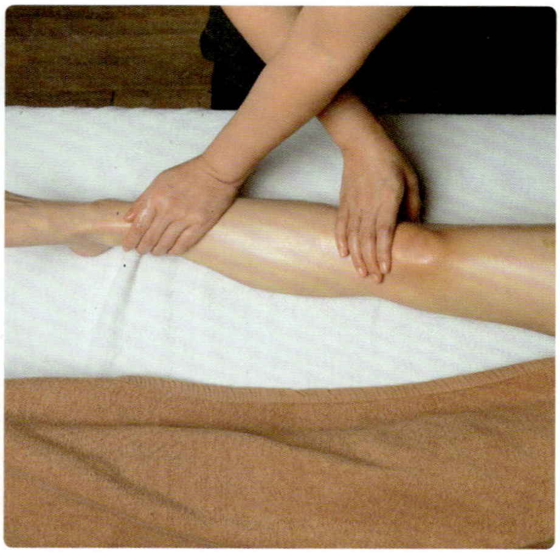

• 무릎에 양손을 엇갈려서 양 옆으로 동시에 밀어준다.

관리사의 위치 : 고객의 측면

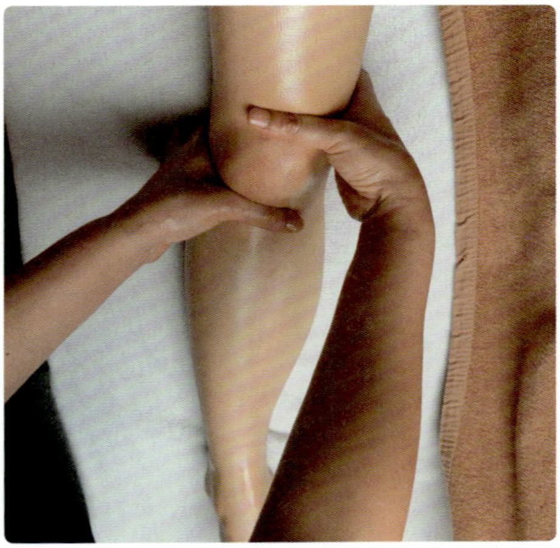

• 한 손을 아래에서 위를 향해 제자리에서 펴 올리기를 한 다음, 다른 손의 수장사지를 이용하여 펴 올린다.

관리사의 위치 : 고객의 측면

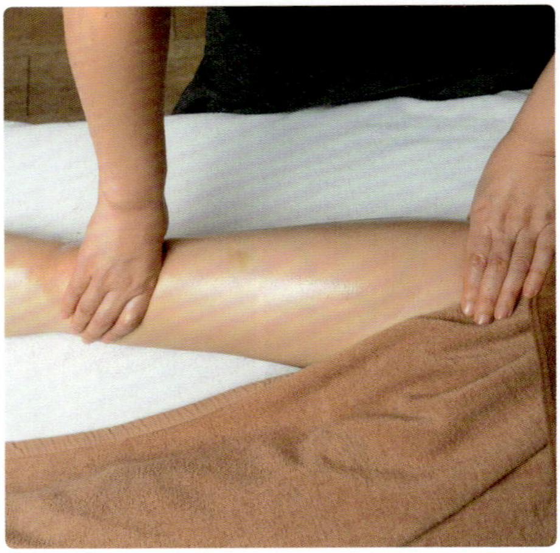

• 대퇴부 끝까지 올라간 후에는 대퇴부 내측을 수근부위를 이용하여 강하게 비틀어 준 다음 음경락을 따라 발을 향해 가볍게 내려온다.

관리사의 위치 : 고객의 측면

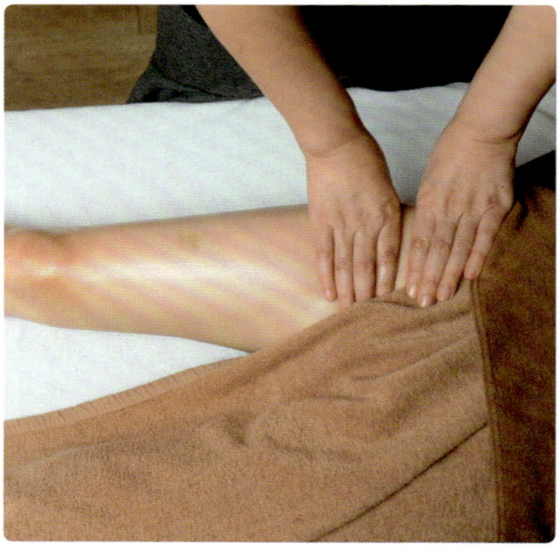

• 발목까지 내려온 후에는 수장사지를 발등에 밀착하여 발끝까지 쓸어준다.

• 3회 반복한다.

관리사의 위치 : 고객의 측면

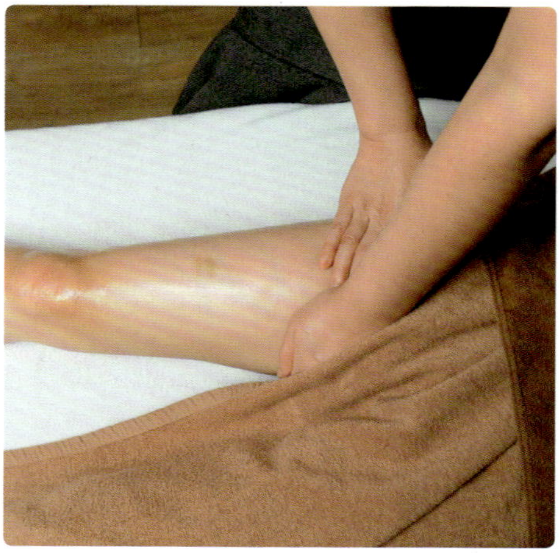

※ 다리의 부종이나 순환장애를 개선시킨다.

⑥ 부채살 모양으로 쓸어주기

- 양 손의 모지구를 이용하여 번갈아 가며 부채살 모양으로 쓸어준다.

관리사의 위치 : 고객의 다리 아래

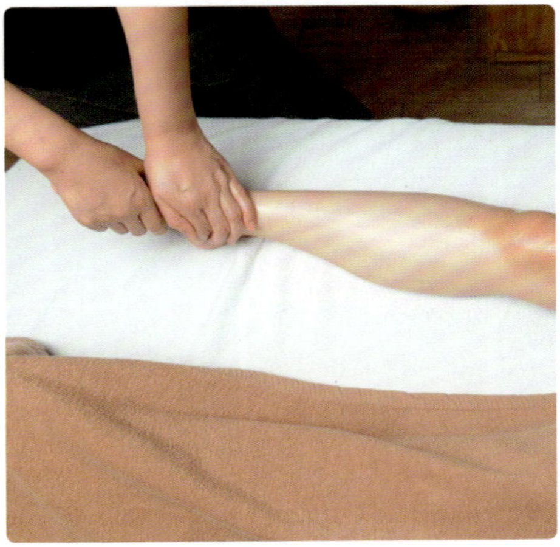

- 무릎까지 올라가서 무릎에서 양 모지복으로 위 아래로 교차하면서 밀어준다.

관리사의 위치 : 고객의 다리 아래

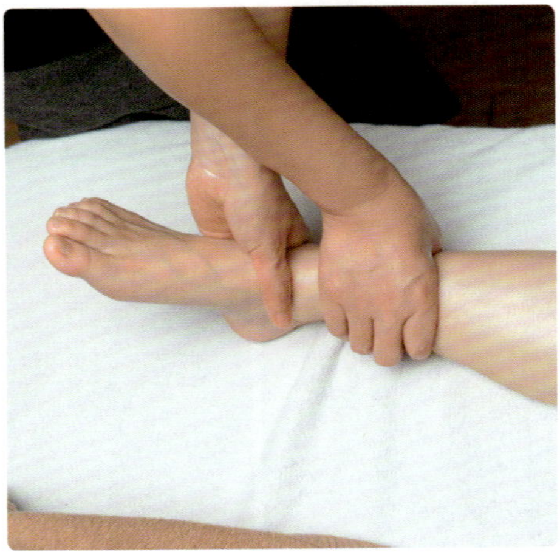

• 무릎에서 위를 향하여 다시 부채살 모양으로 쓸어 올린 후 원을 그리며 돌아서 양 손을 다리 측면을 따라 발끝까지 쓸어내린다.

관리사의 위치 : 고객의 다리 아래

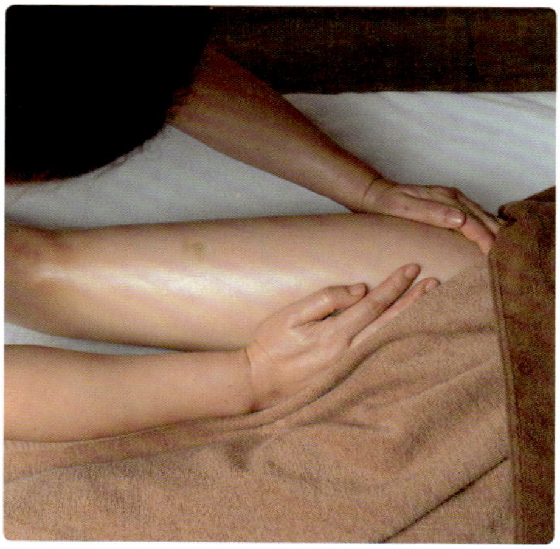

• 3회 반복하는데, 3회째에는 발끝까지 쓸어내리지 않고 무릎 위까지만 쓸어내린다.
• 무릎 위에 혈해 양구혈을 압하며 쓸어준다.

관리사의 위치 : 고객의 측면

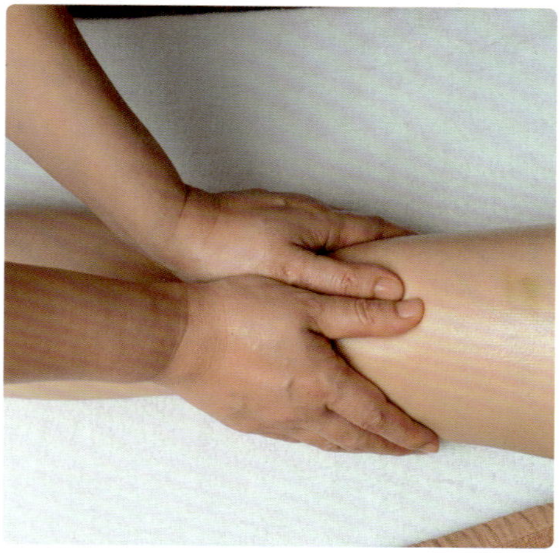

※ 다리 부종을 예방한다.

※ 다리를 가볍게 하고 각선미를 아름답게 한다.

⑦ 수근으로 양 옆으로 빼주기

• 양 모지복을 모아서 대퇴부 가운데로 쓸어 올린 다음, 양 모지구를 이용하여 양 옆으로 쓸어내린다.

관리사의 위치 : 고객의 무릎 측면

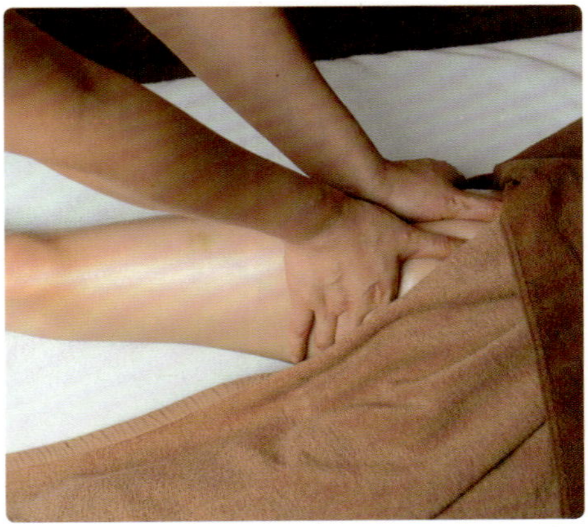

• 처음에는 길게 쓸어 올리고 두 번째는 2/3정도, 세 번째는 1/3정도 쓸어 올린다.
• 3회 반복한다.

관리사의 위치 : 고객의 무릎 측면

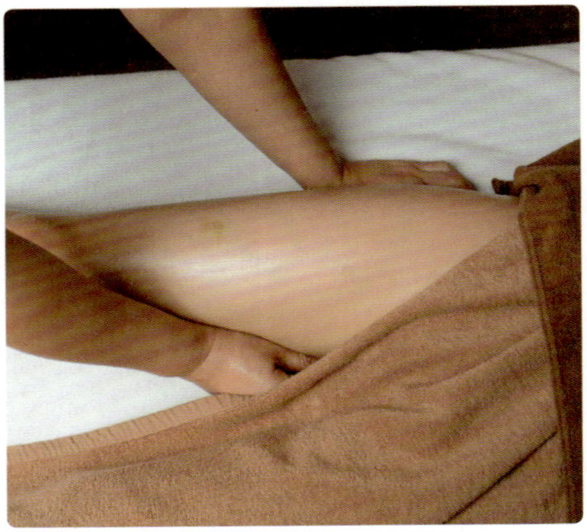

※ 대퇴부의 경결을 풀어준다

※ 대퇴부의 비대를 개선한다.

⑧ 혈해부위 풀기

- 한 손은 무릎 바깥쪽을 잡고, 한 손의 모지구를 이용하여 혈해 부위을 굴려 준다. 6~8회 반복한다.
- 무릎 위에 혈해 양구혈을 압하며 풀어주면 셀룰라이트를 줄여주고 다리 각선미를 개선시킨다.

관리사의 위치 : 고객의 무릎 측면

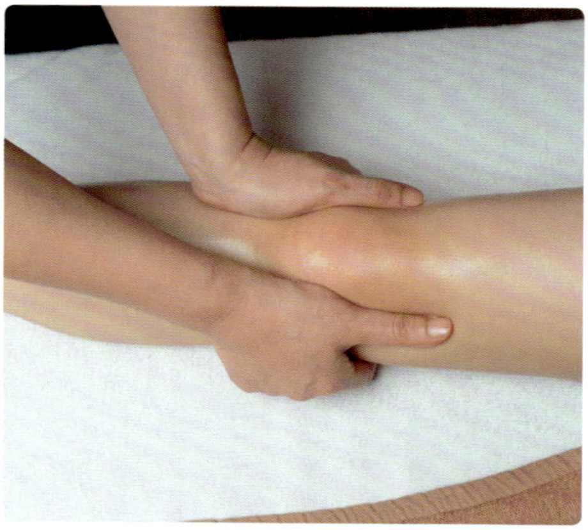

- 지과면을 이용하여 혈해 부위을 풀어준다.
- 6~8회 반복한다.

관리사의 위치 : 고객의 무릎 측면

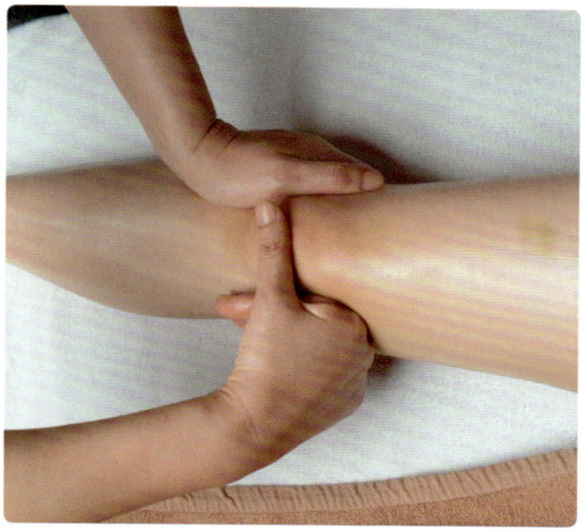

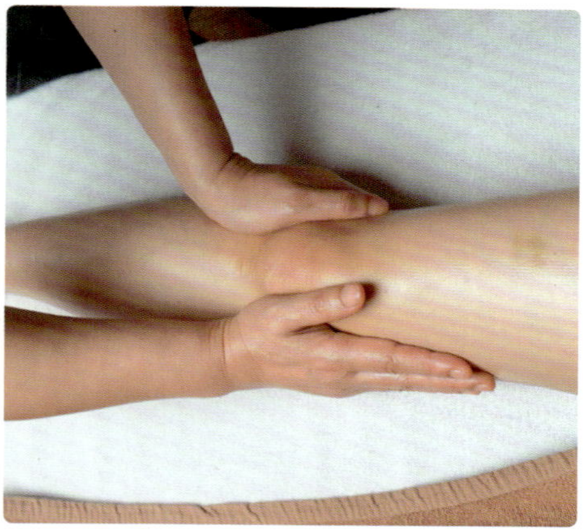

※ 습에 의한 비만과 과식으로 인한 비만을 해소한다.
※ 대퇴부 내측의 비만을 개선한다.

⑨ 대퇴부 비틀기

- 양 손의 수근 부위를 이용하여 대퇴부를 비틀어준다.

관리사의 위치 : 고객의 측면

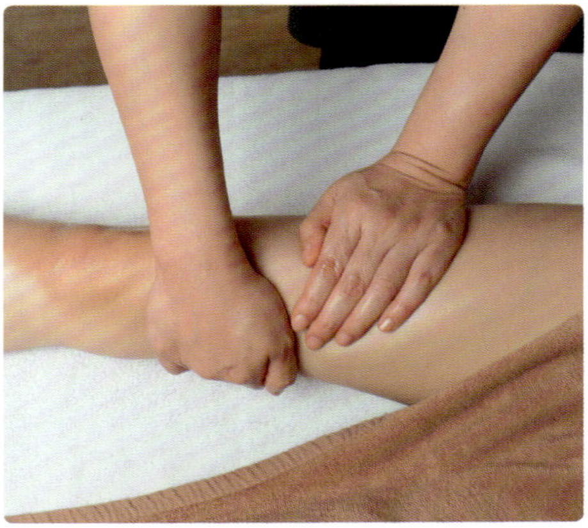

- 무릎 부위에서 위로, 서혜부에서 무릎까지 이동하면서 비틀어준다.
- 6회 반복한다.

관리사의 위치 : 고객의 측면

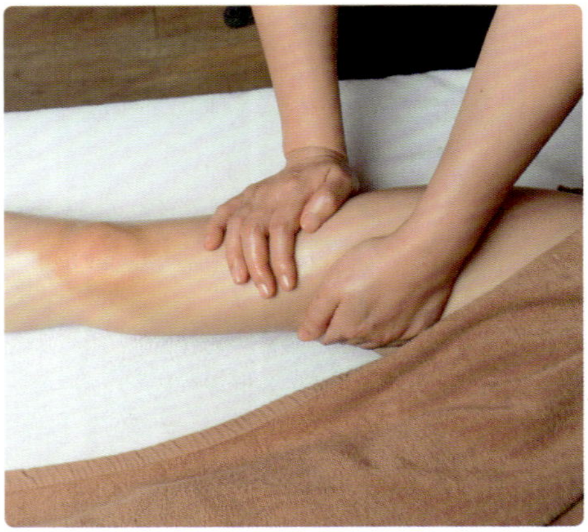

※ 위경을 강화한다.
※ 대퇴부 비대를 개선한다.

⑩ 음경락으로 쓸어주기

- 양 손의 수근 부위를 나란히 하여 서혜부에서 사선으로 음의 부위(허벅지 안쪽)로 쓸어준다.

관리사의 위치 : 고객의 측면

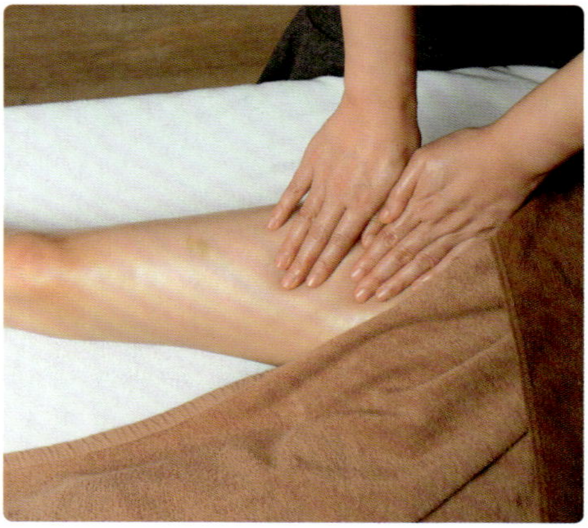

- 서혜부에서 무릎까지 이동하면서 진행한다.
- 3회 반복한다.

관리사의 위치 : 고객의 측면

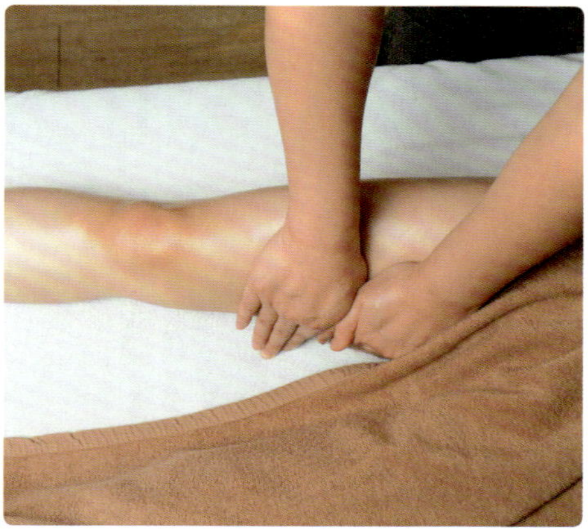

※ 신경, 간경, 비경을 강화한다.
※ 대퇴부 내측의 비대를 개선한다.

⑪ 개구리 다리를 만들어 대퇴부를 쓰다듬기

- 개구리 다리를 만들어서 발바닥을 반대쪽 종아리 부위에 고정 시킨다.

  관리사의 위치 : 고객의 측면

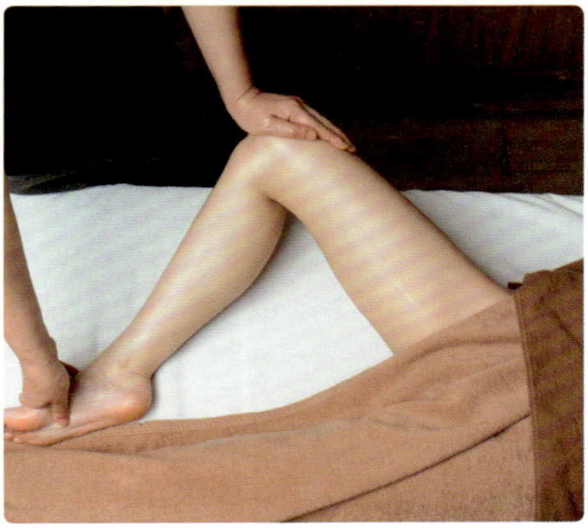

- 족삼음경(족태음비경, 족궐음간경, 족소음신경락)순으로 수장사지로 풀어 준다.

  관리사의 위치 : 고객의 측면

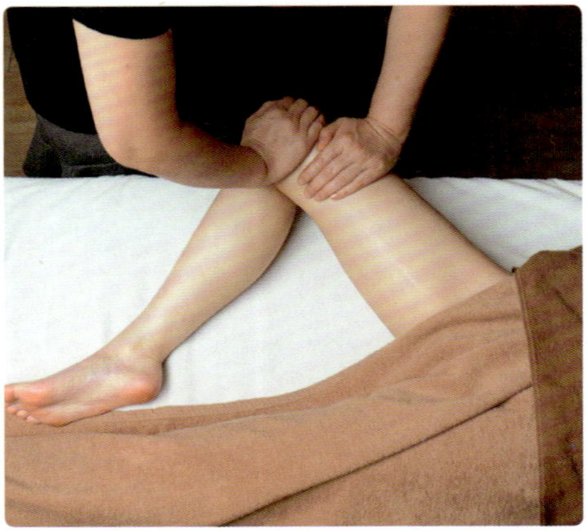

※ 신경, 비경, 간경을 강화한다.
※ 대퇴부 내측의 비대를 개선한다.
※ 피부의 탄력을 강화시킨다.

⑫ 지과와 척부로 쓸어주기

- 무릎에서 서혜부까지 쓸어 올릴 때에는 지과면을 이용하여 쓸어올리고, 내릴 때에는 수장사지를 밀착시켜 내려온다.
- 서혜부에 있는 족궐음간경맥의 족오리 음렴 급맥혈을 압하여 하반신 림프의 순환을 개선시키고 색소침착을 완화시킨다.

관리사의 위치 : 고객의 측면

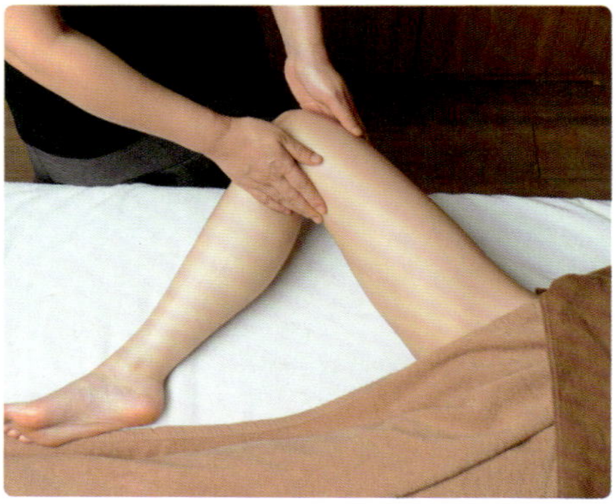

- 척부를 이용하여 아래에서 위로 쓸어올린다.
- 이 때 다른 손으로는 척부를 안정감 있게 받쳐 준다.
- 3회 반복한다.

관리사의 위치 : 고객의 측면

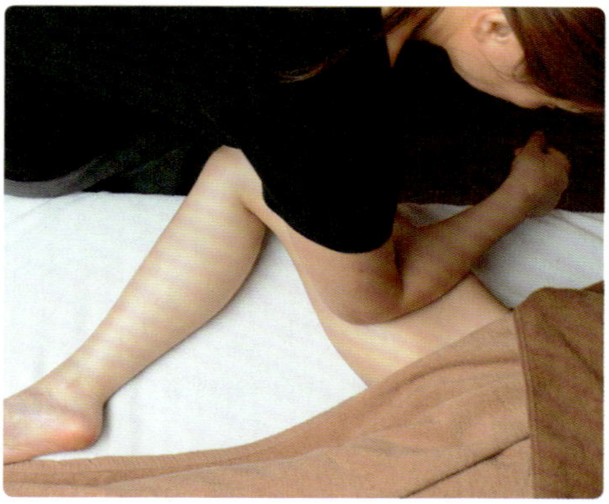

※ 신경, 간경, 비경을 강화한다.

※ 대퇴부 내측의 비대를 개선한다.

※ 피부의 탄력을 강화시킨다.

⑬ 수장사지로 쓸어주기

- 한 손의 수장사지를 이용하여 족삼음경을 쓸어올린다.
- 다른 한 손의 수장사지를 이용하여 서혜부를 쓸어내린다.

관리사의 위치 : 고객의 측면

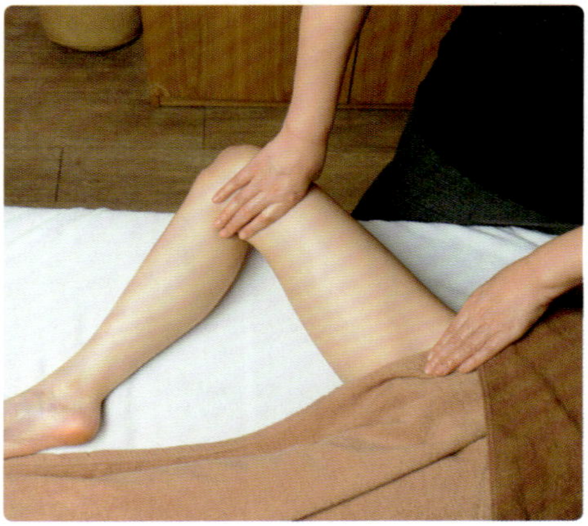

- 3회 반복 후 음곡을 잡고 다리를 가볍게 펴서 내려준다.

관리사의 위치 : 고객의 측면

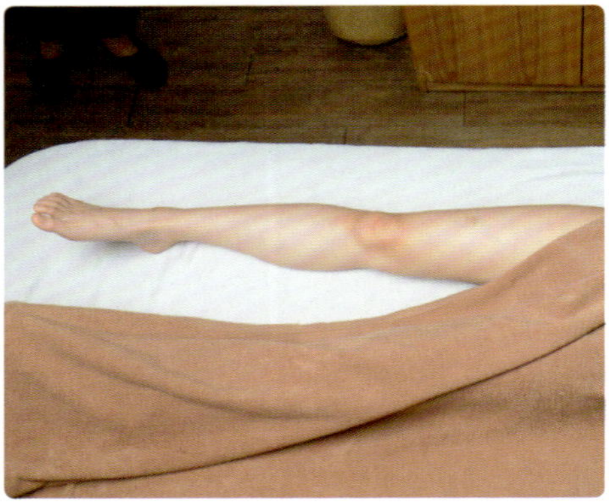

※ 신경, 간경, 비경을 강화한다.
※ 대퇴부 내측의 비대를 개선한다.
※ 괄약근을 강화한다.

⑭ 대퇴부 전체를 지과로 풀어주기

- 양 손의 지과면을 이용하여 무릎 위에서 서혜부까지 쓸어올려준다.

관리사의 위치 : 고객의 측면

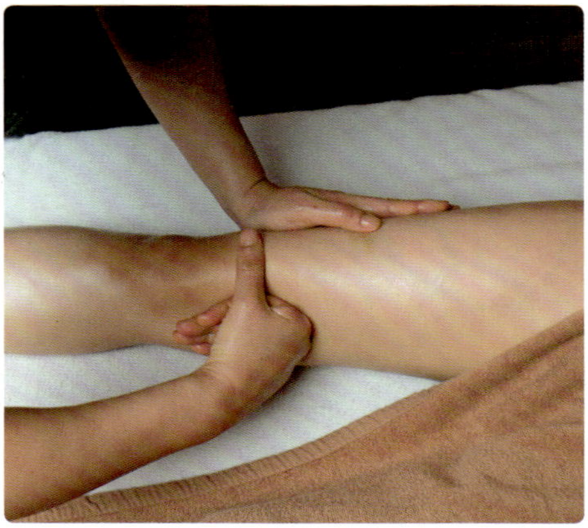

- 6회 반복 후 지과면을 이용하여 쓸어올린 후 시술자는 돌아서서 수장사지를 이용하여 대퇴부의 바깥쪽에서 발끝까지 내려준다.
- 족소양담경맥의 혈을 자극하여 대퇴비만과 라인을 개선시킨다.

관리사의 위치 : 고객의 측면

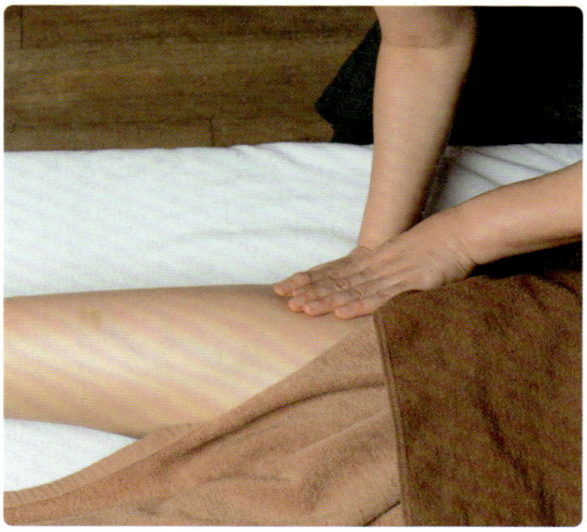

※ 음경과 양경의 균형을 유지한다.

※ 피부의 탄력을 부여한다.

⑮ 대퇴부를 지과로 문지르기

- 양손의 지과를 이용하여 대퇴부를 쓸어내린다.
- 대퇴전면에 있는 비장경맥과 위장경맥의 경혈들을 압하여 대퇴비만과 라인을 개선시킨다.

관리사의 위치 : 고객의 측면

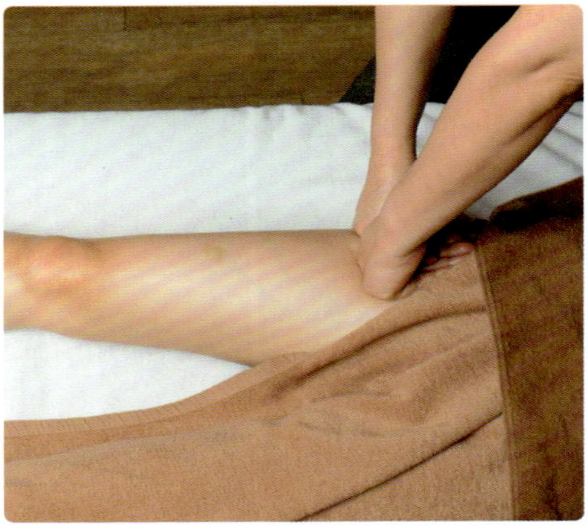

- 3회 반복 후 수장사지를 이용하여 전체를 쓸어내린다.

관리사의 위치 : 고객의 측면

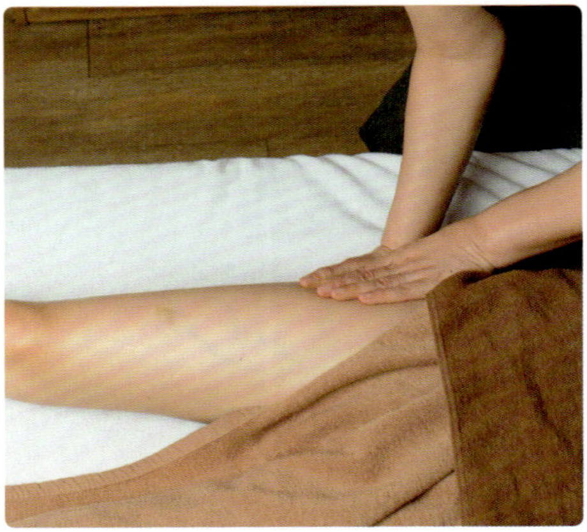

※ 위경을 강화한다.
※ 다리를 매끄럽게 한다.
※ 대퇴부의 비만을 해소한다.

⑯ 척부로 쓸어주기

• 오른팔의 척부를 이용하여 대퇴부를 쓸어내린다.

관리사의 위치 : 고객의 측면

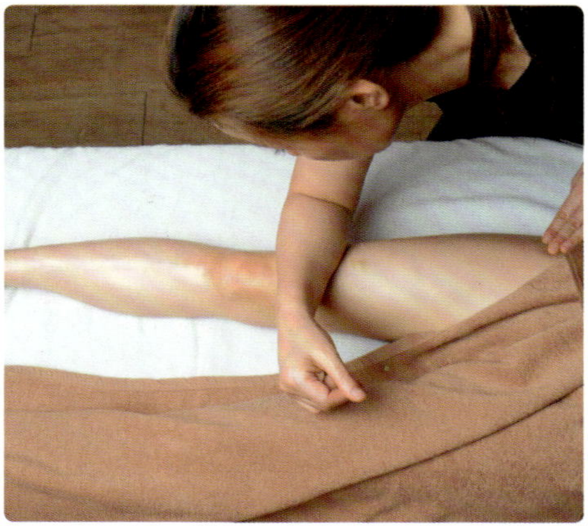

• 3회 반복 후 수장사지를 이용하여 전체를 쓸어내린다.

관리사의 위치 : 고객의 측면

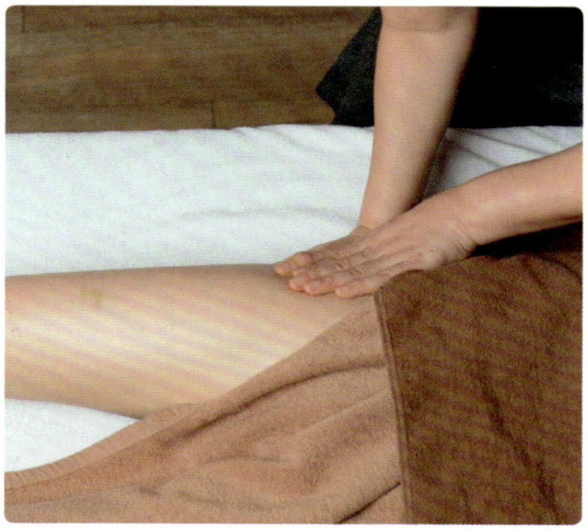

※ 위경을 강화한다.

※ 다리를 매끄럽게 한다.

※ 대퇴부의 비만을 해소한다.

⑰ 종아리 쓸어주기

- 종아리를 세운 후, 한 손은 발을 고정시키고, 한 손은 호구부위를 이용하여 쓸어올린다.
- 족삼양경과 족삼음경에 해당하는 경혈들을 압하여 하지의 각선미를 좋게한다.

관리사의 위치 : 고객의 다리 아래

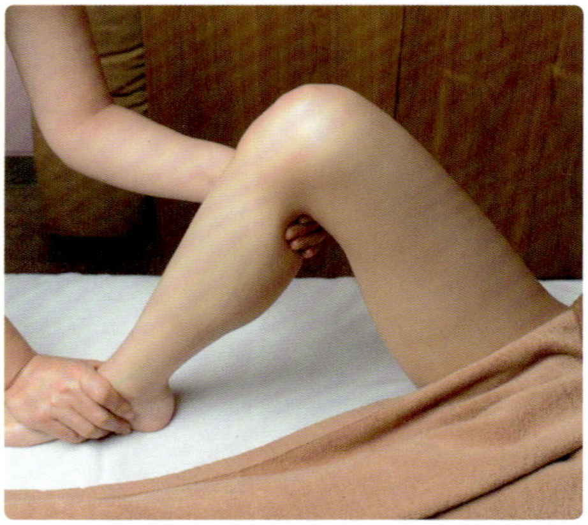

- 내려올 때는 수장사지를 이용하여 내려오며 6회 실시한다.
- 동작이 끝나면 오금부위를 받쳐 주면서 가볍게 펴서 내려준다.

관리사의 위치 : 고객의 측면

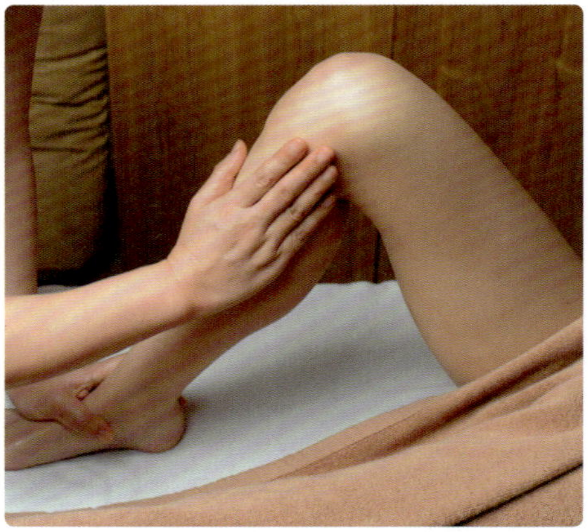

※ 방광경을 강화한다.
※ 다리의 각선미를 아름답게 한다.

⑱ 발 스트레칭 하기

- 한 손은 발 뒤꿈치를 잡고 한 손은 수장사지를 이용하여 발등을 잡아서 지긋이 스트레칭 해준다.

관리사의 위치 : 고객의 다리아래

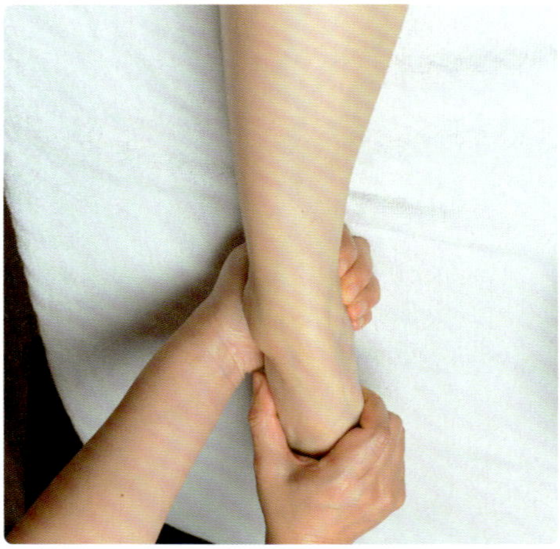

- 한 손은 발 뒤꿈치를 잡고 한 손은 수장사지를 이용하여 발바닥을 잡아서 위로 지긋이 스트레칭 해준다.

관리사의 위치 : 고객의 측면

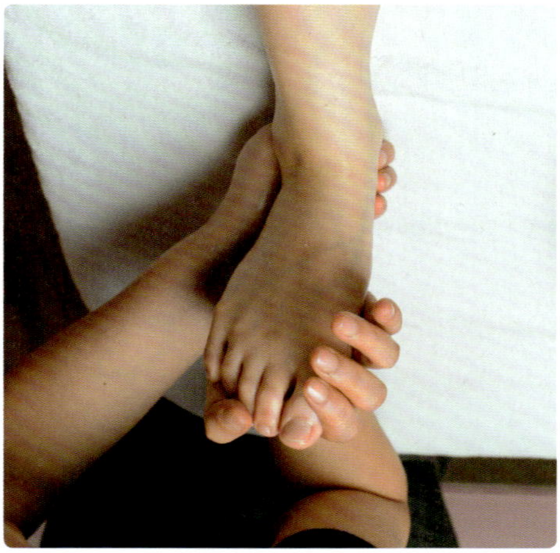

⑲ 중족골 쓸어주기

• 양 손 모지복을 이용하여 중족골을 쓸어 주는데, 발가락에서 발등을 향해 올라갔다 내려와서는 발가락 사이를 압한다.

관리사의 위치 : 고객의 다리 아래

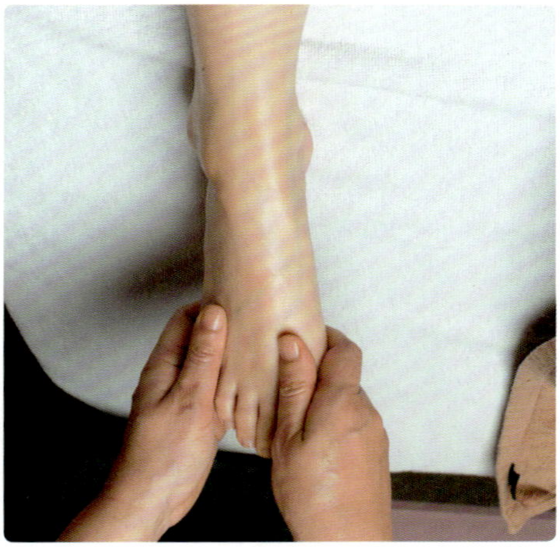

• 압을 줄 때는 모지복을 이용하여 강하게 압한다.

관리사의 위치 : 고객의 측면

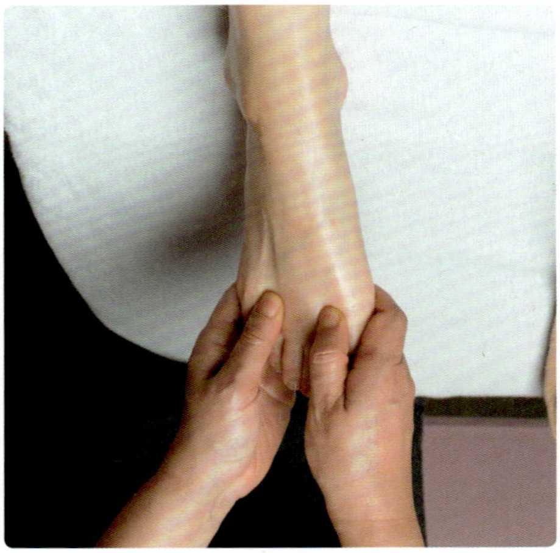

⑳ 발가락 지압하기

- 한 손은 발뒤꿈치를 잡고 한 손으로 발가락의 끝부분을 강하게 압한다.
- 이 때 발톱의 양 모서리에 있는 정혈들을 손가락 끝으로 압하고 자극하여 엄지와 집게 손가락을 사용하여 '톡' 뽑아준다. 3회 반복한다.

관리사의 위치 : 고객의 다리 아래

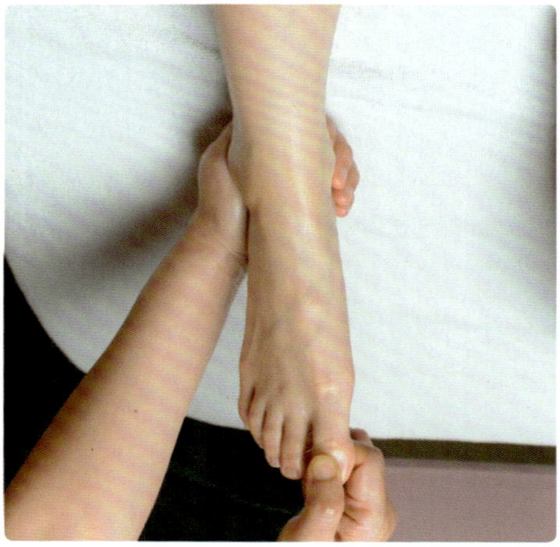

㉑ 전체 쓰다듬기

- 양 손을 위 아래로 하여 다리 전체를 쓸어 올린 후 오른손은 대퇴부 밖으로 쓸어내리고, 왼손은 대퇴부 안쪽으로 쓸어내린다.

관리사의 위치 : 고객의 다리 아래

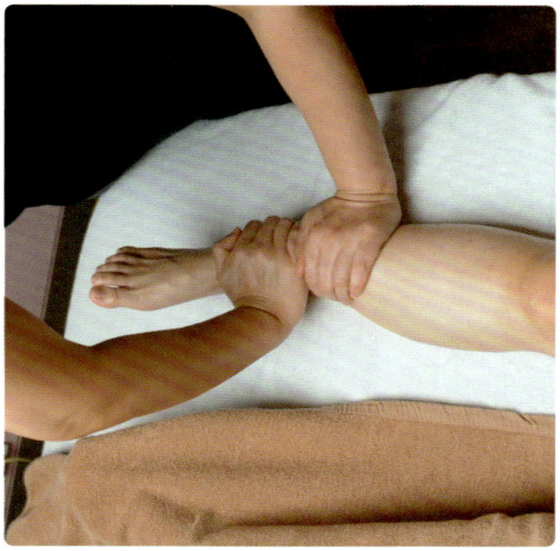

- 돌아서 내려올 때는 한 손은 발등을 쓰다듬고, 한 손은 발바닥을 쓸어내린다.
- 3회 반복한다.

관리사의 위치 : 고객의 다리 아래

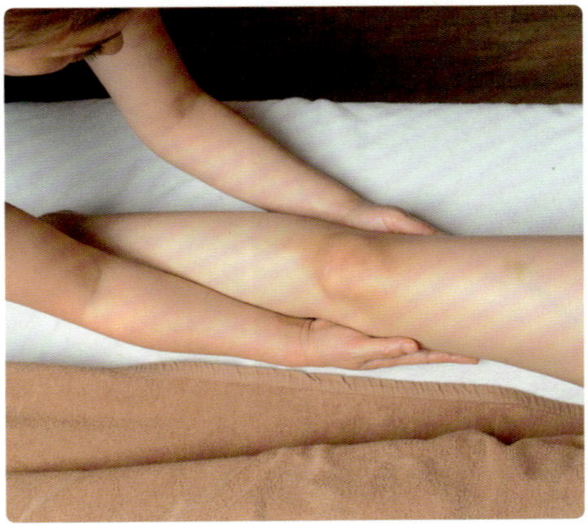

㉒ 스트레칭

- 한 손은 발목을 잡고 한 손은 무릎을 잡은 다음 다리를 세워서 무릎을 굽힌다.

관리사의 위치 : 고객의 다리아래

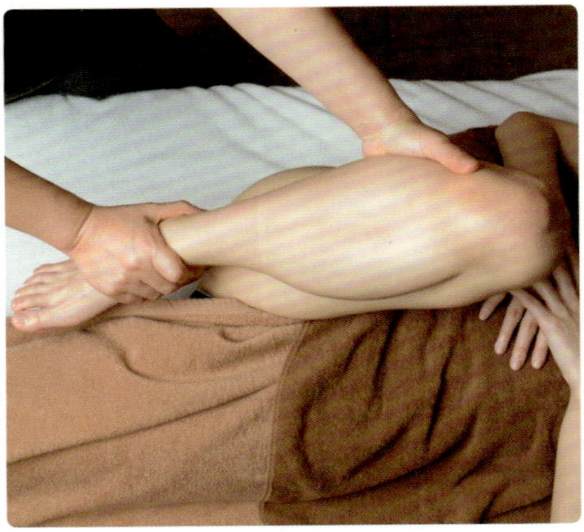

• 무릎을 잡은 손으로 둔부 쪽으로 지그시 누른다.

관리사의 위치 : 고객의 다리 아래

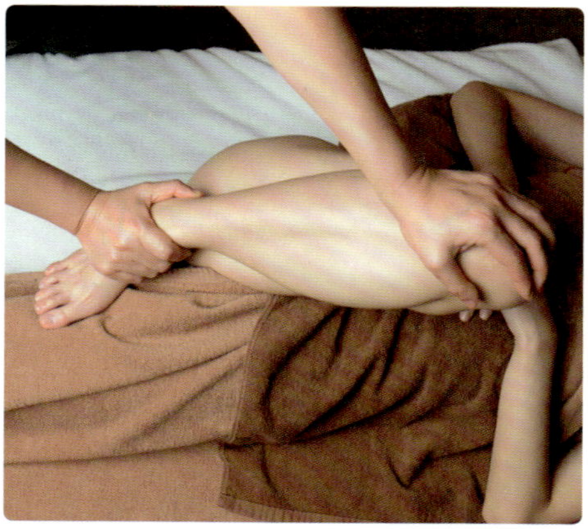

4. 복부 관리

① 오일 바르기

• 관리사는 고객의 오른편에서 고객의 얼굴을 향하여 선다.

관리사의 위치 : 고객의 측면

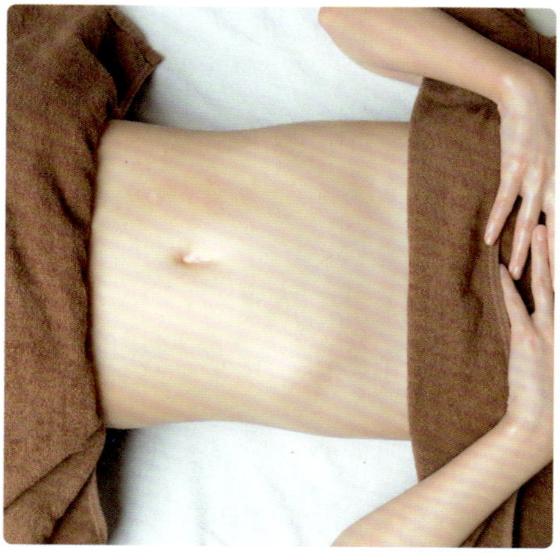

• 오일을 덜어내 손바닥에서 오일의 온도를 조절한 후 복부에 도포한다.

관리사의 위치 : 고객의 측면

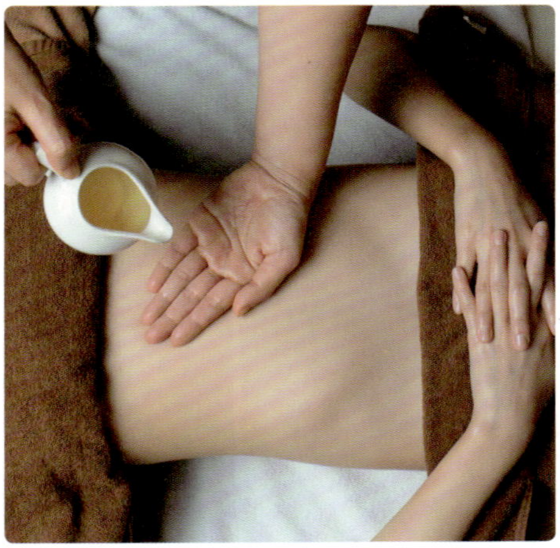

• 수장사지를 이용하여 시계방향으로 원을 그리면서 전체적으로 골고루 도포한다.

관리사의 위치 : 고객의 측면

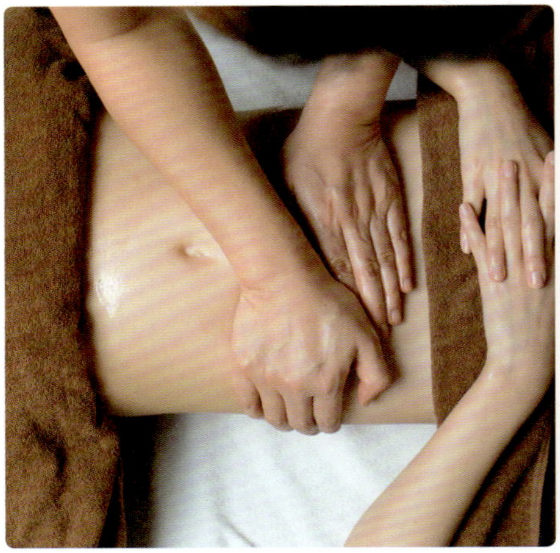

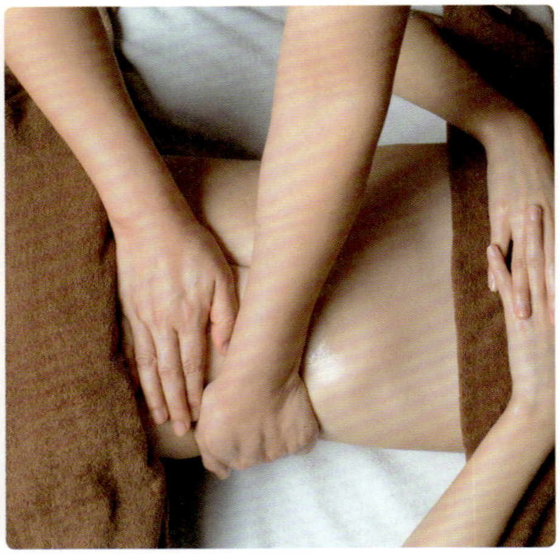

② 복식 호흡하기

- 양 손의 사지복을 명문에 댄다.
- 고객은 코로 숨을 들어마신다.

관리사의 위치 : 고객의 측면

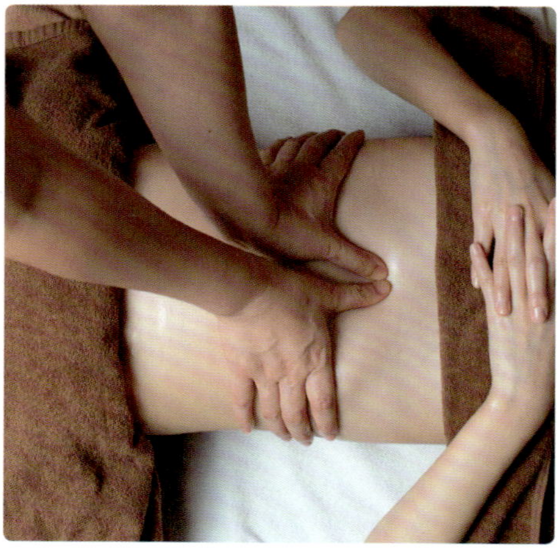

- 양 손의 모지복을 거궐(늑골의 중앙부분)에서 명문까지 쓸어내린다.
- 고객은 입으로 숨을 내쉰다.

관리사의 위치 : 고객의 측면

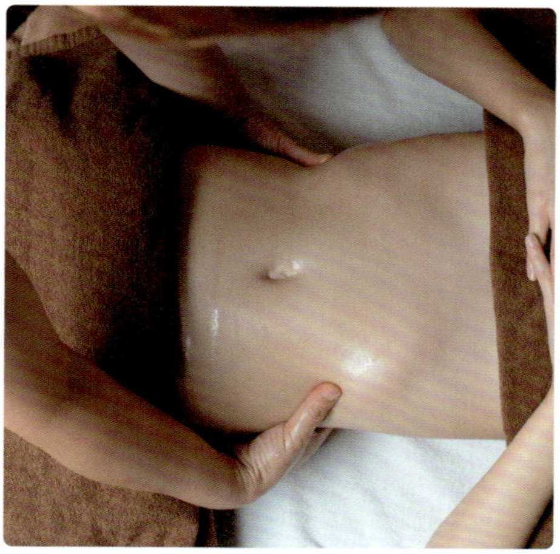

• 사지복을 이용하여 명문에서 서혜부 라인으로 쓸어내린다.
• 고객은 코로 숨을 들어마신다.
• 이때 복부가 들어마신 숨으로 인해 배가 부풀어 오른다.

관리사의 위치 : 고객의 측면

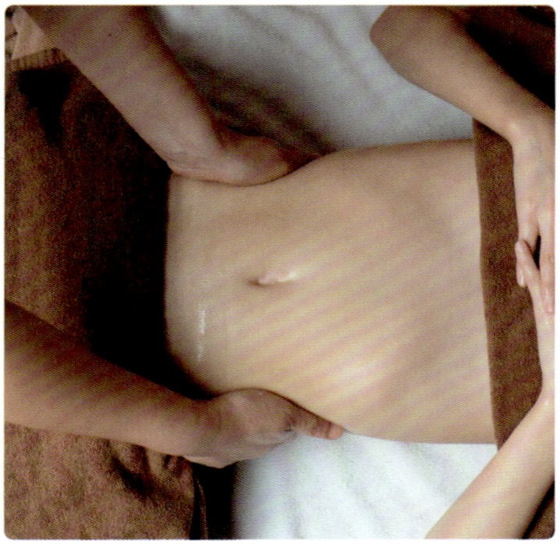

• 사지복의 끝부분을 이용하여 기충혈에서 지긋이 압을 준다.
• 이때 고객에게는 입으로 숨을 내쉬라고 이야기 해준다.

관리사의 위치 : 고객의 측면

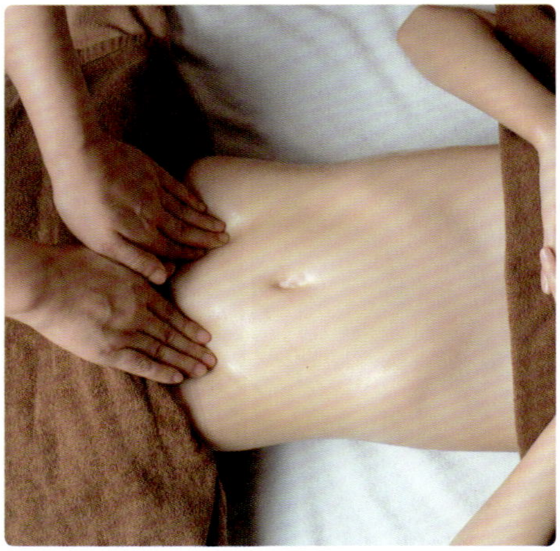

- 수장사지를 이용하여 하단전에 양 손을 포갠다.
- 관리사는 고객과의 호흡을 맞추어 들이쉴 때에는 손을 가볍게 얹었다가, 내쉴 때에는 천천히 압을 준다.
- 1~5번까지 3회 반복한다.

관리사의 위치 : 고객의 측면

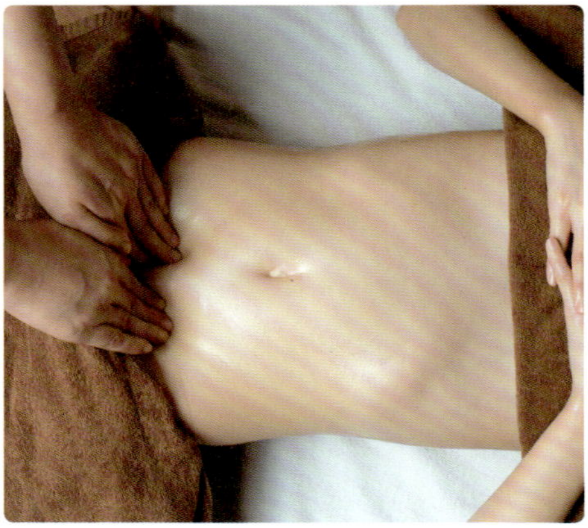

③ 모혈 지압하기

- 모지복을 포개어서 손 끝으로 임맥을 따라 단중을 지압한다.
- 관리사는 고객과 호흡을 맞추어 들이쉴 때는 손을 가볍게 얹었다가, 내쉴 때에는 천천히 압을 준다.

관리사의 위치 : 고객의 측면

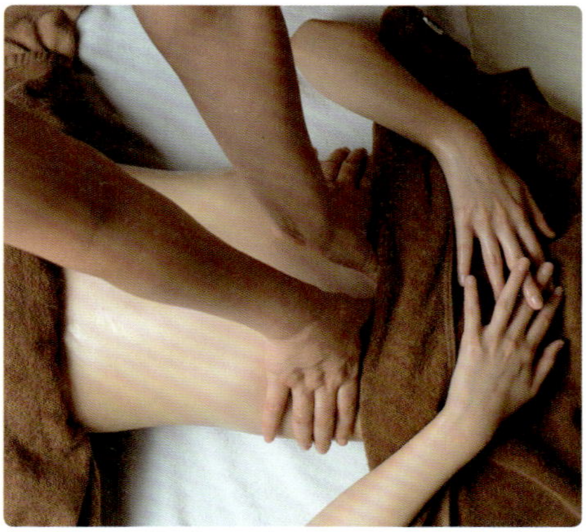

• 모지복을 포개어서 손 끝으로 임맥을 따라 거궐을 지압한다.
• 관리사는 고객과 호흡을 맞추어 들이쉴 때는 손을 가볍게 얹었다가, 내쉴 때에는 천천히 압을 준다.

관리사의 위치 : 고객의 측면

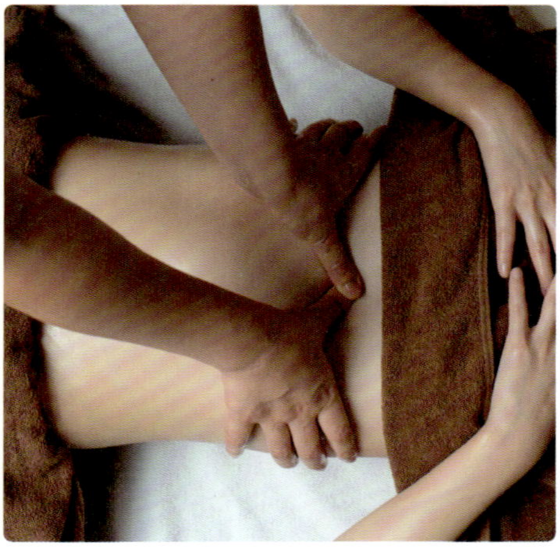

• 모지복을 포개어서 손 끝으로 임맥을 따라 중완을 지압한다.
• 관리사는 고객과 호흡을 맞추어 들이쉴 때는 손을 가볍게 얹었다가, 내쉴 때에는 천천히 압을 준다.

관리사의 위치 : 고객의 측면

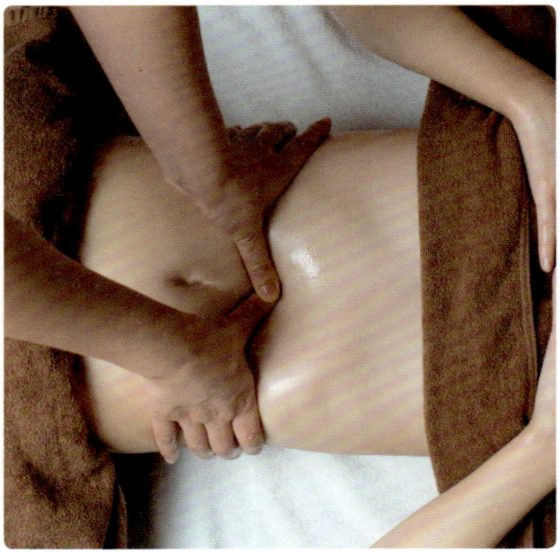

• 모지복을 포개어서 손 끝으로 임맥을 따라 관원을 지압한다.
• 관리사는 고객과 호흡을 맞추어 들이쉴 때는 손을 가볍게 얹었다가, 내쉴 때에는 천천히 압을 준다.
• 1~4번까지 3회 반복한다.

관리사의 위치 : 고객의 측면

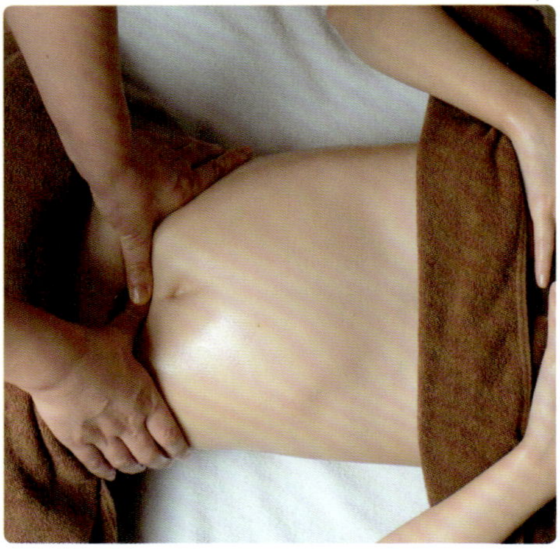

④ 원 그리기

• 양 손을 포개어 수근을 이용하여 배꼽 부위를 지긋이 압한다.

관리사의 위치 : 고객의 측면

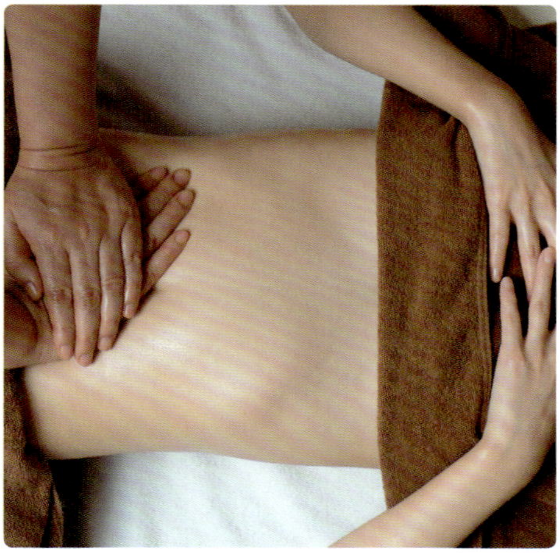

• 양 손을 포개어 수근을 이용하여 시계방향으로 회전하여 원을 그리면서 쓸어준다.

관리사의 위치 : 고객의 측면

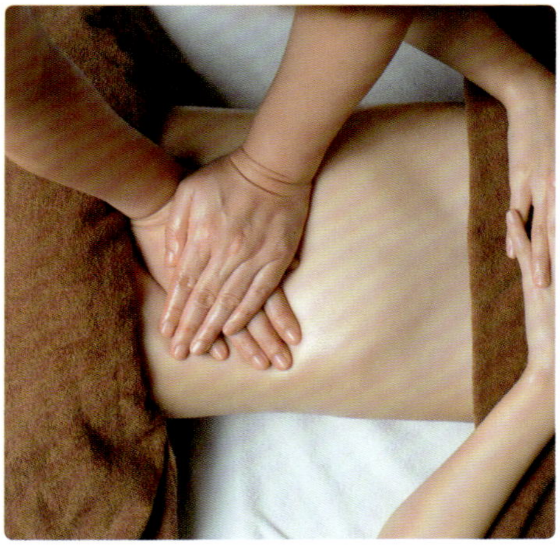

⑤ 삼각형 그리기

• 배꼽의 중심으로 양 손의 수장사지를 지그재그로 비틀어준다.

관리사의 위치 : 고객의 측면

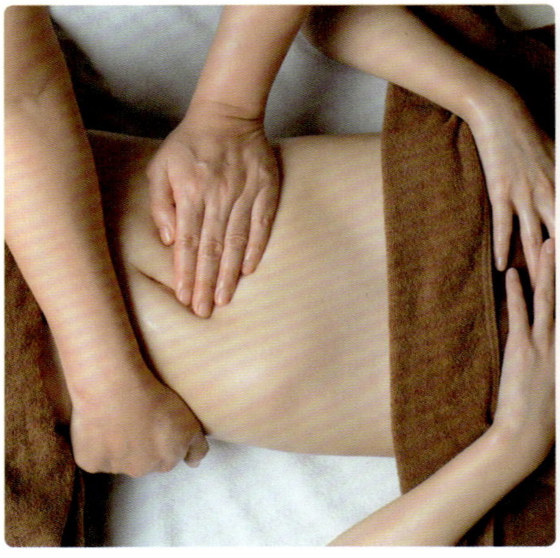

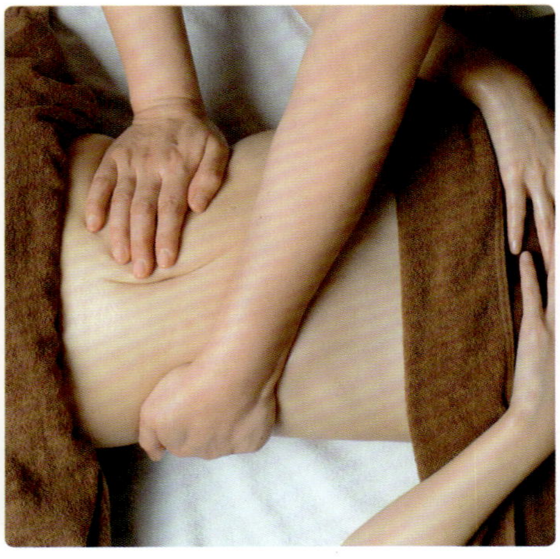

- 오른손은 고객의 왼쪽 허리를 향해 , 왼손은 고객의 오른쪽 허리를 향해 동시에 밀어준다.
- 복부에 있는 위장경맥과 비장경맥을 자극하며 다리를 세우고 좌우 양쪽에 있는 장요근을 서혜부 안쪽까지 풀어준다. 이 때 고객은 편안한 상태로 숨을 내쉴 때 시행해야 하므로 천천히 시도한다.

관리사의 위치 : 고객의 측면

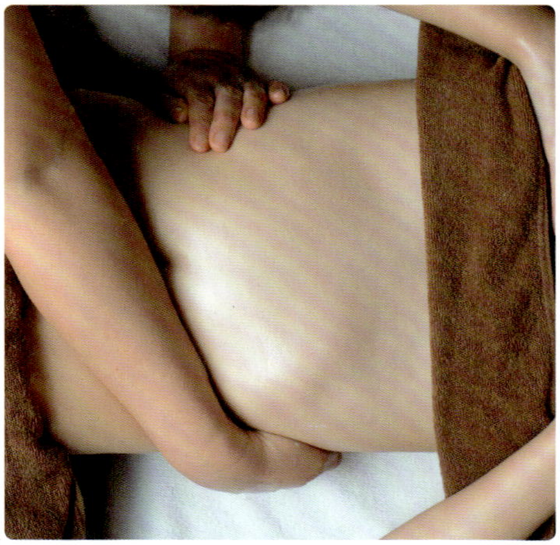

- 오른손은 치골을 향해 밀어 주고, 왼손은 고객의 왼쪽 허리를 향해 밀어준다.

관리사의 위치 : 고객의 측면

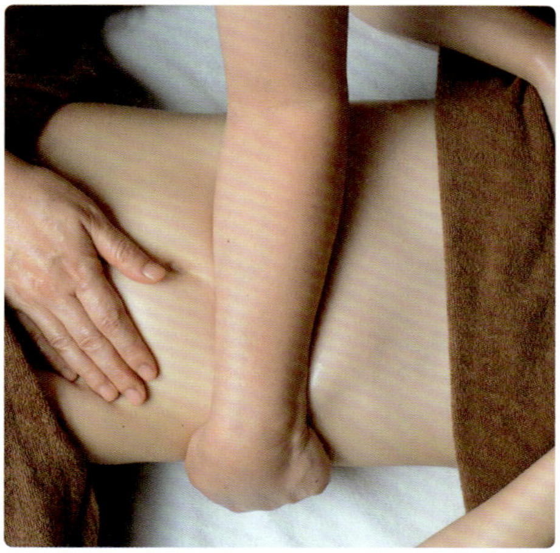

- 오른손은 반대편 허리(명문)을 향해 밀어 주고, 왼손은 치골(기충)로 향해 밀어준다.

관리사의 위치 : 고객의 측면

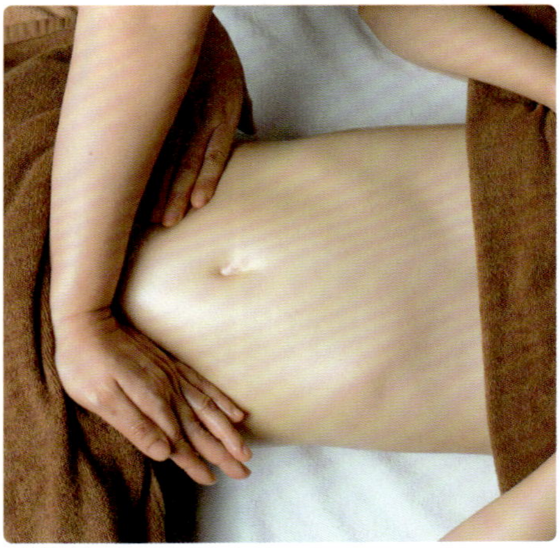

- 오른손은 복부를 가로 질러 고객의 왼쪽 허리로 이동하고, 왼손은 오른쪽 허리로 이동한다.
- 1~5번까지 3회 반복한다.
- 이 때 배꼽 중심으로 좌우에 있는 천추 대횡혈을 자극하며 하행결장과 에스 상결장을 쓸어내려주어 변비를 개선시키고 복부비만 관리에 도움을 준다.

관리사의 위치 : 고객의 측면

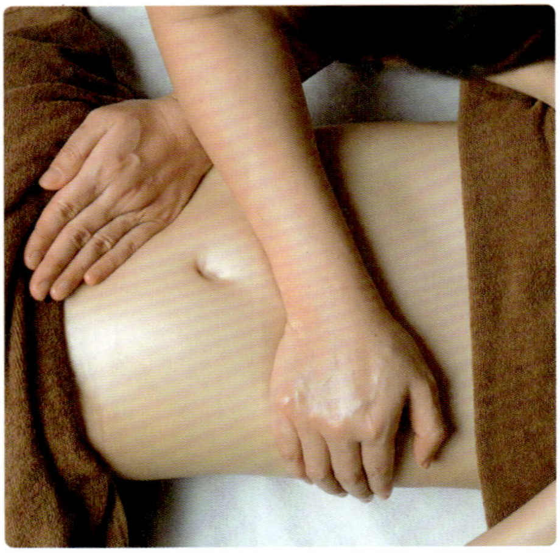

⑥ 기본동작

- 수장사지를 복부에 밀착시켜 크게 원을 그린다.
- 다음 동작을 자연스럽게 연결하는 동작이다.

관리사의 위치 : 고객의 측면

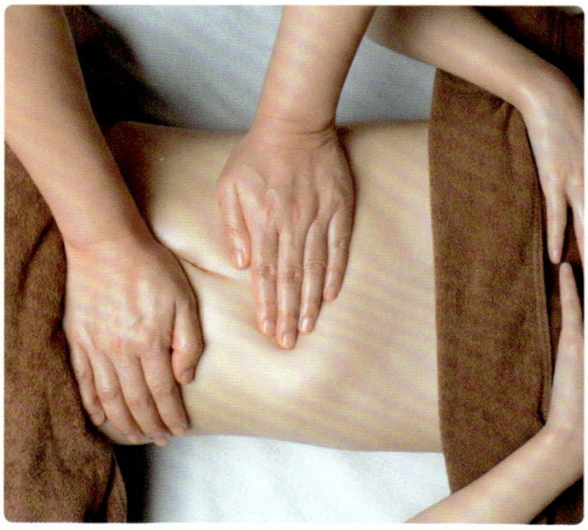
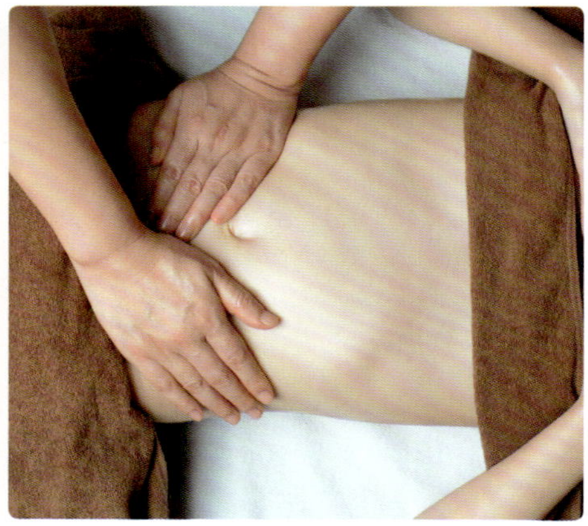

⑦ 척부를 이용하여 원 그리기

- 배꼽의 중심으로 원을 그리는데, 수장사지와 전완부를 모두 복부에 밀착시킨다.
- 10회 반복한다.

관리사의 위치 : 고객의 측면

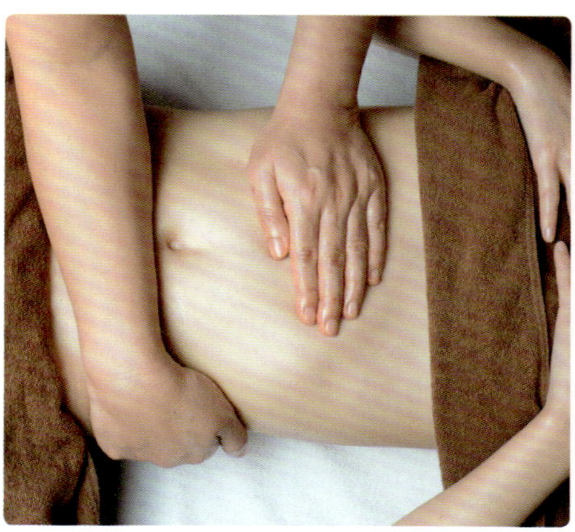
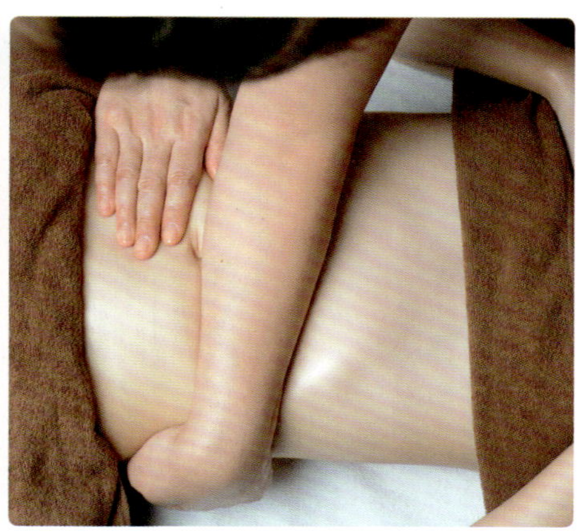

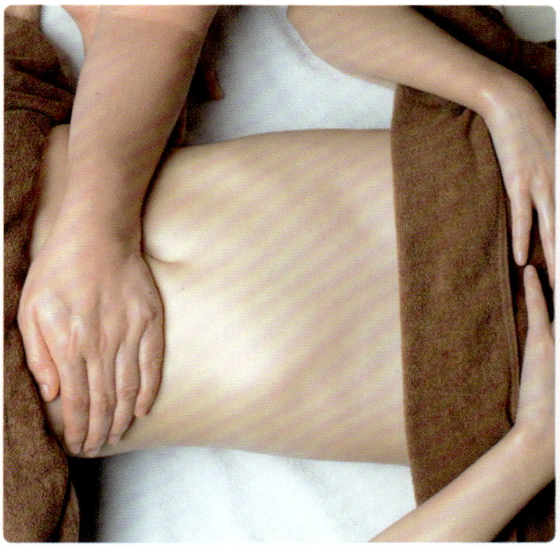

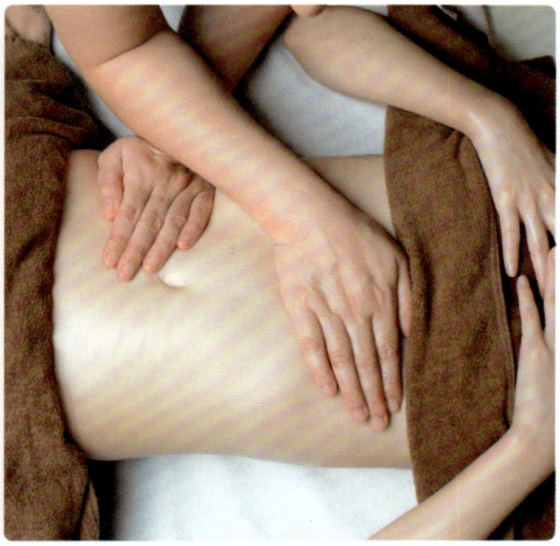

⑧ 옆구리 쓸어주기

- 한 손을 고객의 척추기립근까지 흉부 안쪽으로 손을 넣어서 복사근 끝까지 끌어당긴다.

관리사의 위치 : 고객의 측면

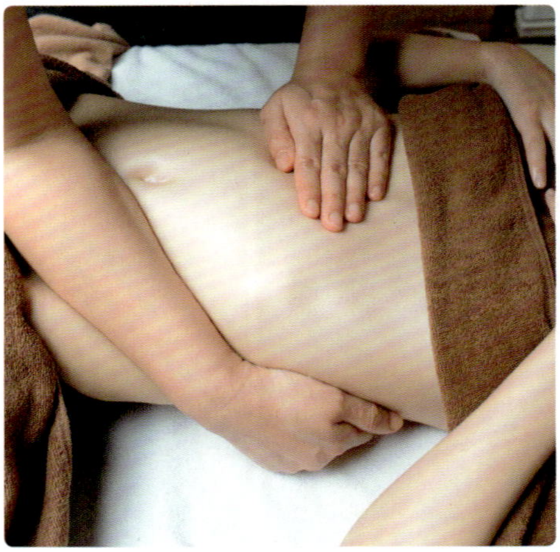

• 한 손을 복사근 끝으로 끌어당길 때 다른 한 손은 척추기립근까지 가서 복사근으로 끌어당긴다.
• 20회 반복한다.

관리사의 위치 : 고객의 측면

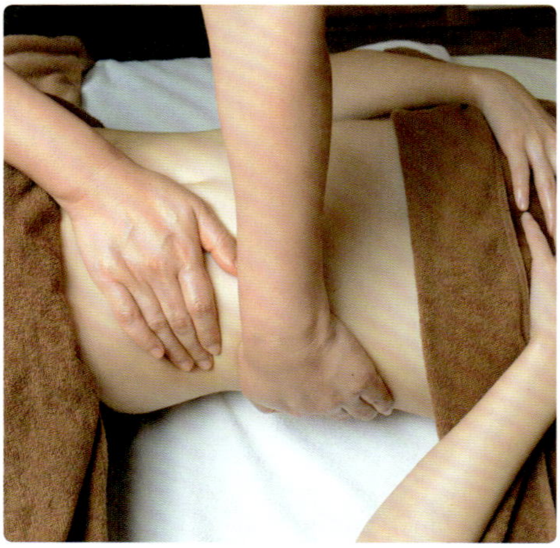

• 한 손을 복사근끝으로 끌어당길 때 다른 한 손은 척추기립근까지 가서 복사근으로 끌어당긴다.

관리사의 위치 : 고객의 측면

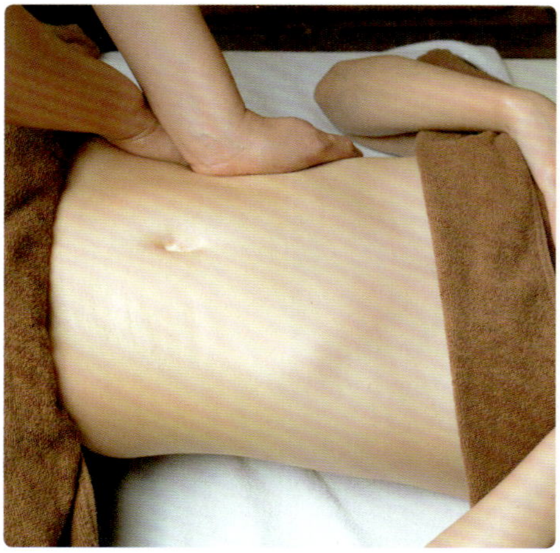

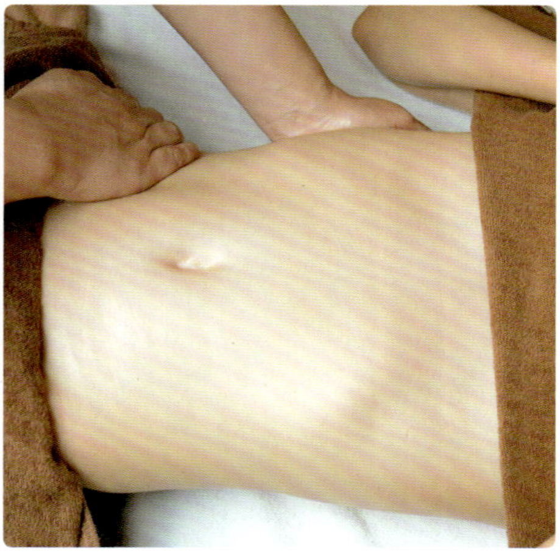

⑨ 경맥 쓸어주기

- 전완부를 이용하여 임맥에 압을 가한다.

관리사의 위치 : 고객의 측면

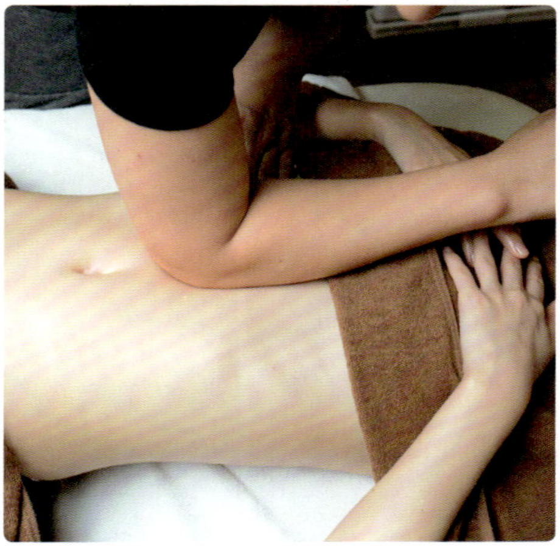

- 배꼽을 중심으로 상하로 나누어 윗부분은 아래로 길게 쓸어내린다.
- 중앙부분, 늑골의 중간부분, 늑골의 끝부분으로 나뉘어서 천천히 고객과의 호흡과 함께 쓸어내린다.

관리사의 위치 : 고객의 측면

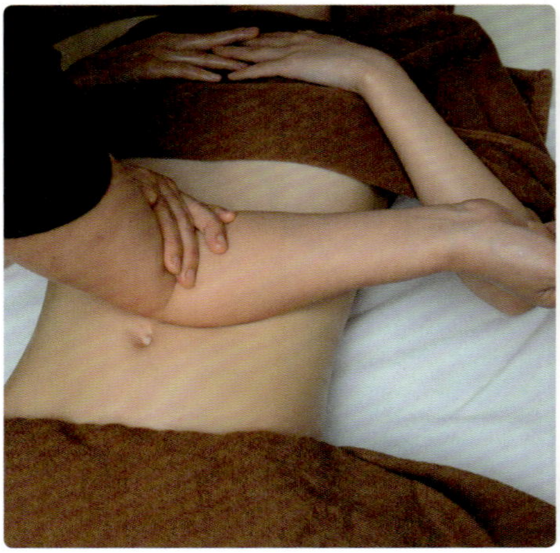

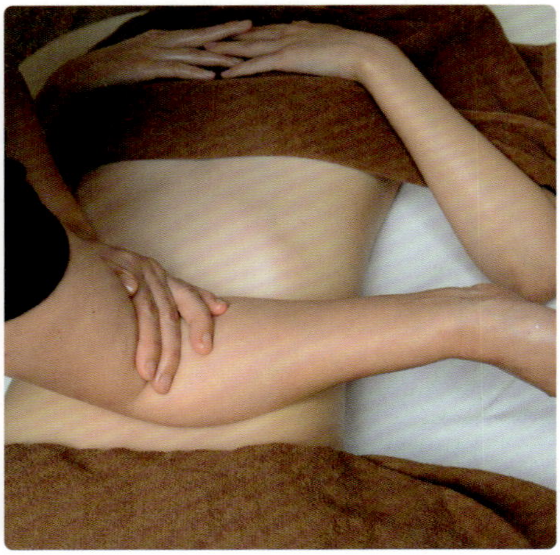

• 늑골의 중간부분, 늑골의 끝부분으로 나뉘어서 천천히 고객의 호흡과 함께 쓸어내린다.

관리사의 위치 : 고객의 측면

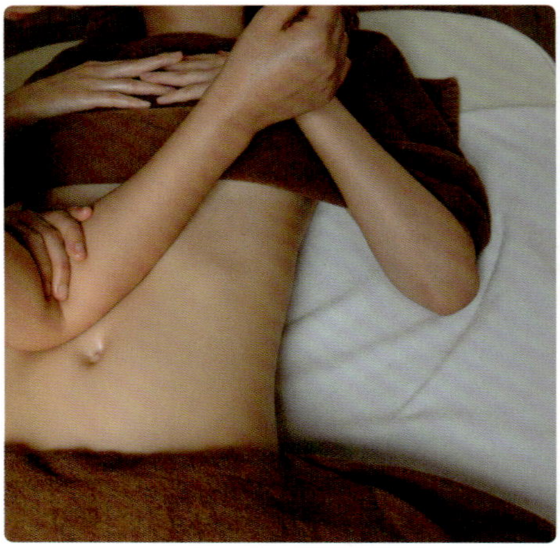

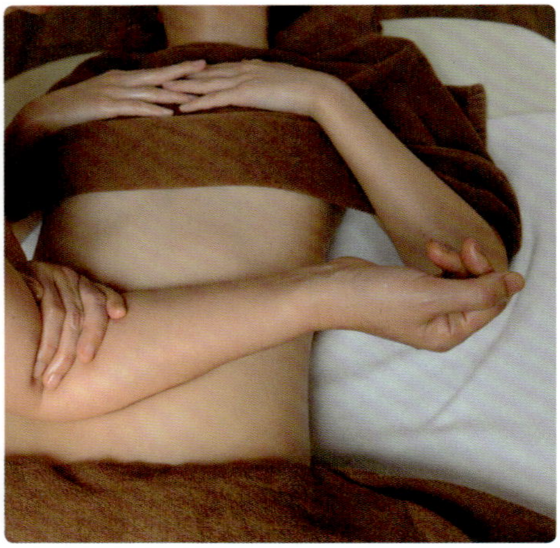

• 아랫부분은 아래에서 배꼽을 향하여 쓸어올린다.

관리사의 위치 : 고객의 측면

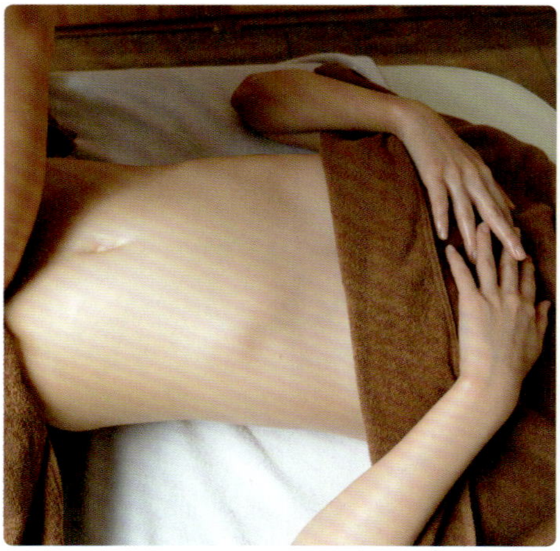

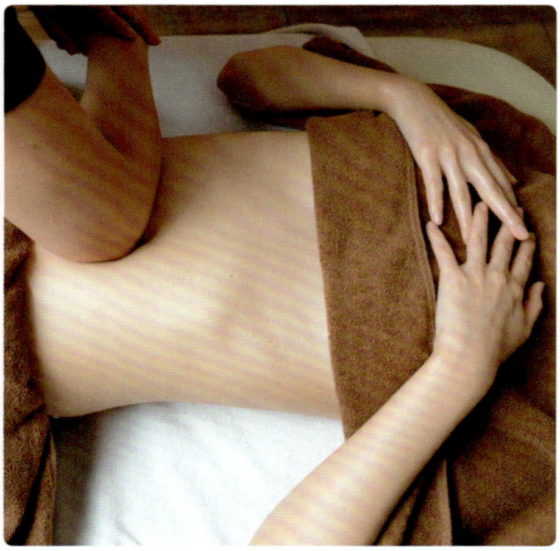

⑩ 기본 원 그리기

- 수장사지를 복부에 밀착시켜 크게 원을 그린다.
- 다음 동작을 자연스럽게 연결하는 동작이다.

관리사의 위치 : 고객의 측면

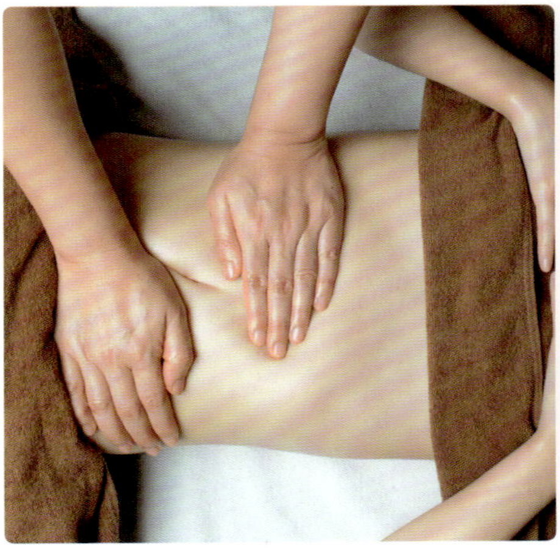

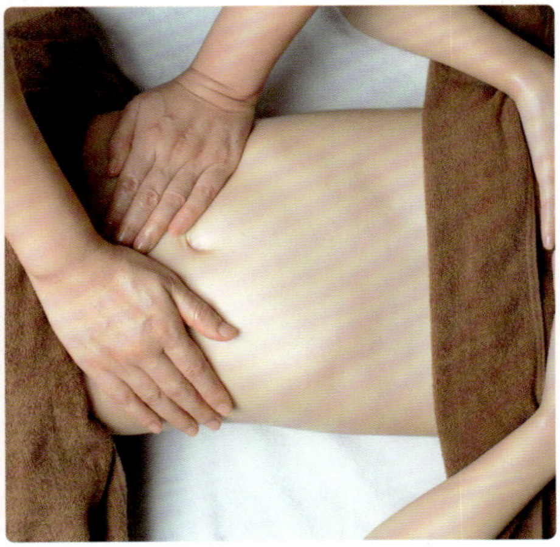

⑪ 하트만들기

- 명문에서 수장사지를 겹치고 하트모양을 만들 준비를 한다.

관리사의 위치 : 고객의 측면

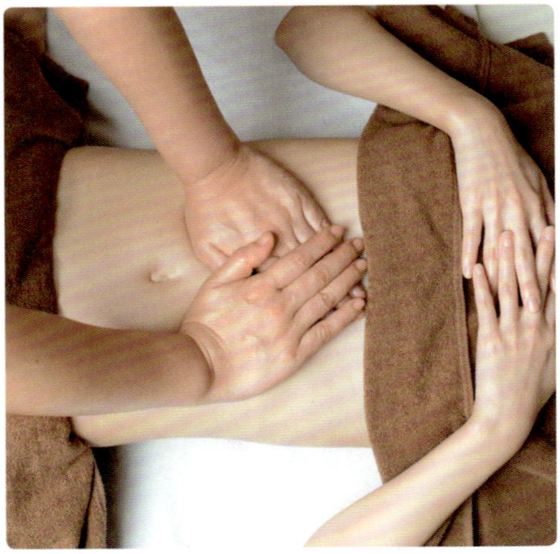

• 겹친 양손을 하트모양으로 가슴아래를 지나서 흉부에 양 손의 중지 부분을 맞붙인다.

관리사의 위치 : 고객의 측면

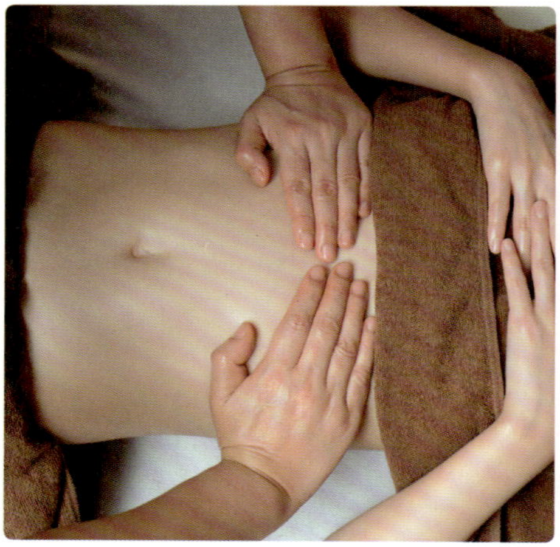

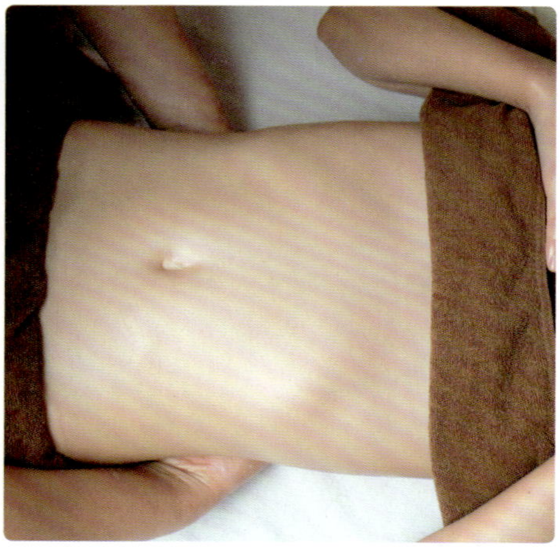

• 맞붙인 중지를 허리를 지나서 추체근부위에 수장사지를 하트의 마지막부분을 만들기 위하여 붙인다.

관리사의 위치 : 고객의 측면

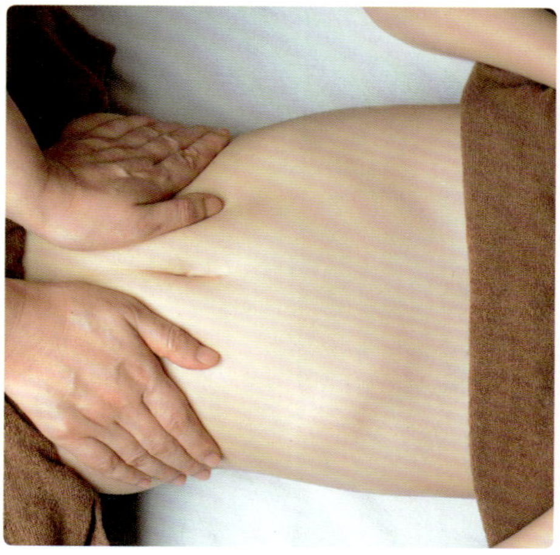

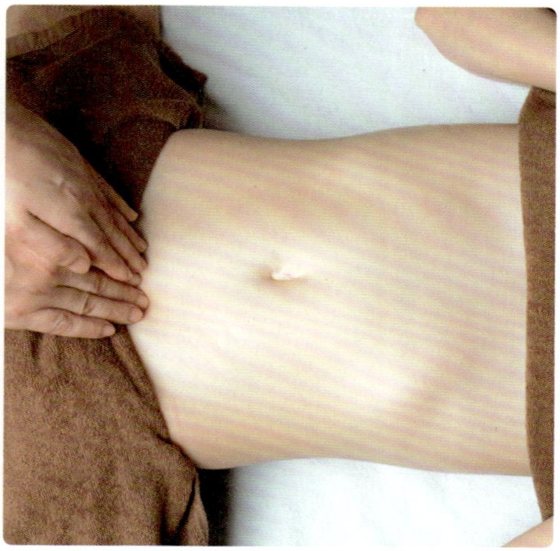

- 겹친 양손을 거궐까지 올라가서 살짝 지긋이 눌려준다.
- 1~4번까지 3회 반복한다.

관리사의 위치 : 고객의 측면

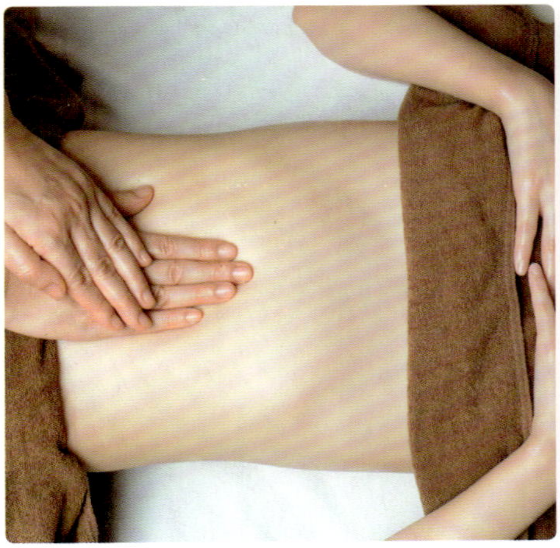

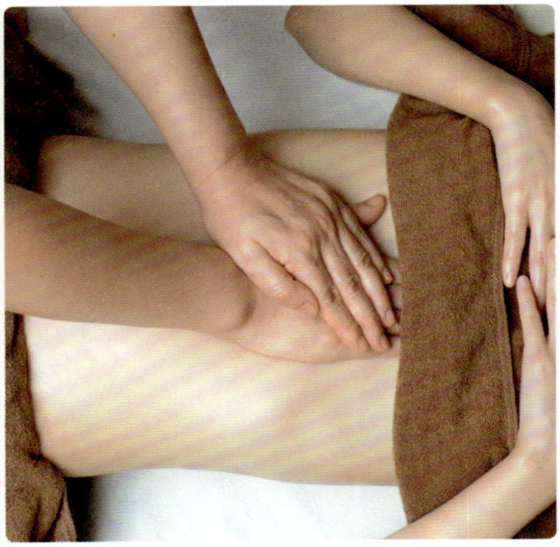

⑫ 마무리하기

- 왼손의 수장사지를 이용하여 상복부에 고정시킨다. 오른손의 수장사지를 이용하여 복부의 찬 기운을 모은다.

관리사의 위치 : 고객의 측면

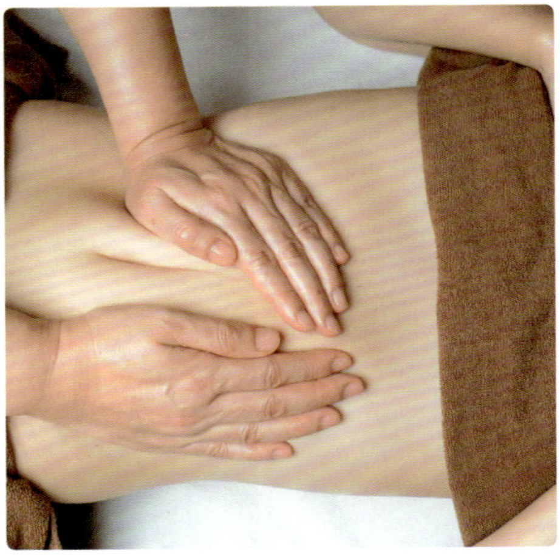

• 왼손은 수장사지를 고정시키고, 오른손의 수장사지를 이용하여 복부를 돌아가면서 찬 기운을 한 곳으로 모은다.

관리사의 위치 : 고객의 측면

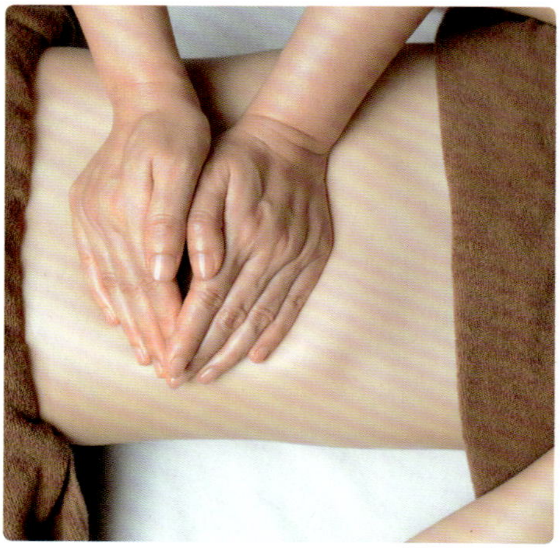

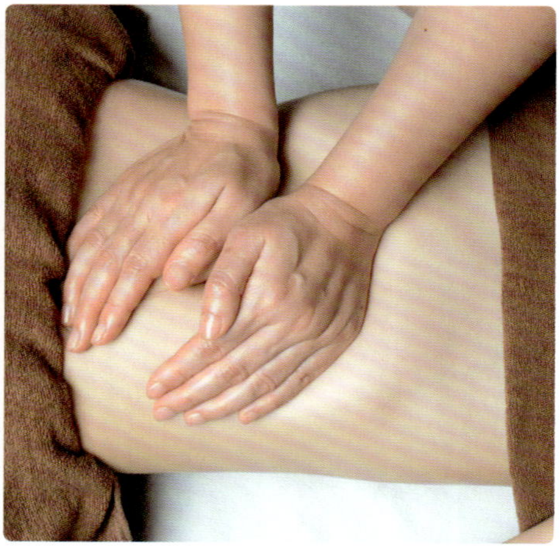

• 배꼽에 양 손을 겹쳐서 복부와 손을 맞붙여서 진동하여 복부의 찬 기운을 빼준다.

관리사의 위치 : 고객의 측면

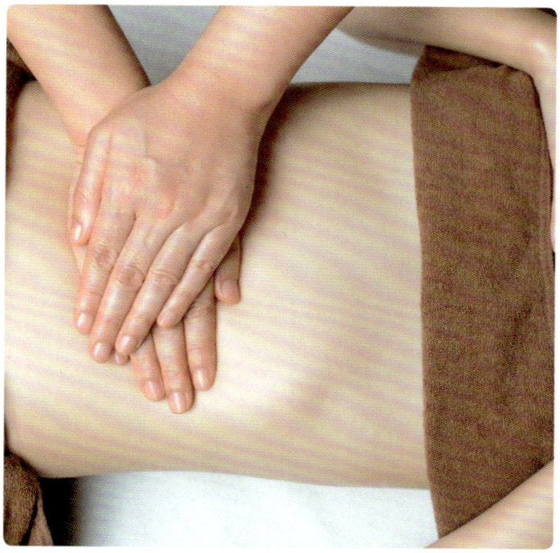

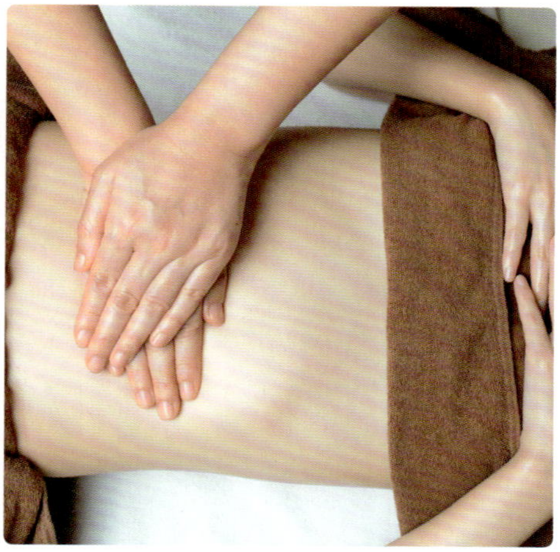

5. 팔 관리

① 오일 바르기

• 팔 관리를 하기위해 관리사는 고객의 측면에 서 있는다.

관리사의 위치 : 고객의 측면

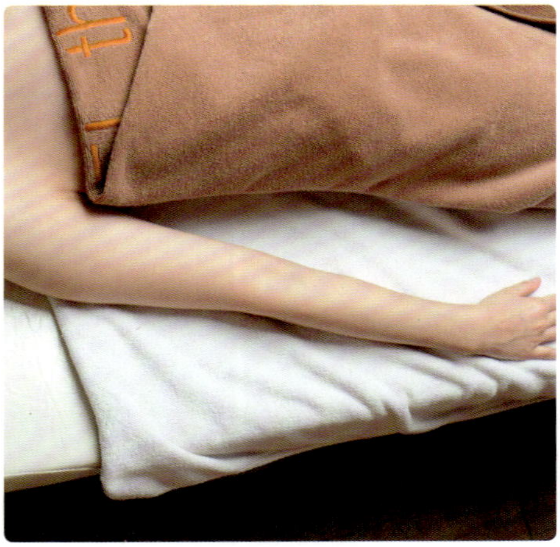

• 적당량의 오일을 덜어 낸 후 손바닥에서 오일의 온도를 조절한다.

관리사의 위치 : 고객의 측면

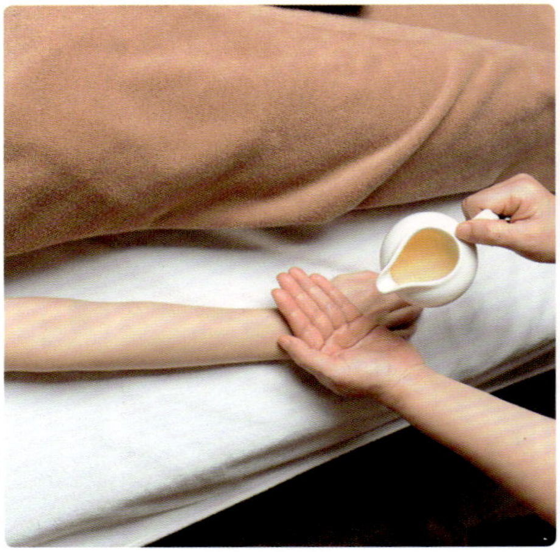

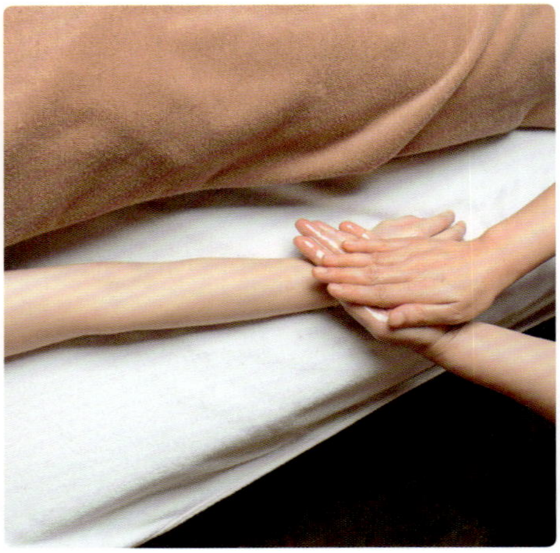

• 손등에서 시작하여 바깥쪽의 손은 어깨를 완전히 감싸고, 안쪽의 손은 액와를 거쳐 팔을 전체 도포한다.

관리사의 위치 : 고객의 측면

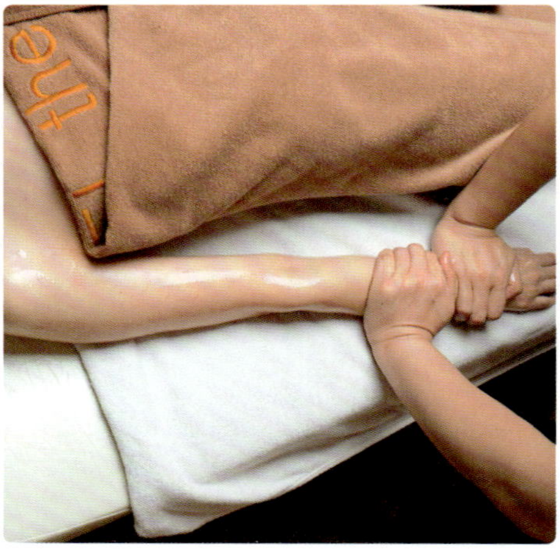

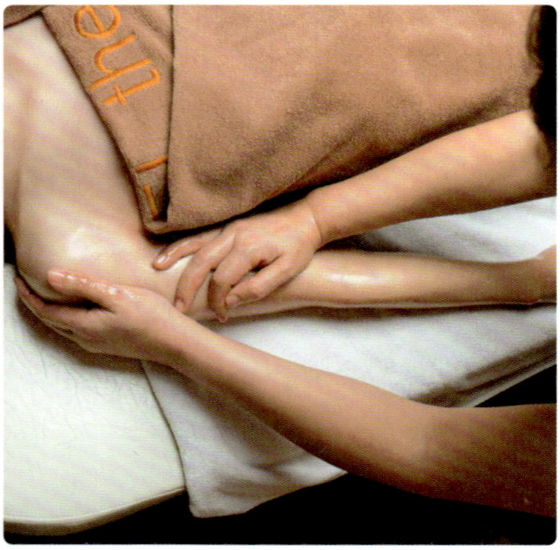

② 전체 쓸어주기

• 양 손의 수장사지를 이용하여 손목에서 양 손을 위 아래로 나란히 얹는다.
• 관리사는 밀착감 있게 작업해야 한다.

관리사의 위치 : 고객의 측면

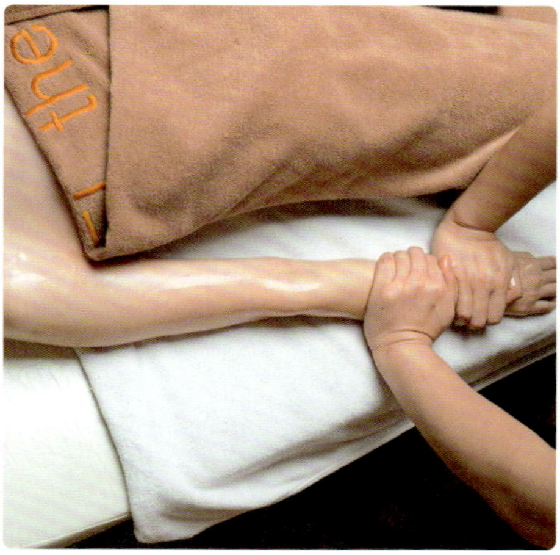

• 손목에서 시작하여 상완부위까지 밀착감있게 쓸어 올린다.
• 어깨를 돌아 팔 안쪽으로 양손을 향해 내려온다.

관리사의 위치 : 고객의 측면

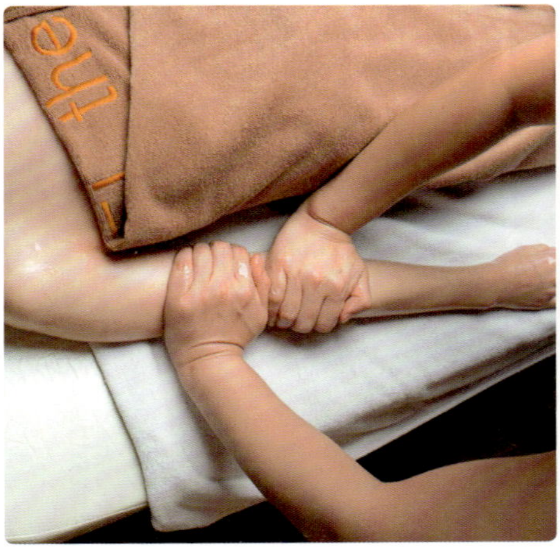

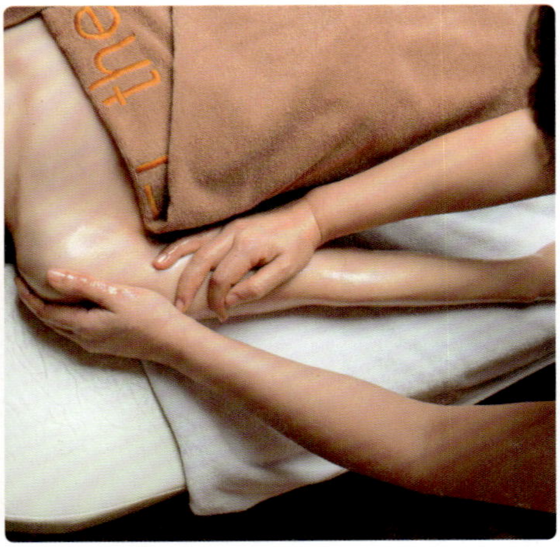

③ 손등 모지구로 쓸어주기

• 고객의 손을 관리사가 잡고 팔꿈치를 살짝 베드에 걸친 채 손을 든다.

관리사의 위치 : 고객의 측면

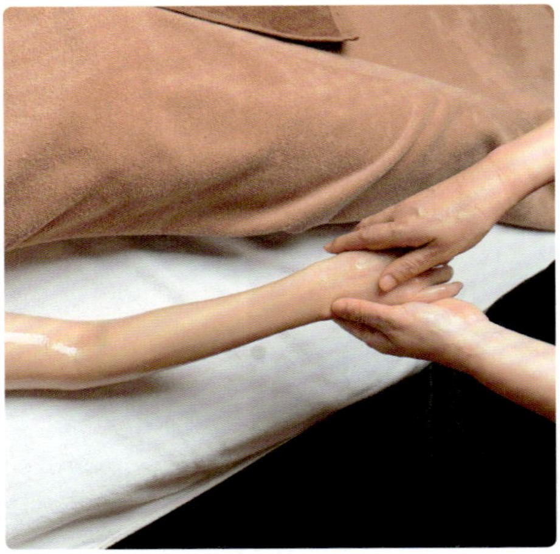

• 관리사의 모지를 이용하여 손등전체를 양손 번갈아 가면서 쓸어준다.

관리사의 위치 : 고객의 측면

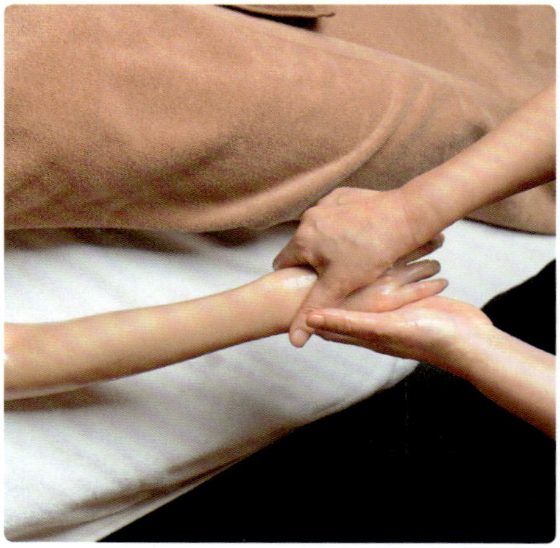

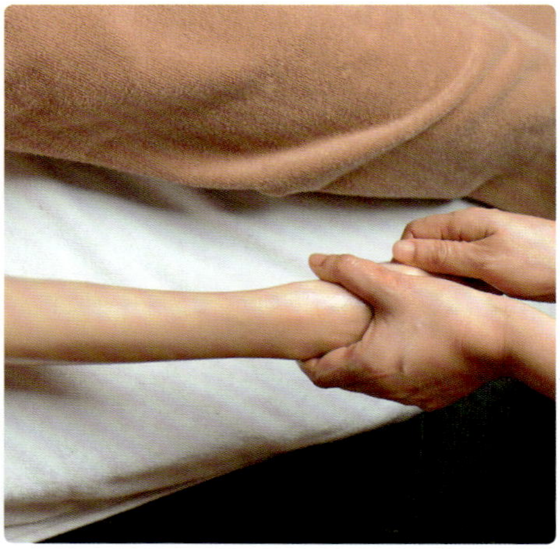

④ 손가락, 손톱 문지르주기

• 고객의 손을 관리사가 잡고 모지복을 이용하여 고객의 엄지를 나선형으로 돌려가면서 엄지손톱까지 6박자로 천천히 올라간다.

관리사의 위치 : 고객의 측면

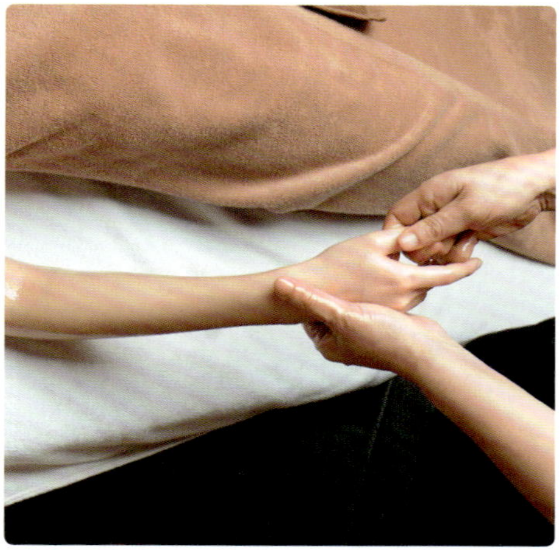

- 고객 손톱의 오른쪽 부분에서 손톱의 위에서 아래로 모지복을 이용하여 내린다. 손톱의 왼쪽부분까지 6박자로 이동한다.

관리사의 위치 : 고객의 측면

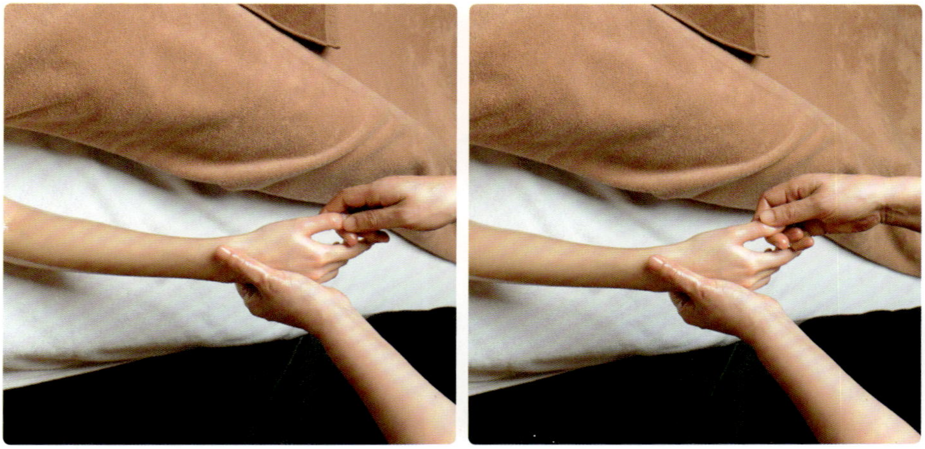

- 관리사의 오른손의 엄지와 검지가 고객의 엄지손톱에서 호구까지 내려온다.
- 모지복을 이용하여 중수골을 아래에서 위로 쓸어올린다.

관리사의 위치 : 고객의 측면

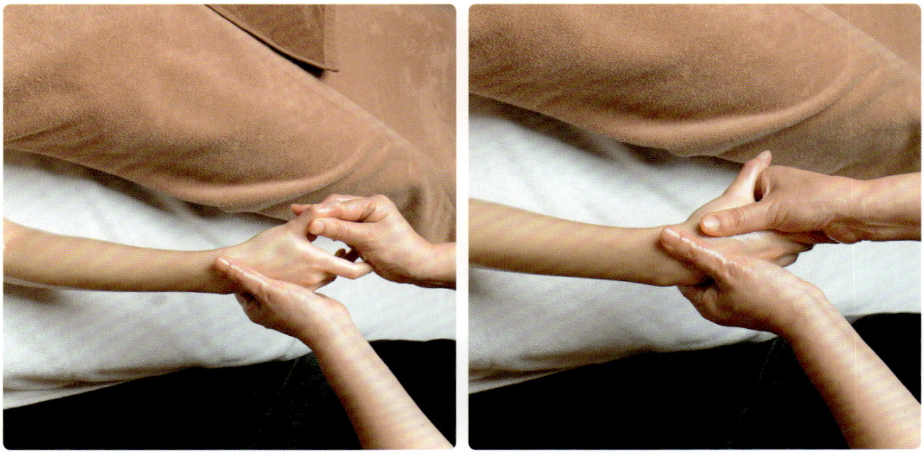

• 옆의 중수골을 타고 검지를 나선형의 6박자로 돌려서 검지손톱을 관리하면서 중지, 약지, 새끼손가락까지 쓸어올린다.

관리사의 위치 : 고객의 측면

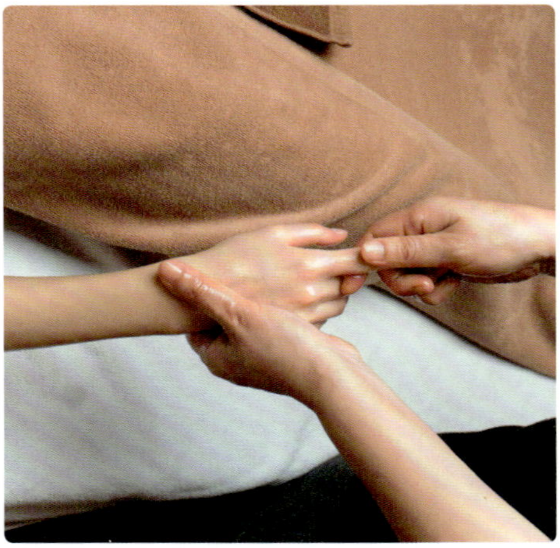

⑤ 손바닥 모지복으로 쓸어주기

• 고객의 손바닥을 양손의 모지복을 이용하여 마름모꼴로 압을 준다.

관리사의 위치 : 고객의 측면

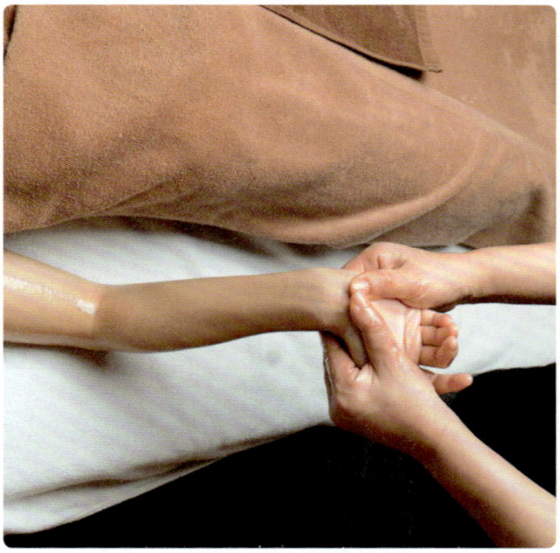

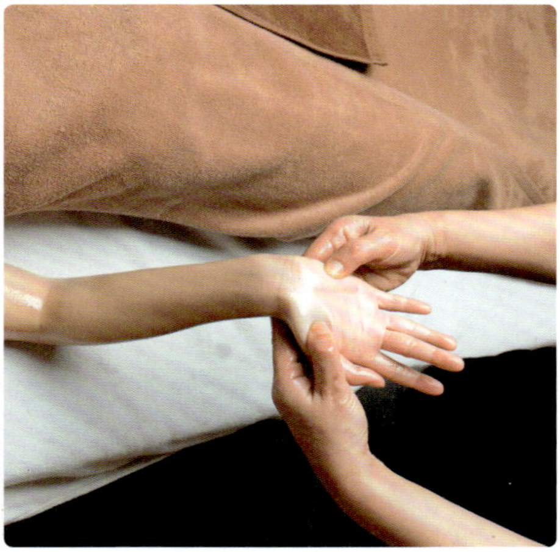

⑥ 손바닥 일직선으로 문질러주기

- 고객의 손을 관리사가 잡고 손목에서 모지복을 겹쳐서 손의 중앙을 일직선으로 압한다.
- 손바닥에 있는 노공 소부 어제혈 등을 자극하여 손바닥의 이완을 돕고 혈액순환을 개선시킨다.

관리사의 위치 : 고객의 측면

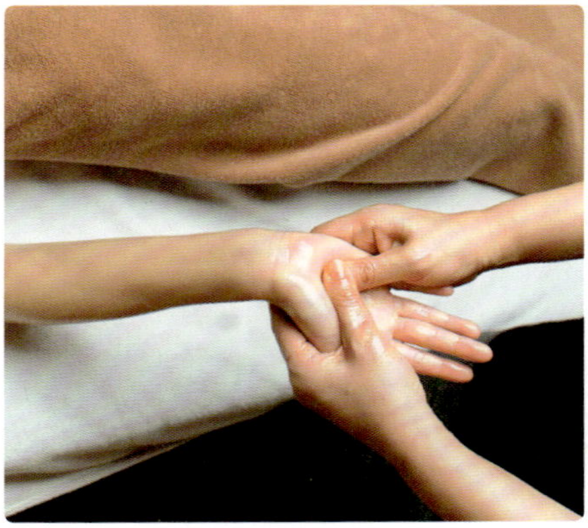

⑦ 손목 모지복으로 문지르기

- 양 손으로 고객의 손을 잡고 모지를 이용하여 고객의 손목을 나선형으로 크게 그려준다.
- 6회 반복한다.
- 손목 안쪽 수삼양경에 해당하는 내관 간사 극문혈 등을 자극하여 아름다움을 유지한다.

관리사의 위치 : 고객의 측면

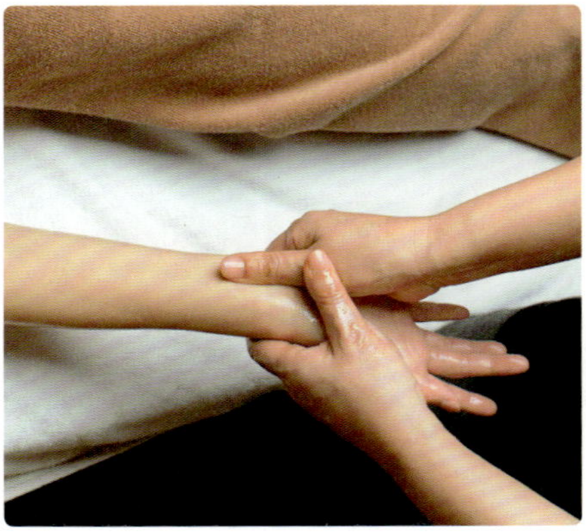

⑧ 지과면으로 양경락 쓸어주기

- 고객의 손을 베드 위에 두고 한 손은 고객의 전완부를 잡는다.
- 한 손은 지과면을 이용하여 손가락부터 손등을 쓸어준다.

관리사의 위치 : 고객의 측면

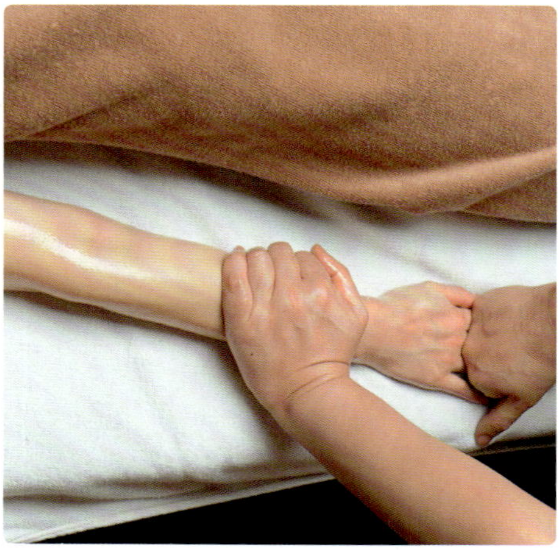

- 손등을 쓸어준 손은 손들을 잡고 다른 손의 지과면을 이용하여 전완부를 쓸어준다.
- 상완부의 바깥쪽을 지과면을 이용하여 아래에서 위쪽으로 쓸어준다.

관리사의 위치 : 고객의 측면

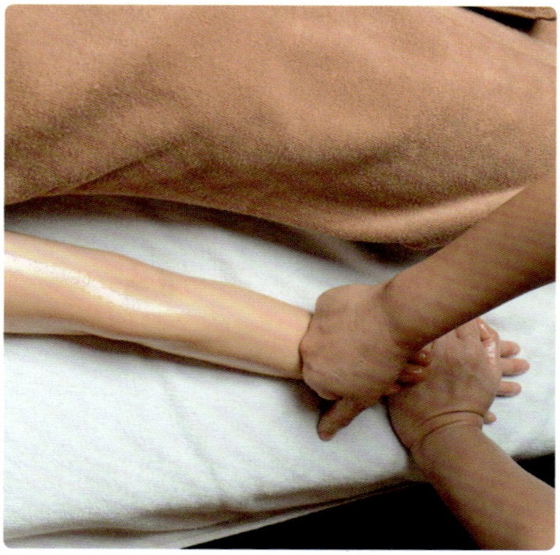

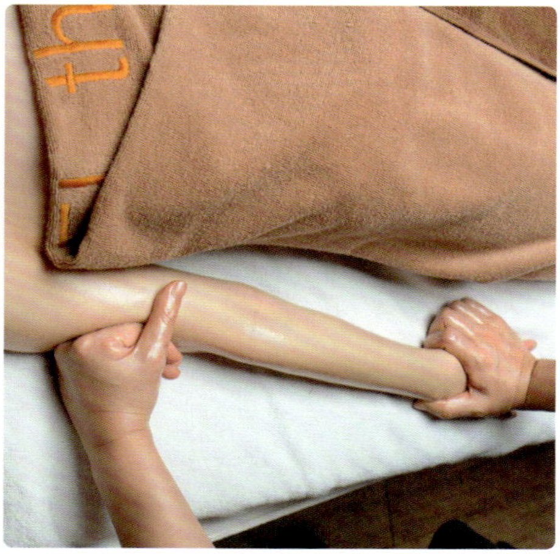

⑨ 호구부위를 이용하여 펴 올리기

- 고객의 손목을 잡고 전완부를 들어 올린 후 호구부위를 이용하여 손목에서 팔꿈치까지 펴 올린다.
- 전완부 전체를 돌아가면서 아래에서 위로 펴 올려준다.

관리사의 위치 : 고객의 측면

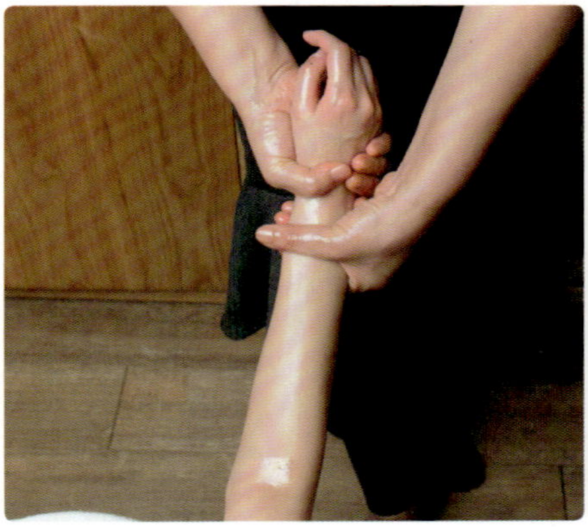
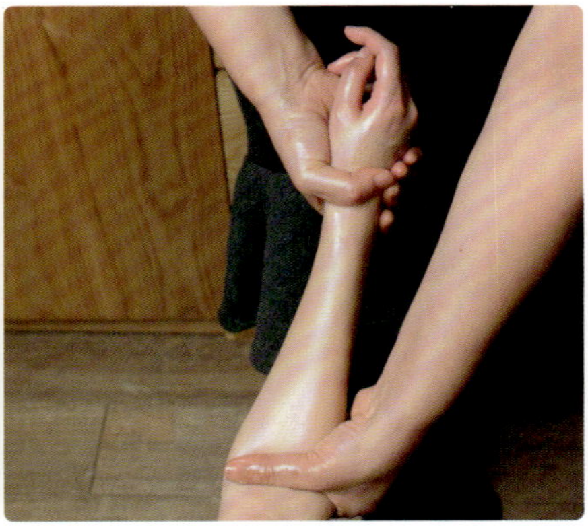

⑩ 팔 안쪽 지과면으로 쓸어주기

- 고객의 팔을 들어 올려서, 상완부의 안쪽을 지과면을 이용하여 팔꿈치에서 액와까지 쓸어준다.
- 6회 반복한다.
- 수삼응경과 수삼양경에 해당하는 혈을 압하면서 자극하여 상지 전체의 혈액순환을 도와 아름다움을 유지시켜 준다.

관리사의 위치 : 고객의 측면

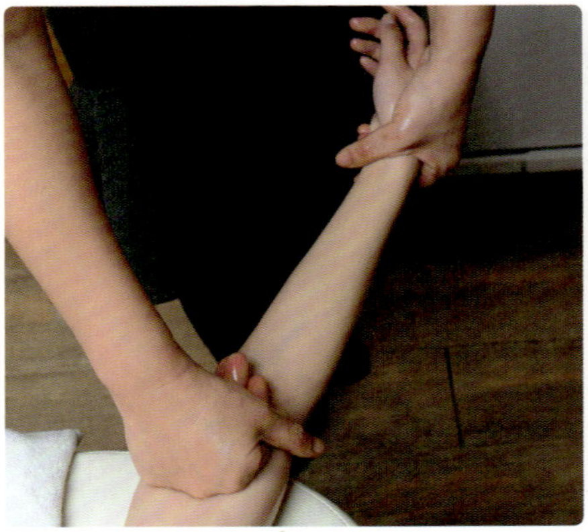
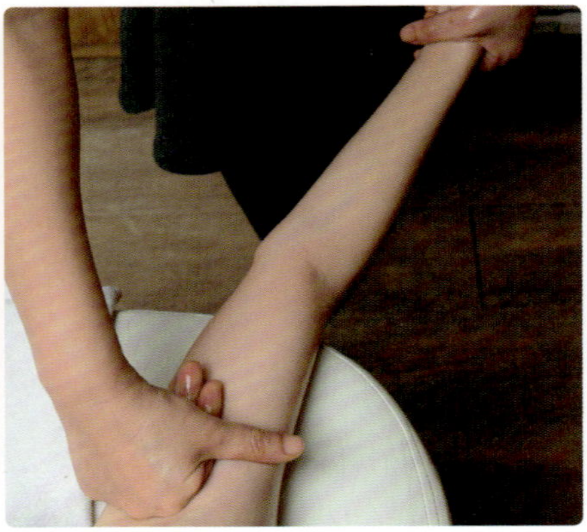

⑪ 지과면을 이용하여 극천부위 압하기

- 고객의 액와부분(극천)을 지과면을 이용하여 지긋이 압하여 준다.

관리사의 위치 : 고객의 측면

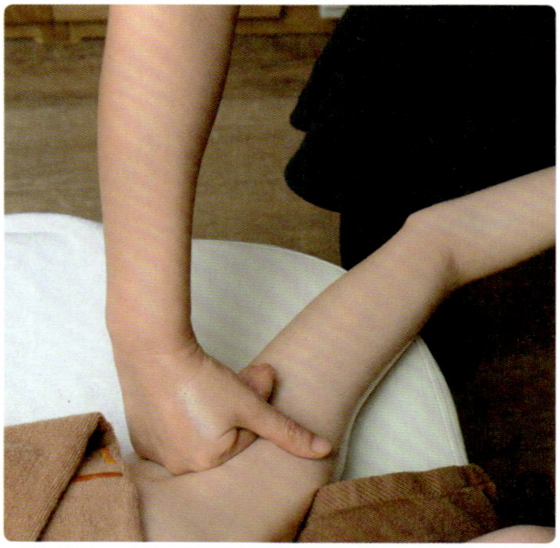

⑫ 옆구리 쓸어주기

- 삼지복을 이용하여 고객의 액와에서 시작하여 옆구리를 쓸어 준 후, 고객의 척추기립근을 따라 올라온다.

관리사의 위치 : 고객의 측면

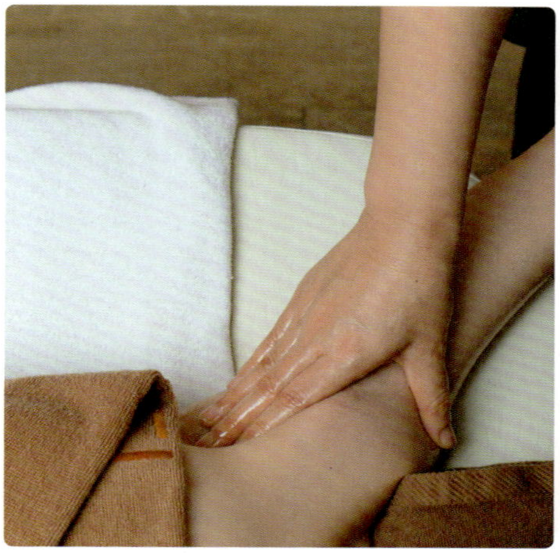

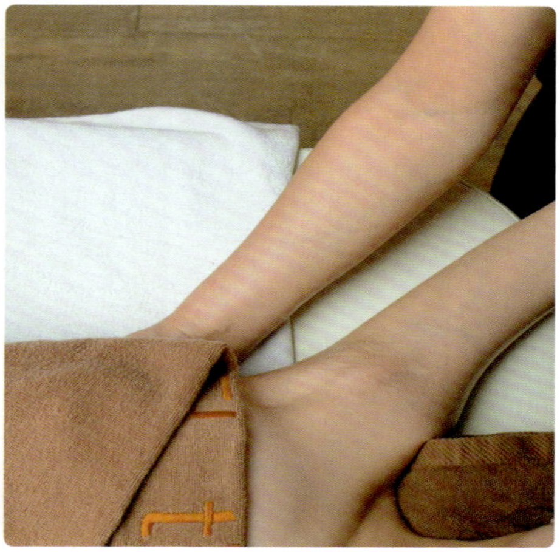

- 고객의 척추기립근을 따라 올라온 후 상완부를 지나서 팔꿈치까지 빼준다.
- 5회 반복한다.

관리사의 위치 : 고객의 측면

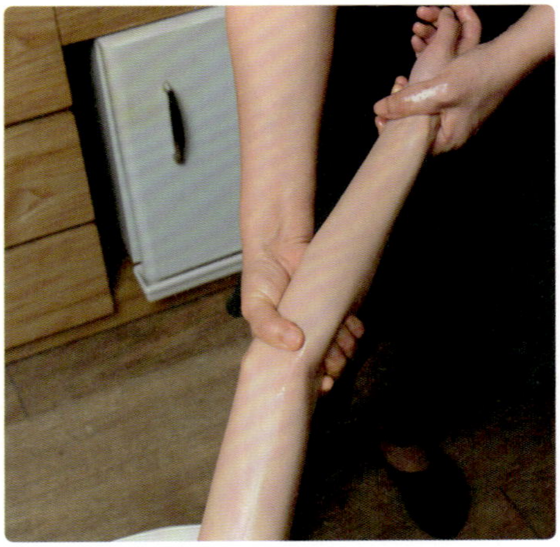

⑬ 전체 쓸어주기

- 양 손의 수장사지를 이용하여 손목에서 양 손을 위 아래로 나란히 얹는다.
- 관리사는 밀착감 있게 작업해야 한다.

관리사의 위치 : 고객의 측면

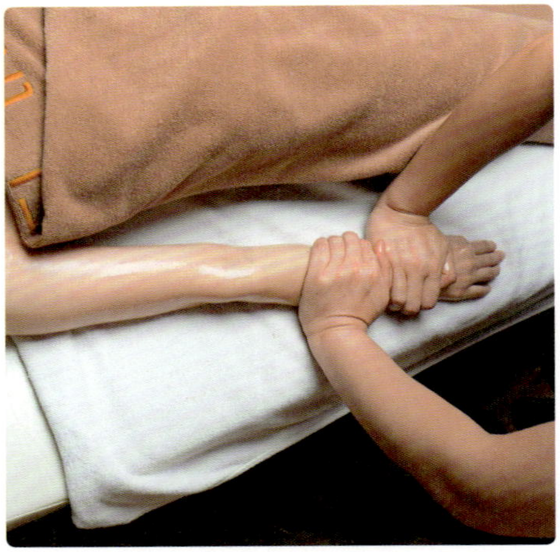

- 손목에서 시작하여 상완부위까지 밀착감있게 쓸어 올린다.
- 어깨를 돌아 팔 안쪽으로 양손을 향해 내려온다.
- 대흉근자락에 있는 수태음폐경의 중부 운문혈을 압하고 견우 견료혈을 쓸어내리며 상완의 삼각근과 이두박근을 풀어주어 상완비만을 개선한다.

관리사의 위치 : 고객의 측면

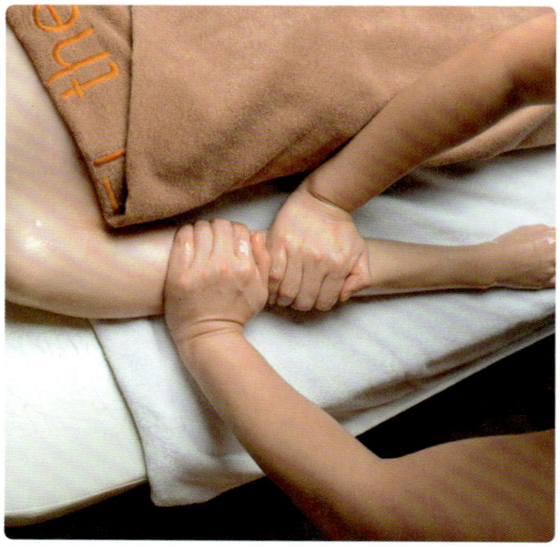

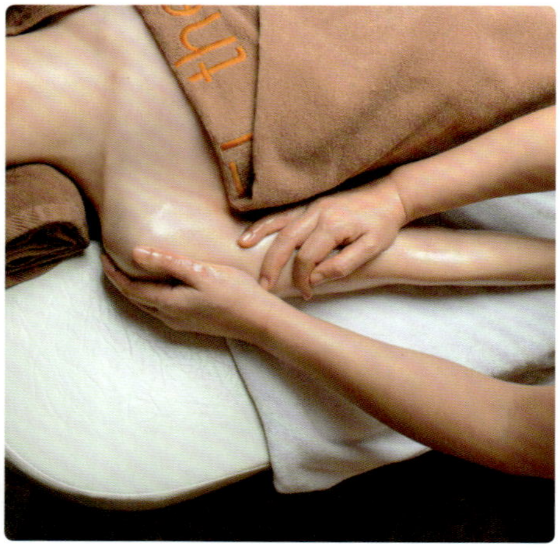

⑭ 손가락 압하기

- 엄지에서 시작하여 새끼손가락까지 손가락 끝부분 압한다.

관리사의 위치 : 고객의 측면

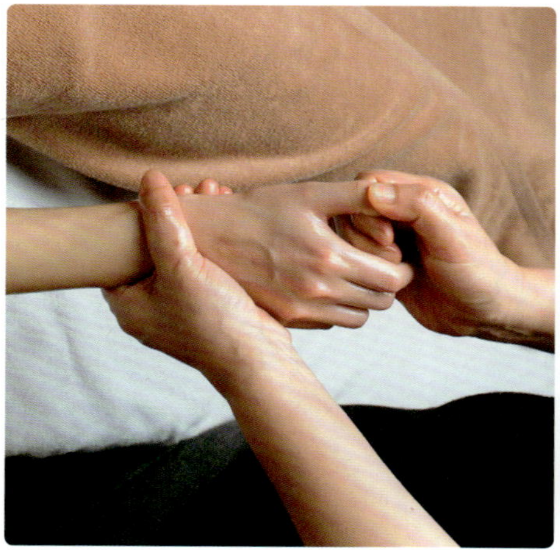

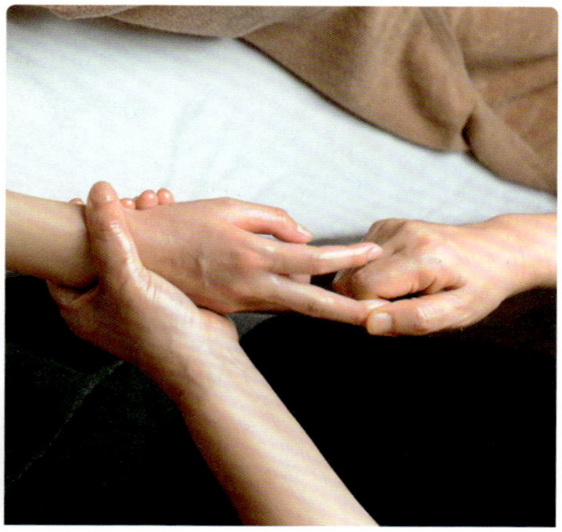

⑮ 손목 돌려주기

- 한 손은 손목을 잡고 한 손은 손가락을 마주 낀 상태에서 모지복을 중부를 압하여 손목을 돌려준다.
- 시계방향으로 6회 돌려준다.

관리사의 위치 : 고객의 측면

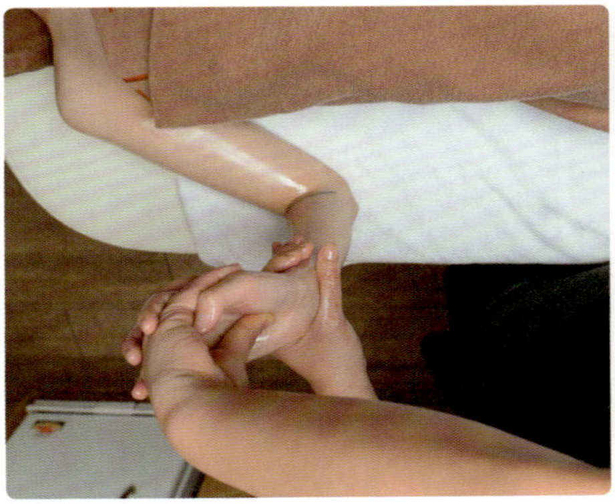

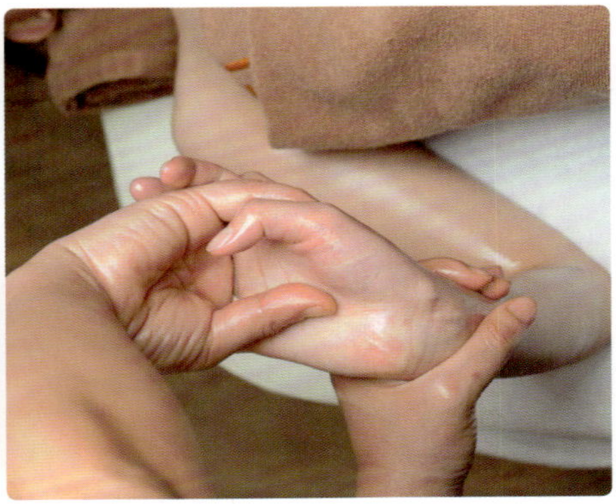

⑯ 어깨 쳐주기

- 양 손으로 손목을 잡고 팔을 수직으로 세운 후 팔꿈치가 굽히지 않도록 하여 어깨를 위에서 아래로 쳐 준다.
- 팔을 자연스럽게 내려놓는다.

관리사의 위치 : 고객의 측면

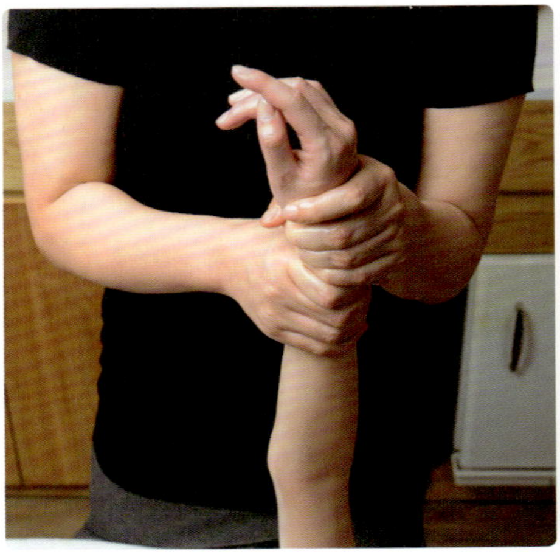

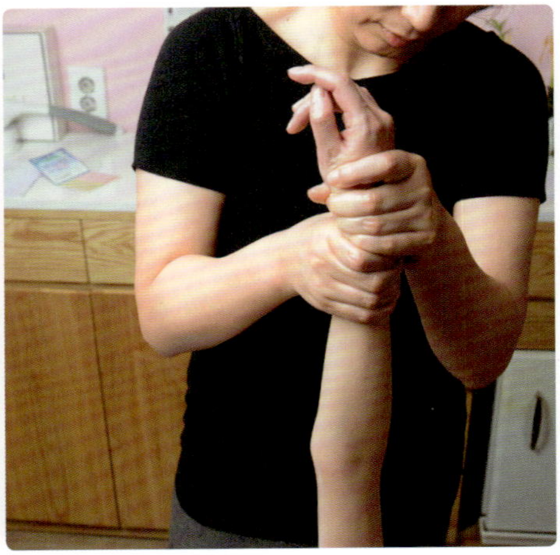

⑰ 팔 내려놓기

- 내려놓은 뒤 어깨부분에서 수장사지를 나란히 놓은 상태에서 중부로 향해 쓸어준다.

관리사의 위치 : 고객의 위쪽의 측면

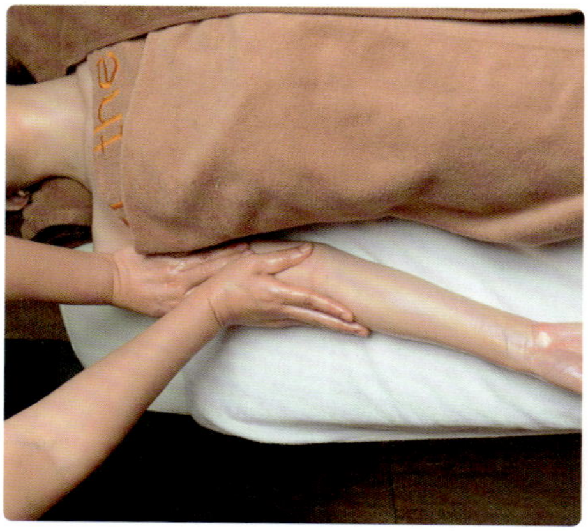

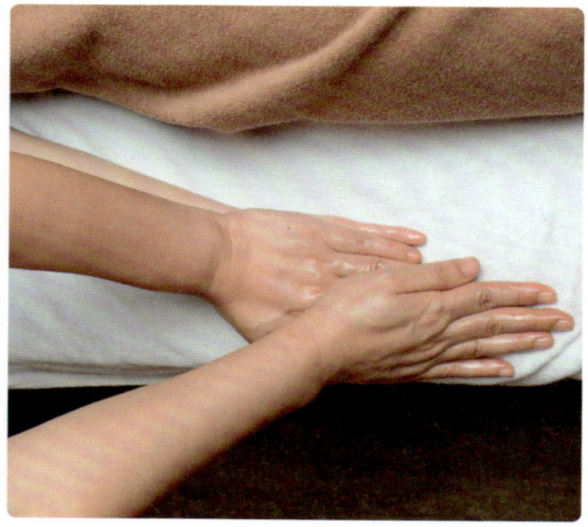

⑱ 전체 쓸어주기

- 양 손의 수장사지를 이용하여 손목에서 양 손을 위 아래로 나란히 얹는다.
- 손목에서 시작하여 상완부까지 쓸어올린 후 어깨를 돌아 양 팔 옆으로 내려와서 한 손은 손바닥을 한 손은 손등을 쓸어주고 빼준다.

관리사의 위치 : 고객의 측면

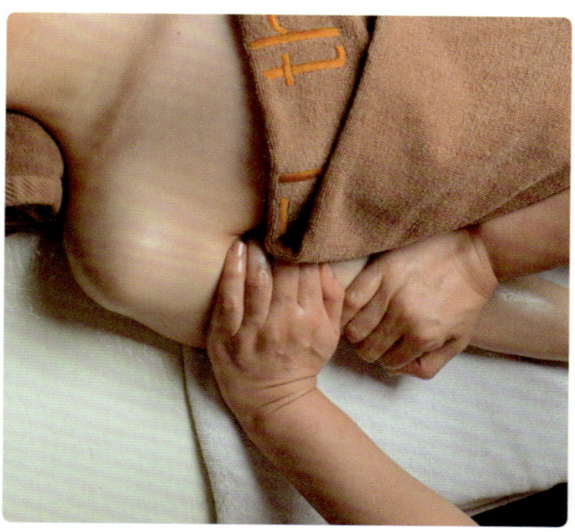

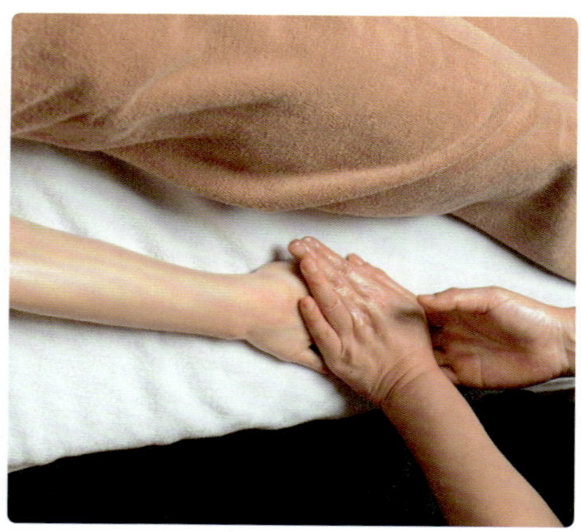

6. 안면관리

① 오일 바르기

- 오일을 적당량을 손바닥에 덜어낸다.

  관리사의 위치 : 고객의 위쪽

- 양 손에 오일을 한 손으로 먼저 이마 중앙, 이마 양쪽에 도포한다.

  관리사의 위치 : 고객의 위쪽

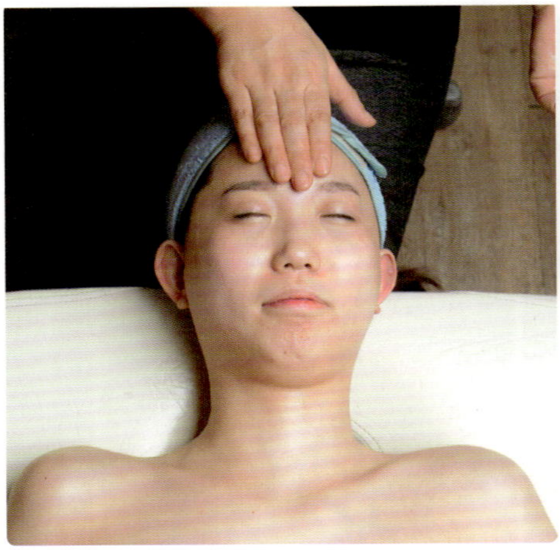

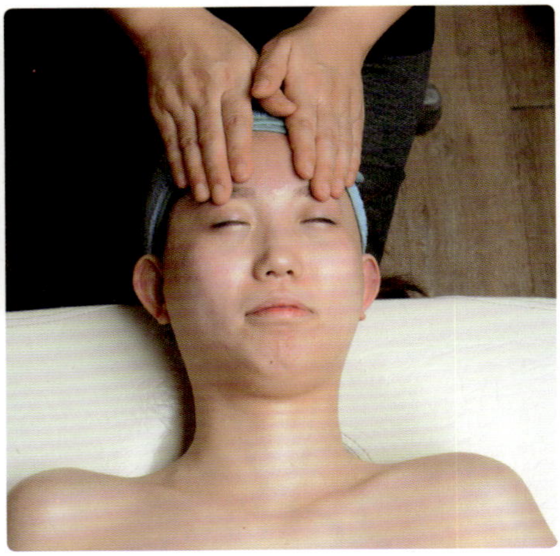

• 양 손을 그대로 양 볼, 턱선 아래까지 도포한다.

관리사의 위치 : 고객의 위쪽

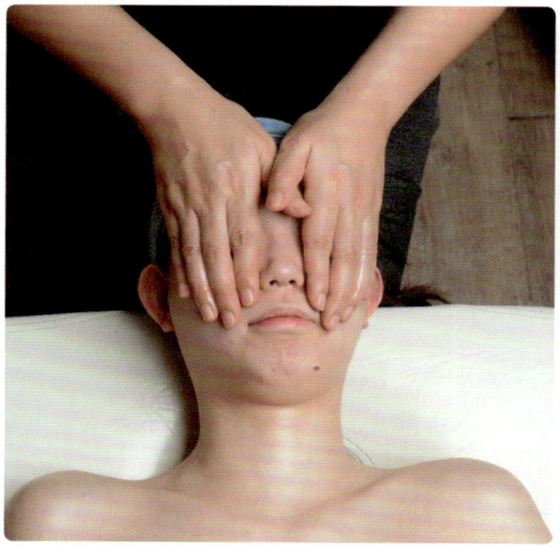

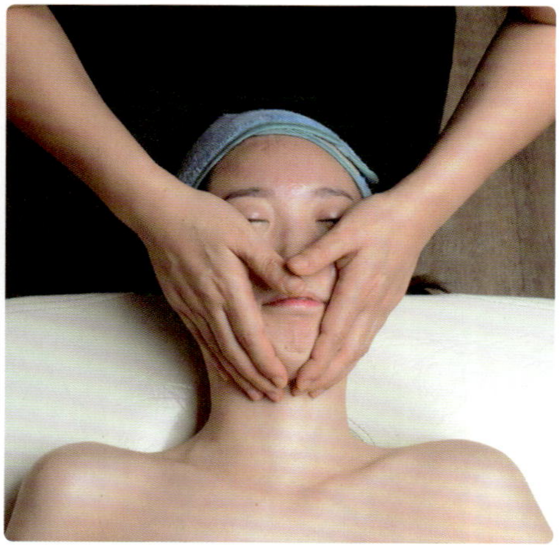

• 양 손의 오일을 턱선 아래에서 목 부위, 코 양 옆으로 도포한다.

관리사의 위치 : 고객의 위쪽

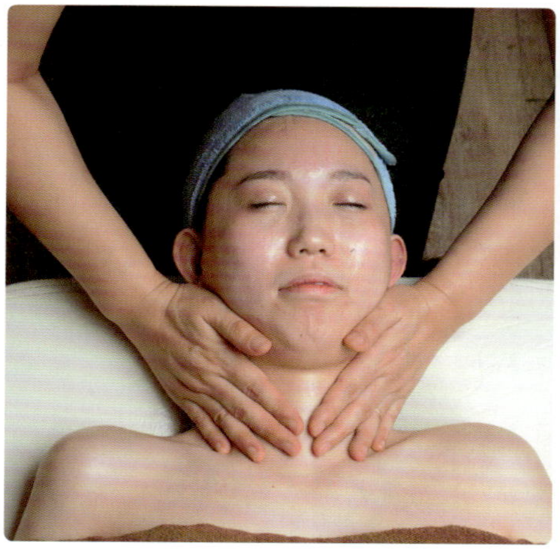

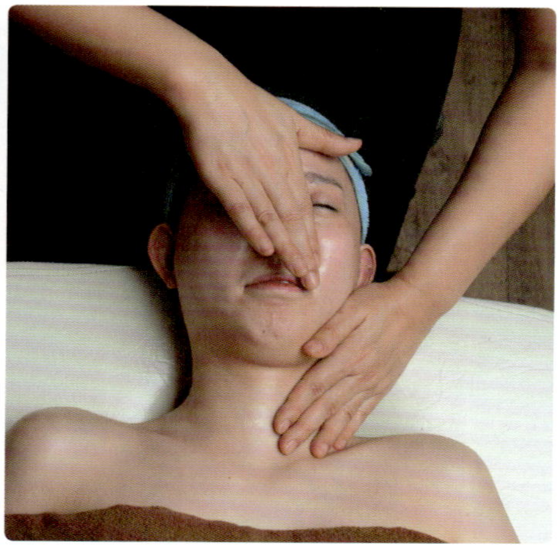

• 마지막으로 앞 가슴을 도포한다.

관리사의 위치 : 고객의 위쪽

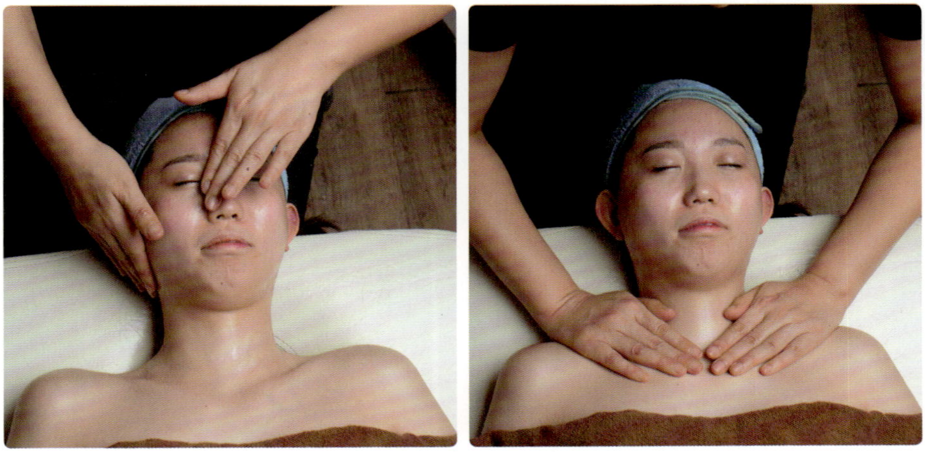

② 목 수장사지를 이용하여 쓸어주기

• 오일을 도포한 후, 양 손을 목 뒤쪽으로 양 손을 포개어 헤어라인을 살짝 당겨준다. 목을 견인하여 편안하게 해 준다.
• 한 손은 후발제 헤어라인을 사지를 이용하여 잡아서 옆으로 돌리게 한다.

관리사의 위치 : 고객의 위쪽

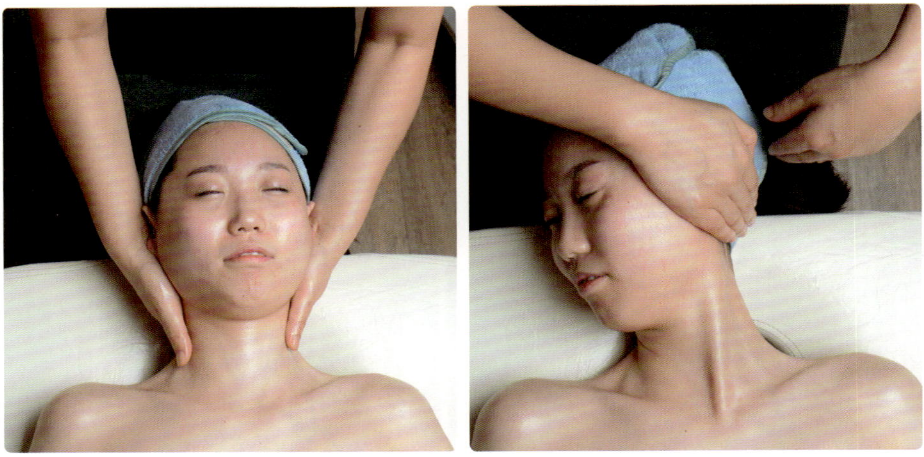

- 한 손은 후발제 헤어라인을 잡고, 한 손은 수장사지를 볼 아래쪽부터 쇄골까지 소지측면을 이용하여 쓸어준다.
- 목빗근, 사각근까지 쓸어준다.
- 6회 반복한다.

관리사의 위치 : 고객의 윗쪽

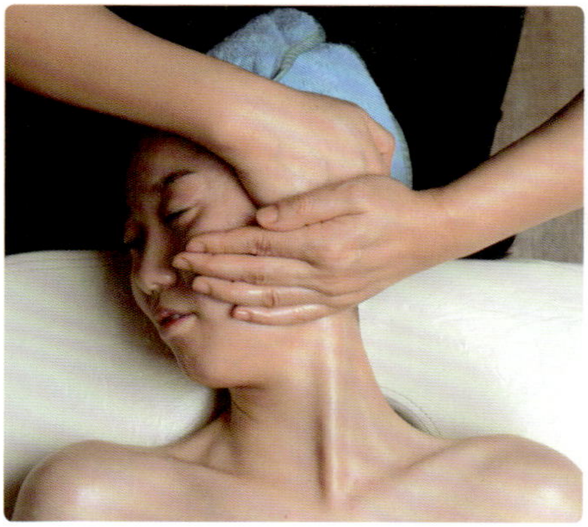
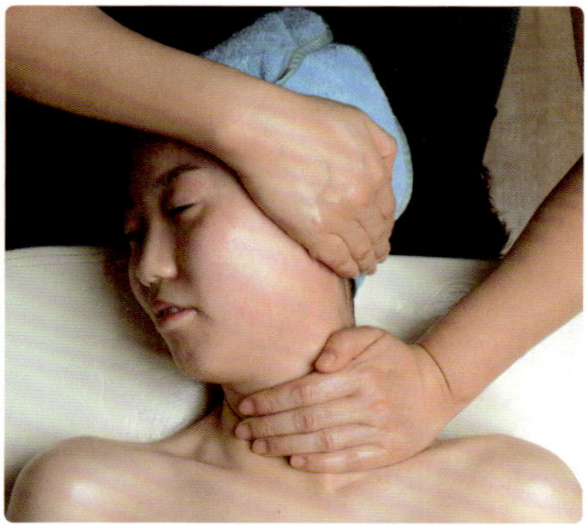

③ 호구부위를 이용하여 쓸어주기

- 한 손은 후발제 헤어라인을 잡고 한 손은 고객의 사각근에 호구부위를 이용하여 귀밑에서 쇄골 앞까지 쓸어준다.
- 6회 반복한다.
- 사각극 전면에 흉쇄유돌근을 쓸어주며 인영 수돌 천정혈 등을 약하게 자극하여 목주름을 개선시켜 준다.

관리사의 위치 : 고객의 위쪽

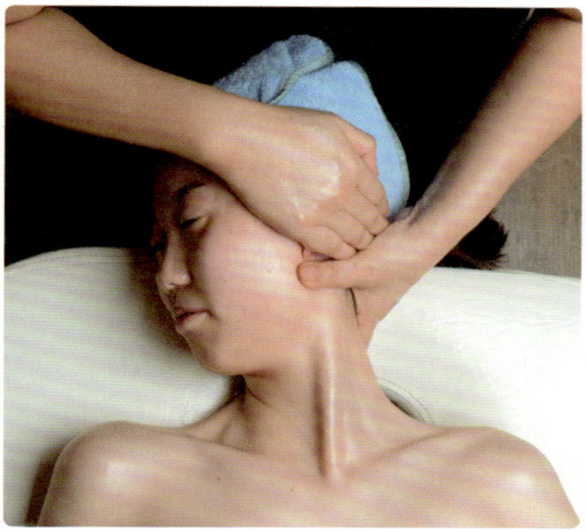
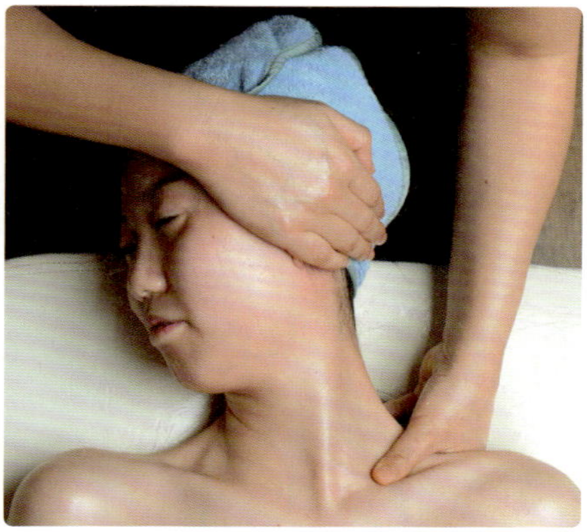

- 한 손은 후발제 헤어라인을 잡고 한 손은 흉쇄유돌근(목빗근)을 호구부위를 이용하여 턱선 윗부분에서 쇄골 앞까지 쓸어준다.
- 6회 반복한다.

관리사의 위치 : 고객의 위쪽

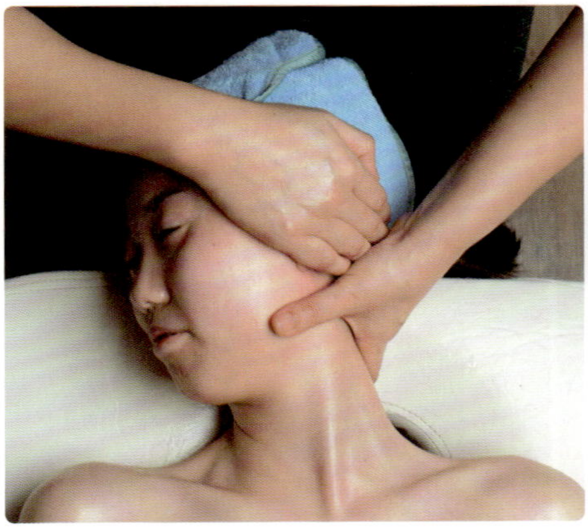
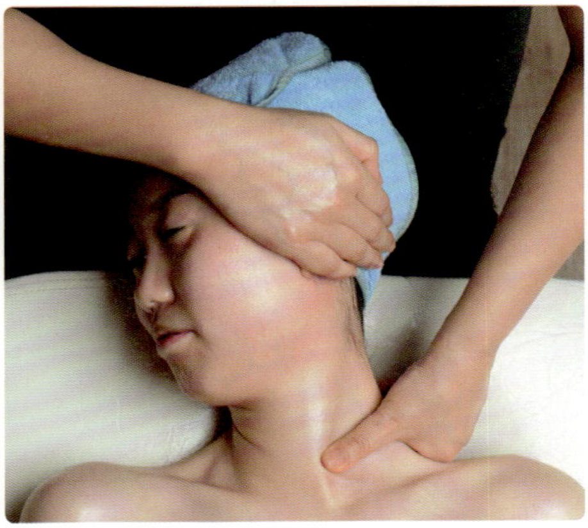

④ 경추 쓸어주기

- 한 손은 후발제 헤어라인을 잡고, 한 손은 지과면을 이용하여 후발제에서 견정혈을 향해 쓸어준다.
- 8회 반복한다.
- 상부 승모근을 잡아 자극하고 목 뒷쪽의 경판상근과 두판상근을 연결하듯이 쓸어주며 후두골에 있는 천주 풍지 아문 풍부혈을 자극해준다.

관리사의 위치 : 고객의 위쪽

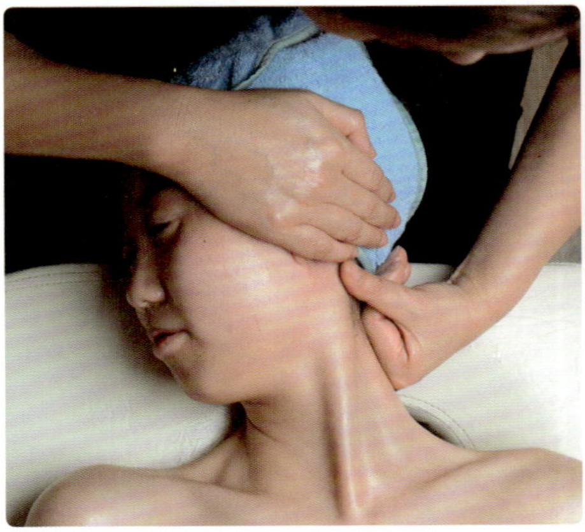
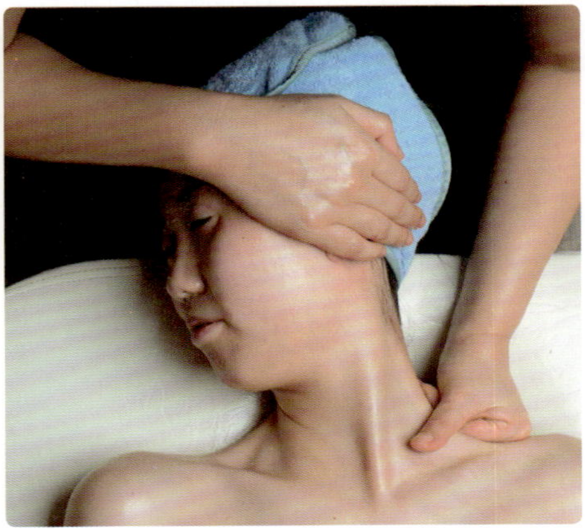

⑤ 늘려주기

• 한 손은 후발제 헤어라인을 잡고, 한 손은 수장사지를 목선을 따라 어깨까지 내려가서 서로 반대방향으로 늘려준다.
• 3회 반복한다.

관리사의 위치 : 고객의 위쪽

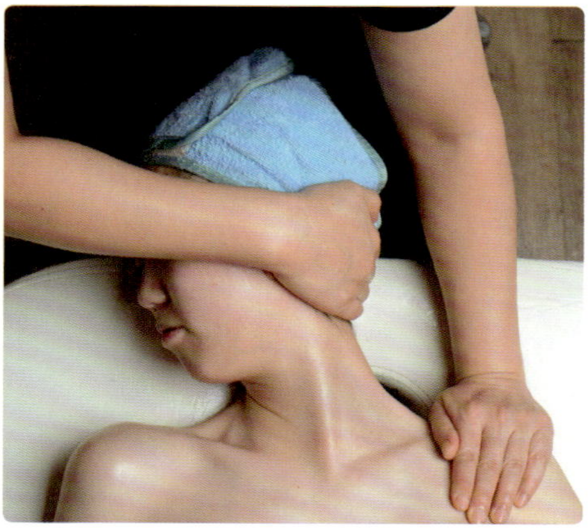

⑥ 승장 굴려주고 염천 지압하기

• 양 손의 삼지복을 이용하여 승장부위를 3회 굴려주고, 턱 아래 염천부위를 압 한다.

관리사의 위치 : 고객의 위쪽

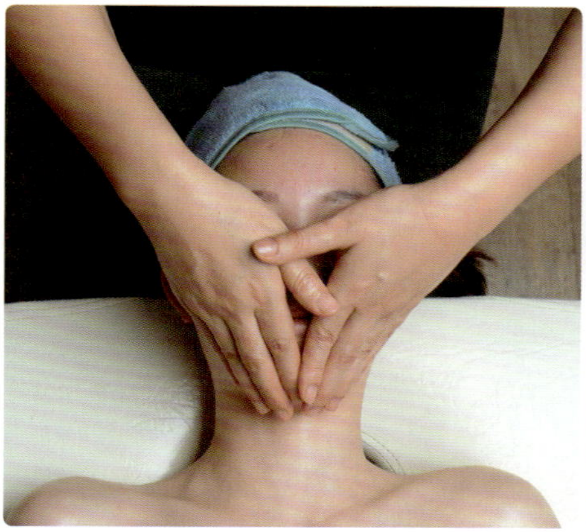

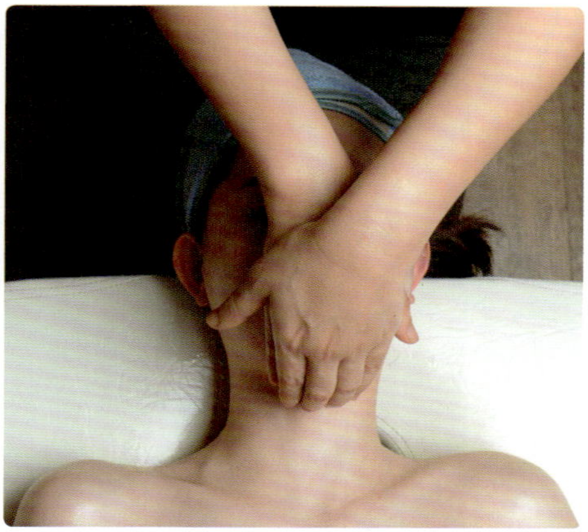

• 삼지복으로 턱 아래를 일직선으로 잡고 턱을 위로 당긴다.
• 검지와 중지를 턱과 아래턱을 감싸고 턱 선의 노폐물이 빠질 수 있도록 귀 뒤까지 지긋이 당겨준다.

관리사의 위치 : 고객의 위쪽

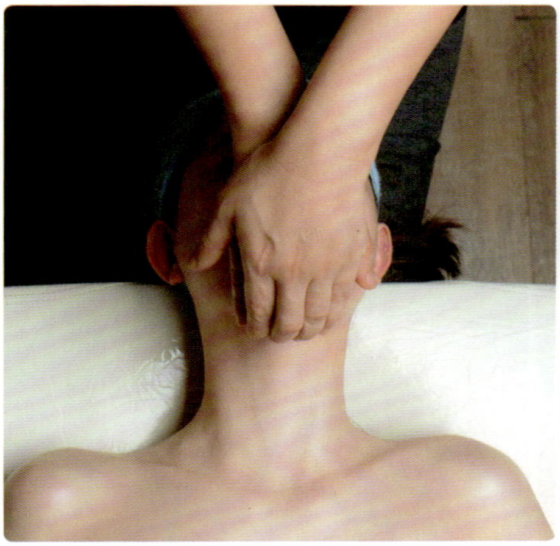
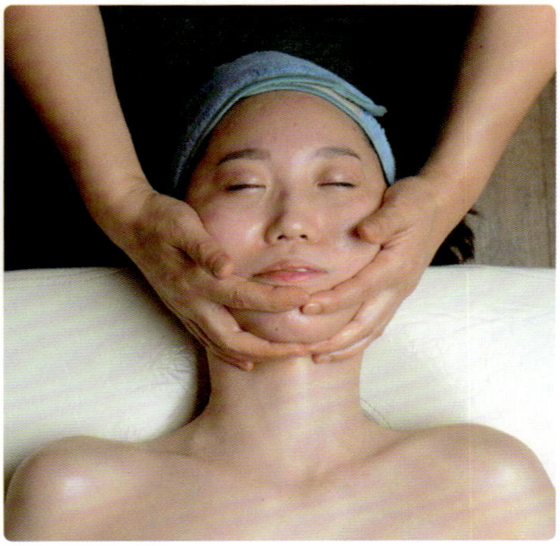

⑦ (7번 동작) 얼굴 삼등분하여 쓸어주기

• 수장사지를 얼굴 턱에서 귀 뒤까지 쓸어준다.

관리사의 위치 : 고객의 위쪽

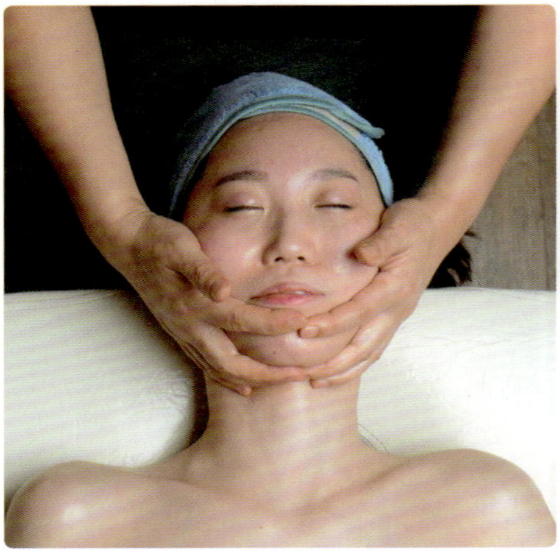
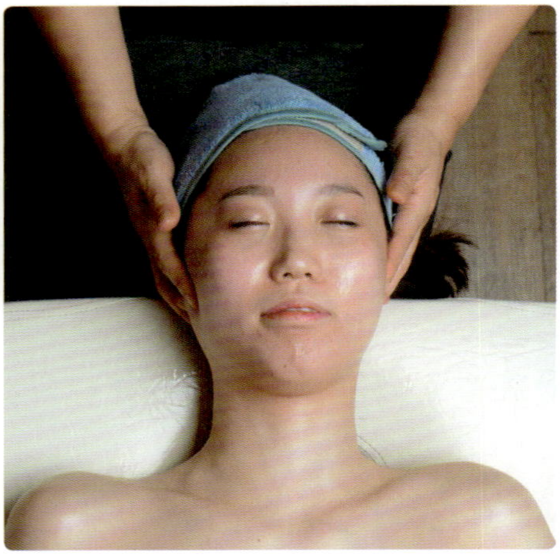

- 수장사지를 인중과 턱에 겹쳐 얼굴에 밀착시켜서 귀 뒤까지 쓸어준다.

관리사의 위치 : 고객의 위쪽

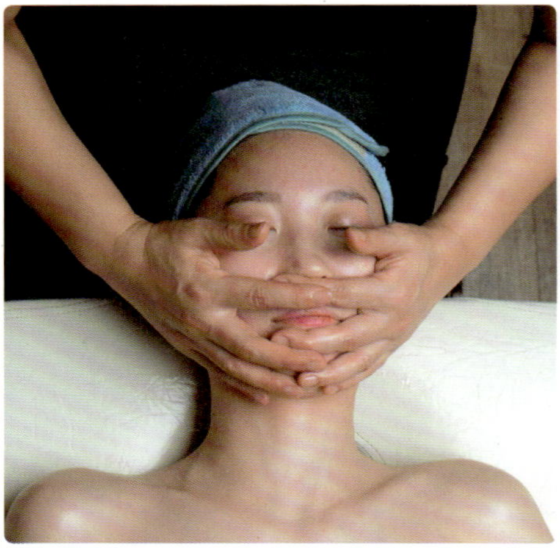

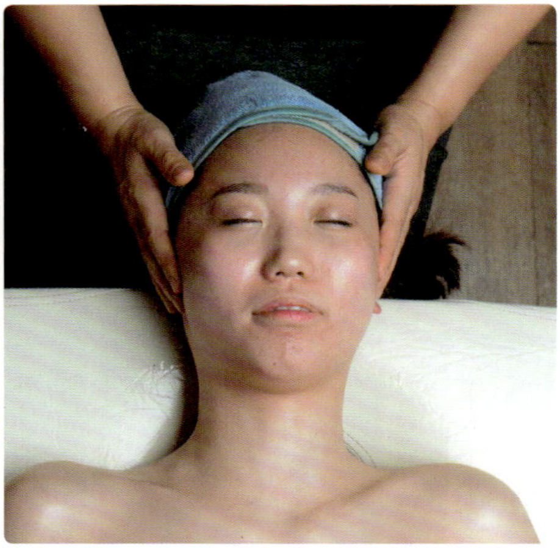

- 수장사지 중 검지를 눈 밑에 약지를 영향(코옆)에 대고 일직선으로 관자놀이(눈썹과 눈의 사이)까지 쓸어준다.
- 코 주변의 영향 비통혈을 자극하고 눈꼬리 옆의 동자료 사죽공 태양혈 등을 압하여 주름을 개선한다.

관리사의 위치 : 고객의 위쪽

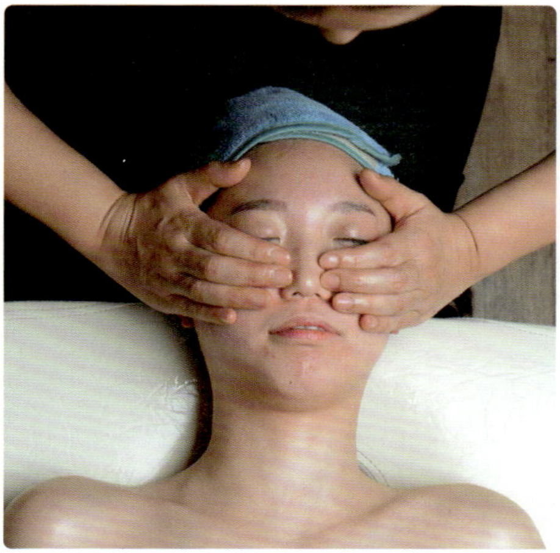

- 모지를 서로 맞대어 이마에 대고 모지로 이마를 둥글게 굴려서 관자놀이에 압을 준다.
- 이마 독맥의 신정 상성혈과 전발제의 미충 곡차 임읍혈 등을 지압하고 안쪽 눈꼬리의 정명혈을 압하여 눈가의 주름을 개선한다.

관리사의 위치 : 고객의 위쪽

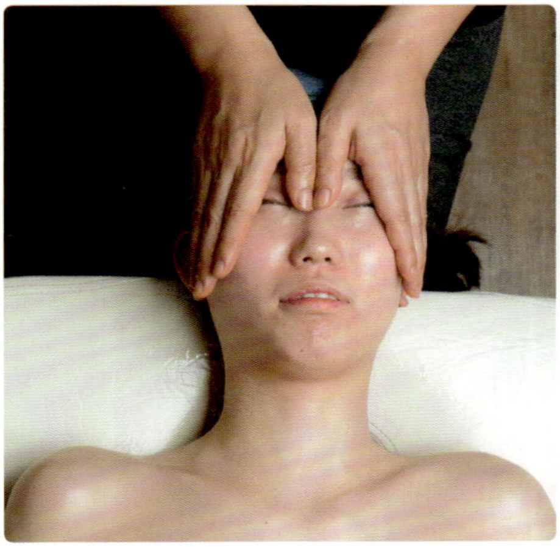

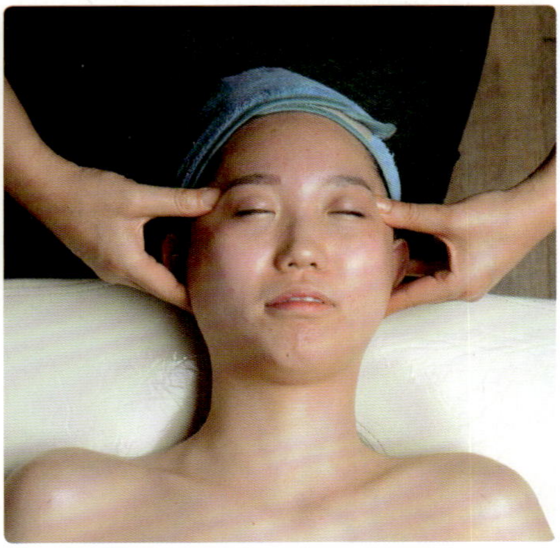

⑧ 얼굴 돌려서 삼등분하여 떨며 펴 바르기

- 수장사지를 얼굴 턱에서 귀 뒤까지 떨며 펴 바른다.
- 족양명위장경맥의 대영 협차 하관혈 등을 자극하며 쓸어주어 볼 처짐과 턱 라인을 개선시킨다.

관리사의 위치 : 고객의 위쪽

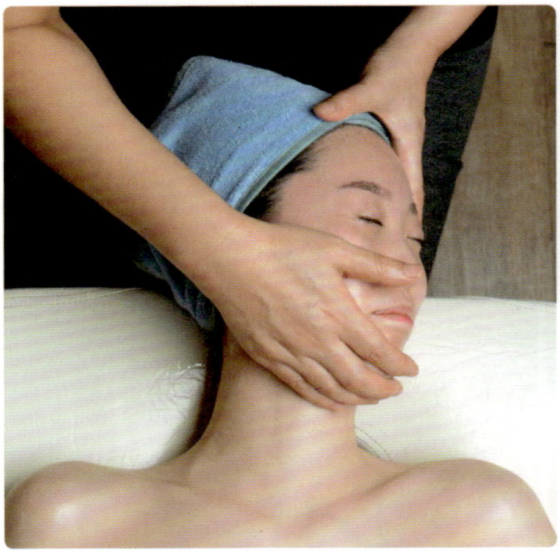

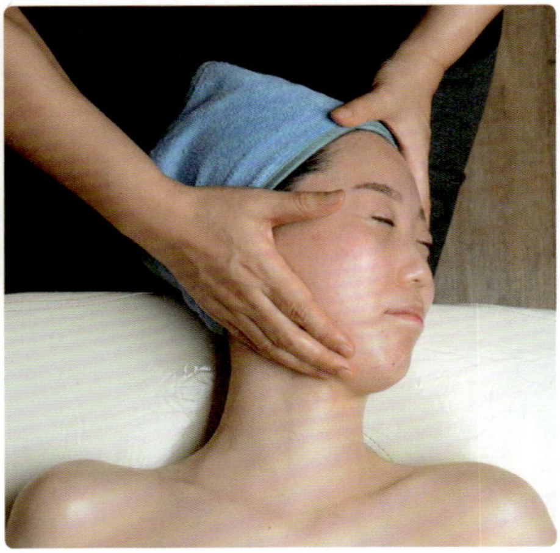

• 수장사지를 인중에서 시작하여 귀 뒤까지, 영향에서 시작하여 관자놀이까지 떨며 펴 바른다.

관리사의 위치 : 고객의 위쪽

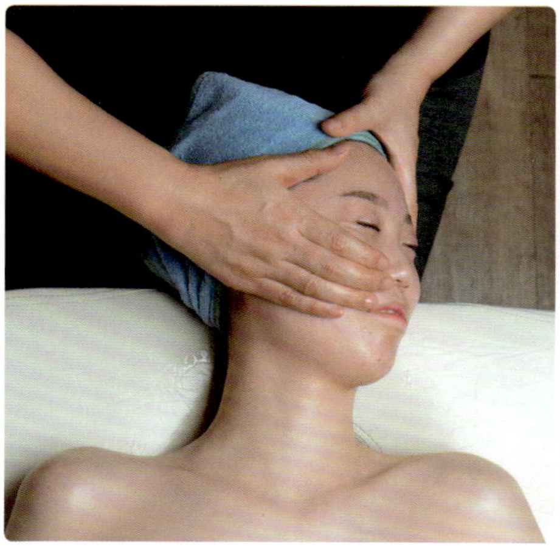
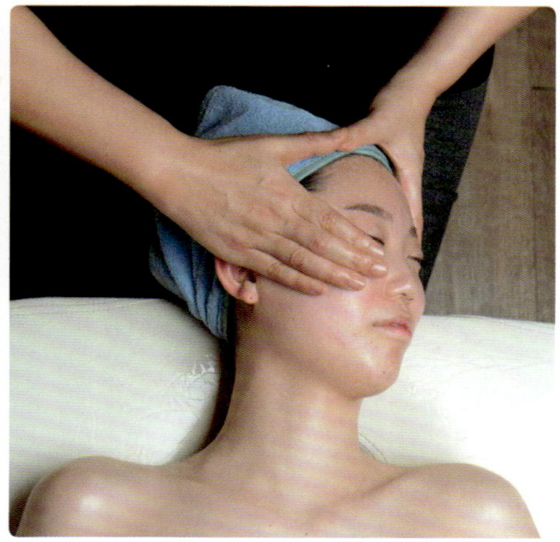

⑨ 턱선 밀착하여 펴 바르기

• 수장사지를 얼굴 턱에서 귀 뒤까지 밀착하여 펴 바른다.

관리사의 위치 : 고객의 위쪽

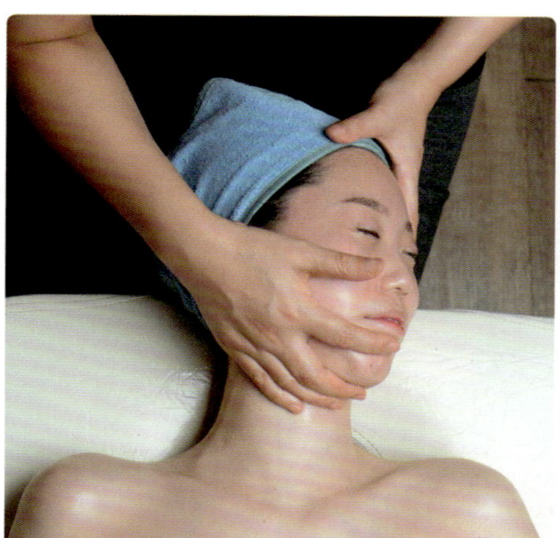
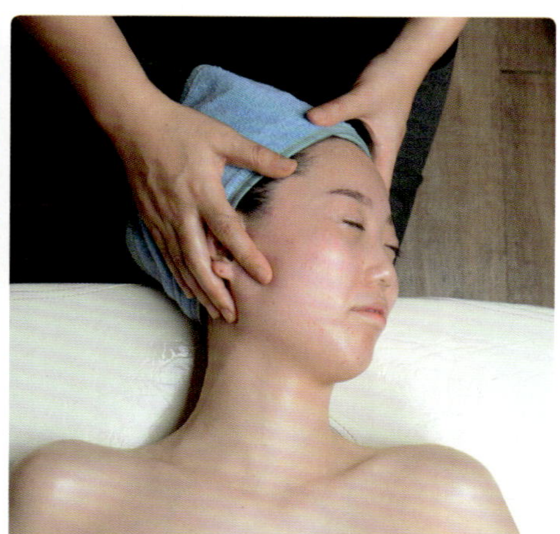

- 귀까지 간 손은 귀 뒤에 그대로 두고 다른 손의 수장사지로 턱 선을 따라 밀착하여 귀 뒤까지 펴 바른다.

관리사의 위치 : 고객의 위쪽

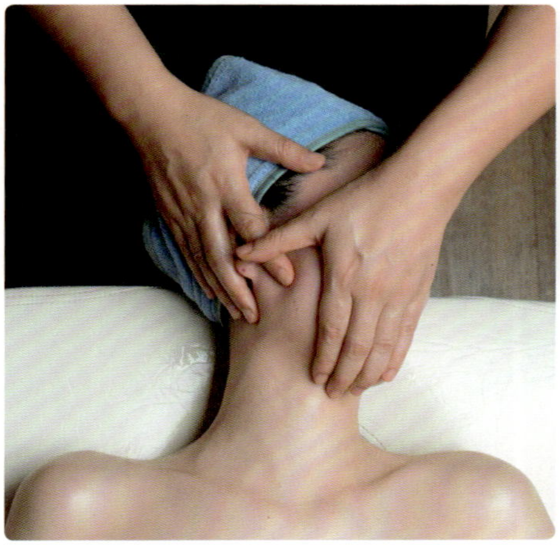

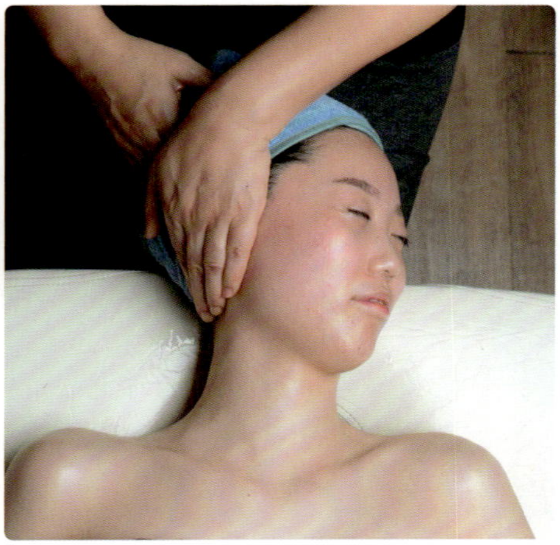

⑩ 소근 쓸어 올리기

- 중지를 입가에 맞추고 수장사지를 이용하여 소근을 따라 그대로 쓸어서 귀 중앙까지 밀착하여 쓸어준다.
- 광대뼈 아래에 있는 권료 거료 입가의 지창혈을 자극하여 쓸어주어 볼 처짐을 개선시킨다.

관리사의 위치 : 고객의 위쪽

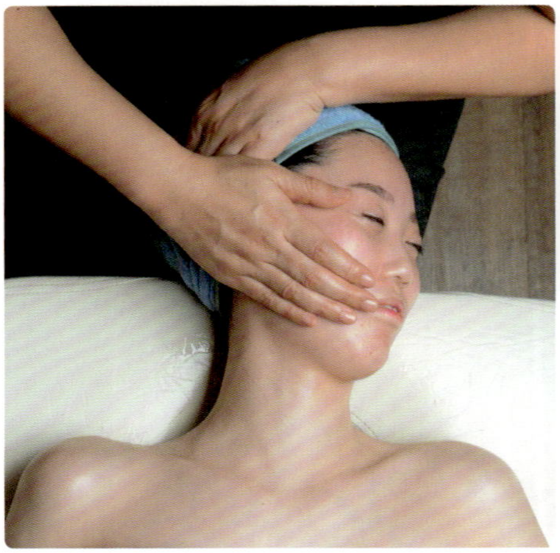

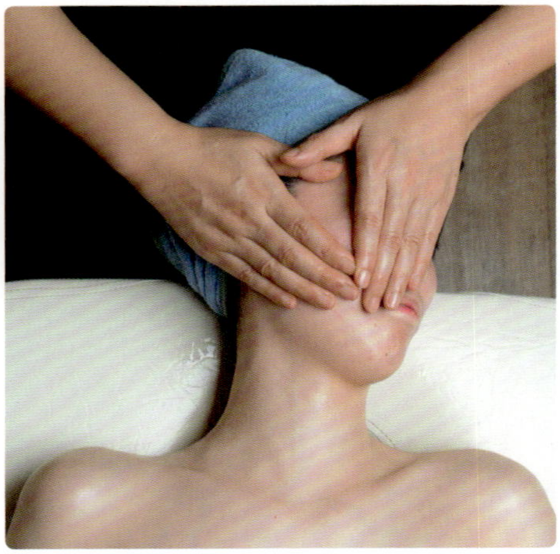

⑪ 영향에서 청궁까지 사지복을 이용하여 쓸어 올리기

- 영향(코옆)에서 사지복을 이용하여 천궁까지 쓸어준다.

관리사의 위치 : 고객의 위쪽

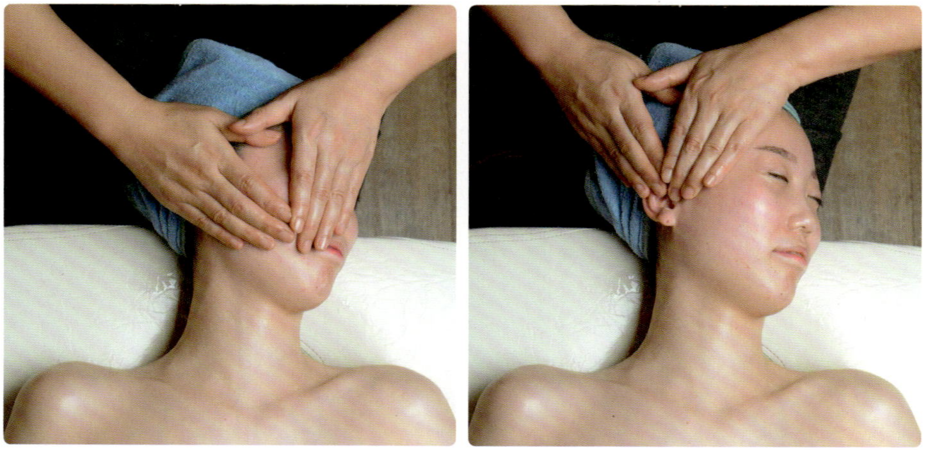

⑫ 눈 밑 쓸어주기

- 사지복을 눈 밑에서 관자놀이까지 쓸어준다.

관리사의 위치 : 고객의 위쪽

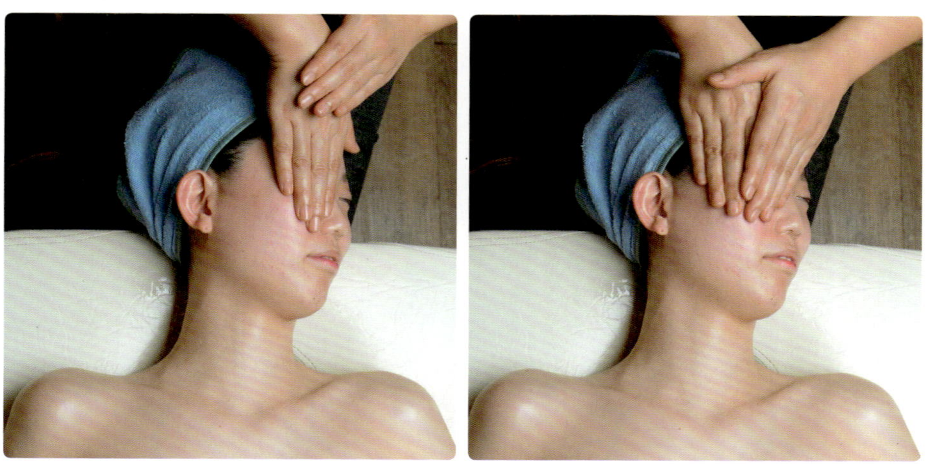

⑬ 눈꼬리 삼지복으로 교차하기

- 삼지복을 이용하여 눈가를 사선으로 교차하여 쓸어준다.
- 동자료 사죽공 태양혈 등을 자극하고 족소양담경맥의 함염 현로 현리 곡빈 솔곡 천충 부백혈 등이 분포된 모상건막을 이완시키고 얼굴의 표정주름을 개선시킨다.

관리사의 위치 : 고객의 위쪽

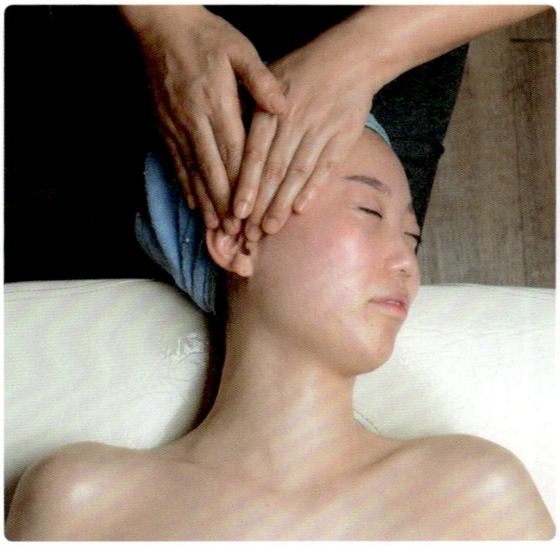

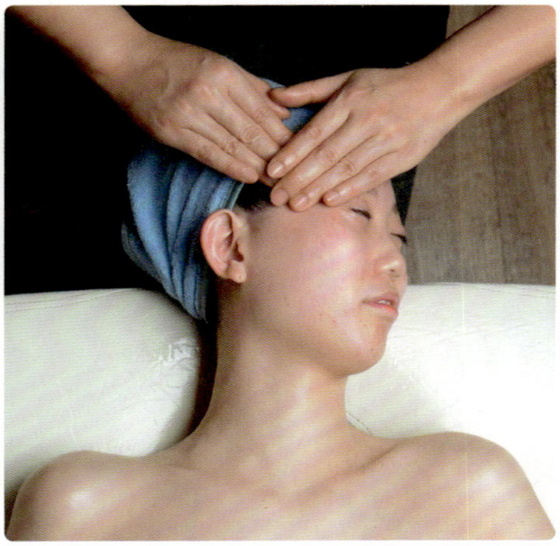

⑭ 이마 사지복으로 쓸어주기 - 양 옆으로

- 이마를 사지복으로 옆으로 쓸어준다.
- 왕복하여 6회 반복한다.
- 반대편도 8~14번까지 반복한다.
- 본신 양백 두임읍 목창 정영 승령 등을 자극하고 좌우 찬죽혈을 쓸어내려주어 이마주름을 개선시킨다.

관리사의 위치 : 고객의 위쪽

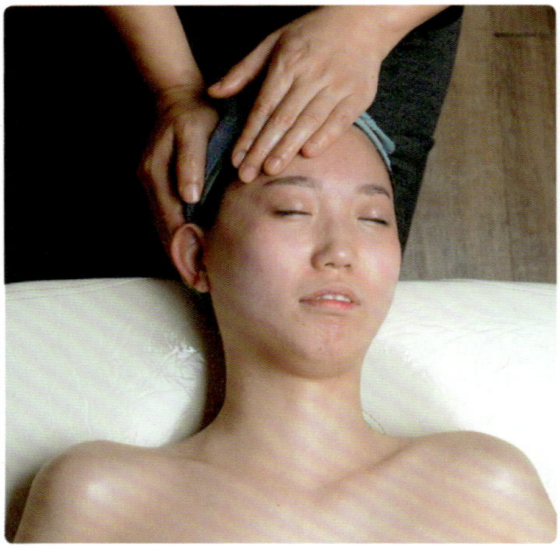

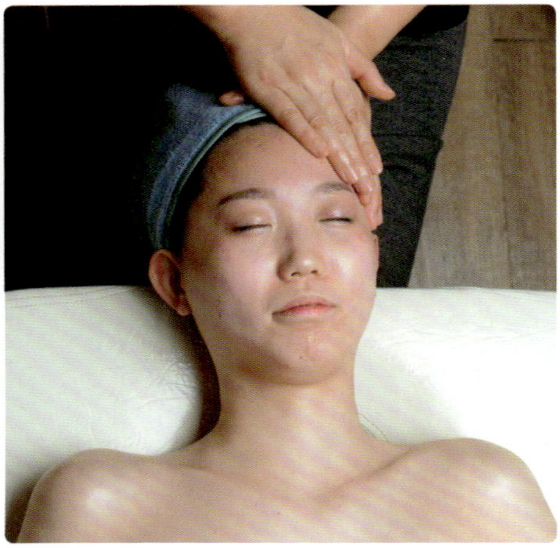

⑮ 턱 부위 모지구를 이용하여 쓸어주기

- 이마에서 헤어라인을 따라 턱 부위로 내려와서 모지구를 이용하여 아래치근부위를 쓸어준다.

  관리사의 위치 : 고객의 위쪽

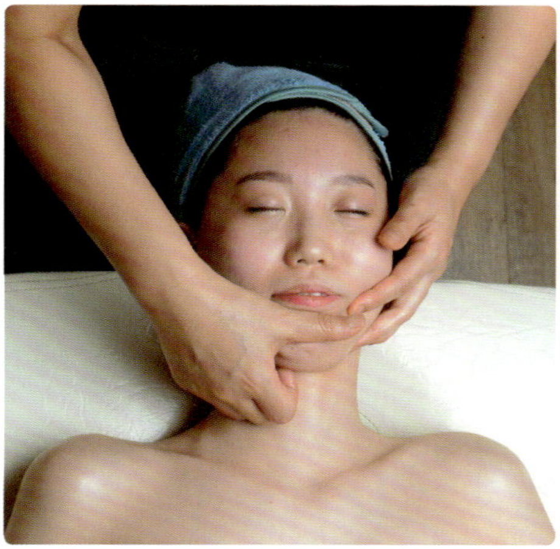

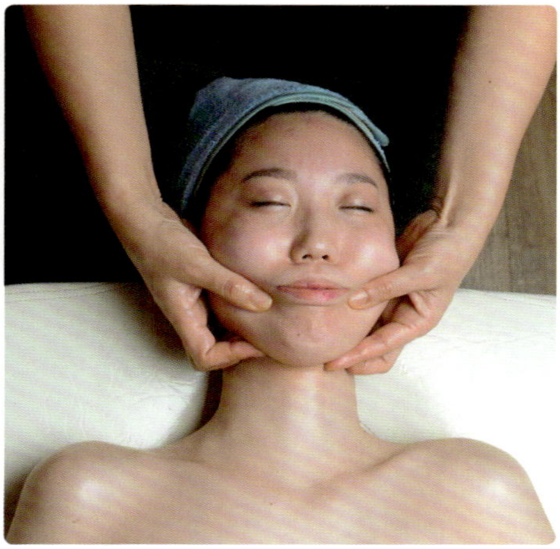

⑯ 지창 지압하기

- 사지복을 이용하여 아래턱에서 지창으로 와서 검지를 이용하여 지창을 압한다.

  관리사의 위치 : 고객의 위쪽

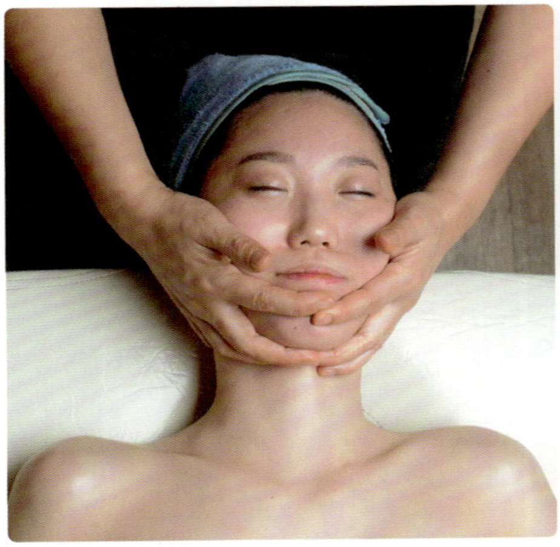

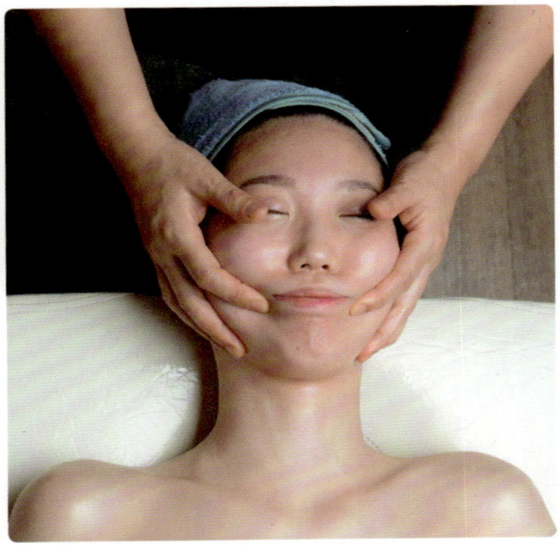

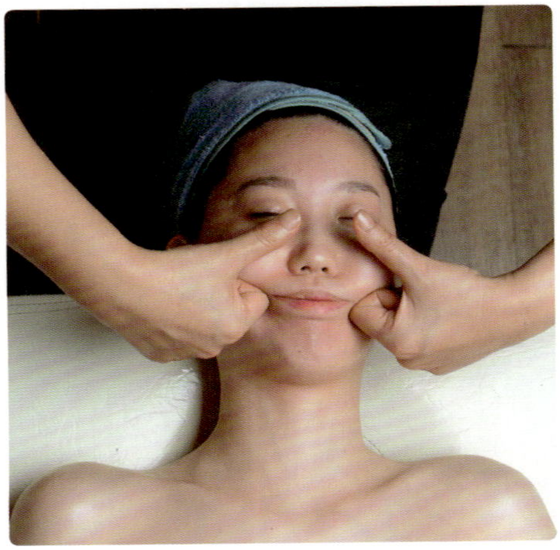

⑰ 팔자주름 쓸어주기

• 엄지를 영향의 위치에서 팔자주름을 따라 턱선까지 쓸어준다.

관리사의 위치 : 고객의 위쪽

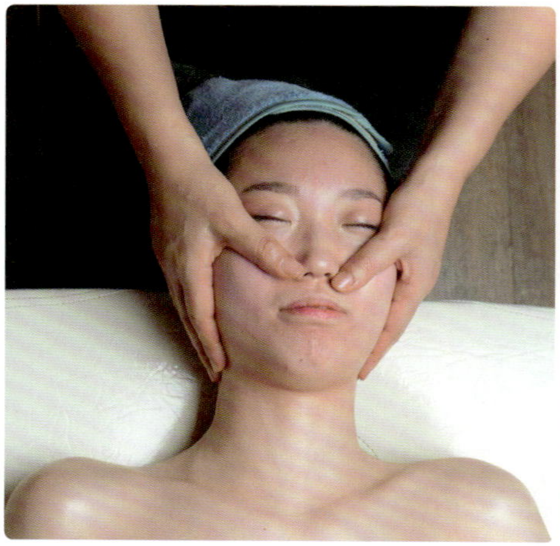

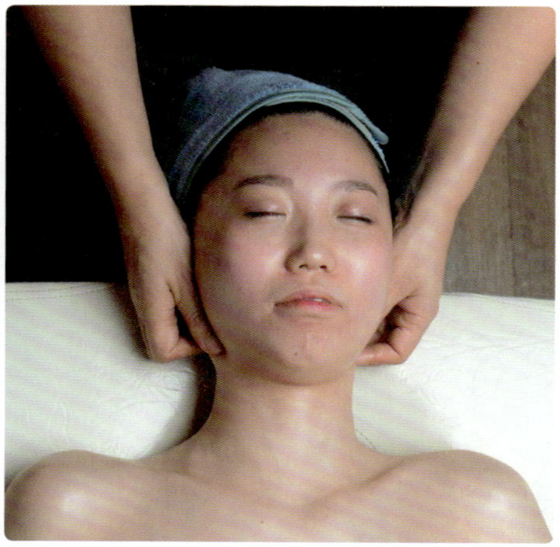

⑱ 윗입술 쓸어주기

• 모지구를 이용하여 윗입술을 번갈아가면서 쓸어준다.

관리사의 위치 : 고객의 위쪽

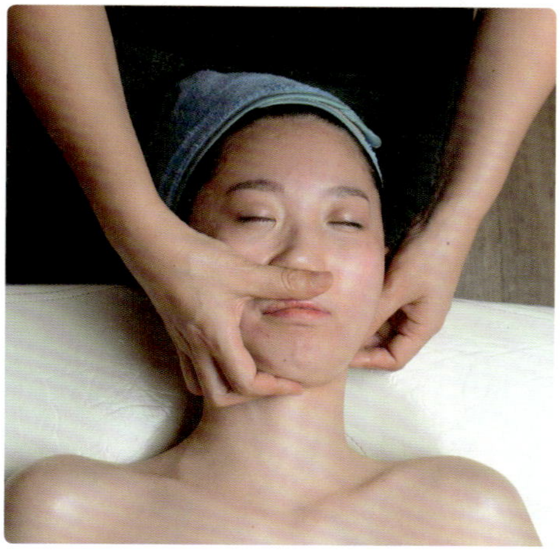

⑲ 지압하기

• 중지를 이용하여 영향(코 옆), 부비동, 정명(눈물샘)을 지긋이 눌려서 압 한다.

관리사의 위치 : 고객의 위쪽

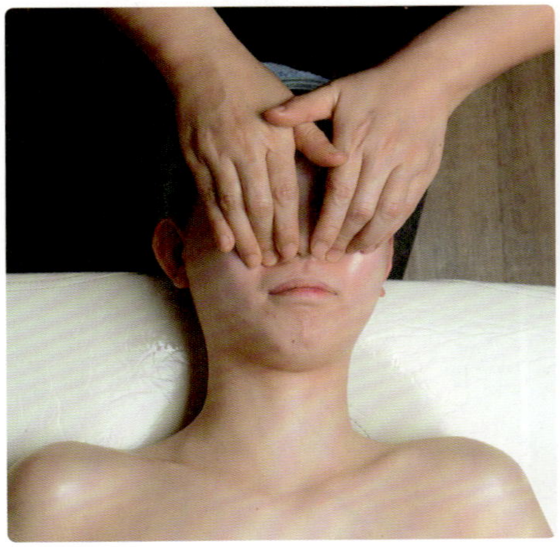

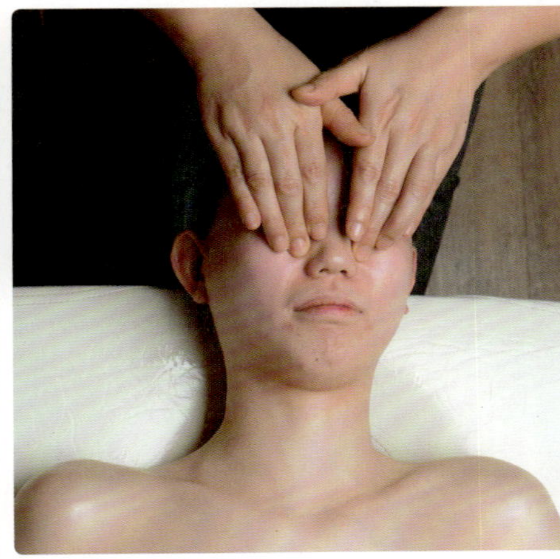

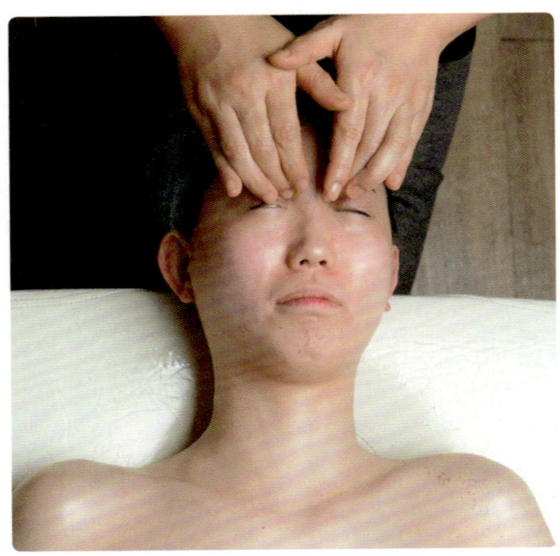

⑳ 눈썹라인과 관자놀이 압하기

- 모지를 이용하여 눈썹라인을 집어주고, 관자놀이를 압 한다.

  관리사의 위치 : 고객의 위쪽

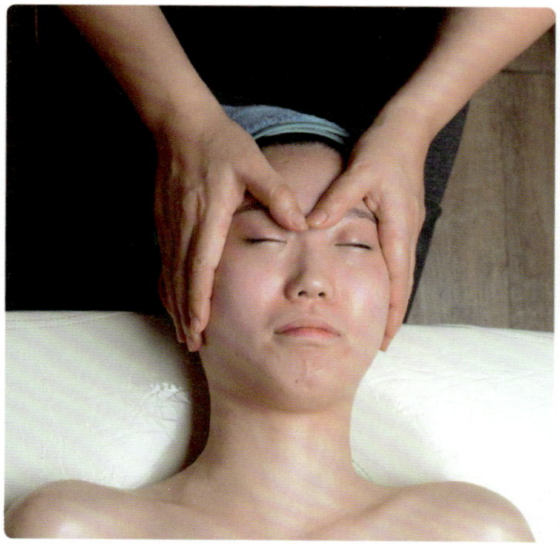
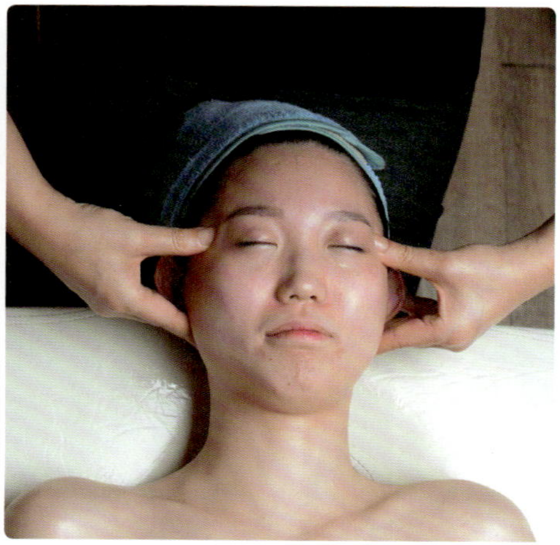

㉑ 이마 쓸어주기

- 사지복을 이용하여 이마를 번갈아가며 눈썹라인에서 이마헤어라인까지 쓸어준다.

  관리사의 위치 : 고객의 위쪽

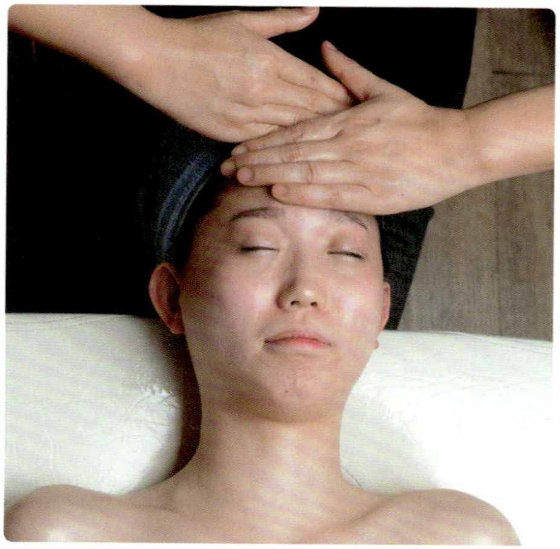

㉒ 눈을 중지복을 이용하여 원을 그리며 압 한다.

- 삼지복을 이용하여 안륜근의 바깥에서 안쪽으로 힘을 빼고 돌려준다.
- 관자놀이에 압을 준다.

관리사의 위치 : 고객의 위쪽

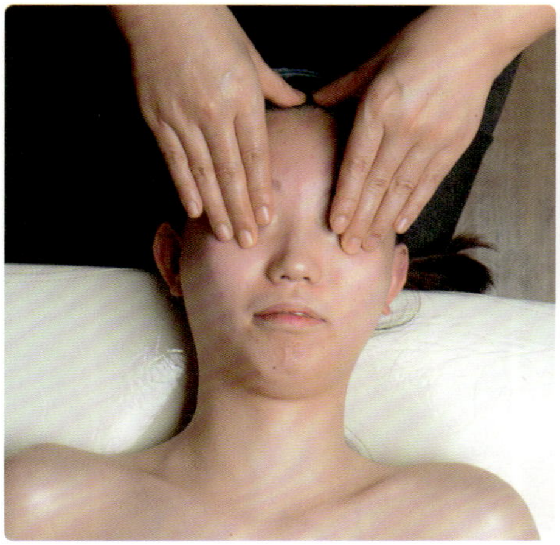

㉓ 눈밑을 압 주기.

- 모지를 이용하여 눈 아래 시작점과 중간, 그리고 눈 끝을 모지를 이용하여 압하여 준다.

관리사의 위치 : 고객의 위쪽

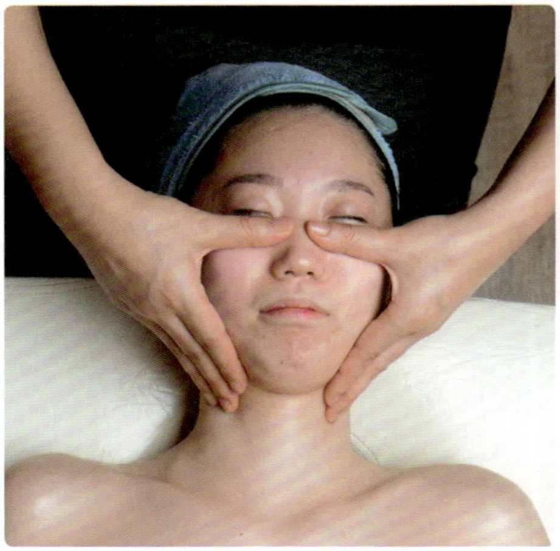

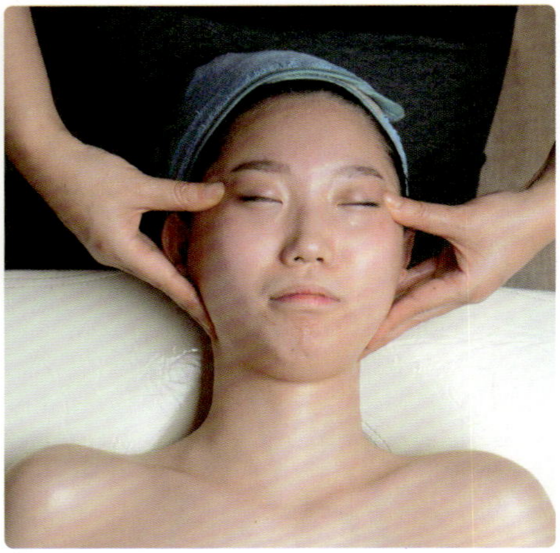

㉔ 턱선 굴려주기

• 반주먹을 쥐고 지과면을 이용하여 턱선을 나선형으로 굴려가면서 턱에서 귀까지 굴려준다.

관리사의 위치 : 고객의 위쪽

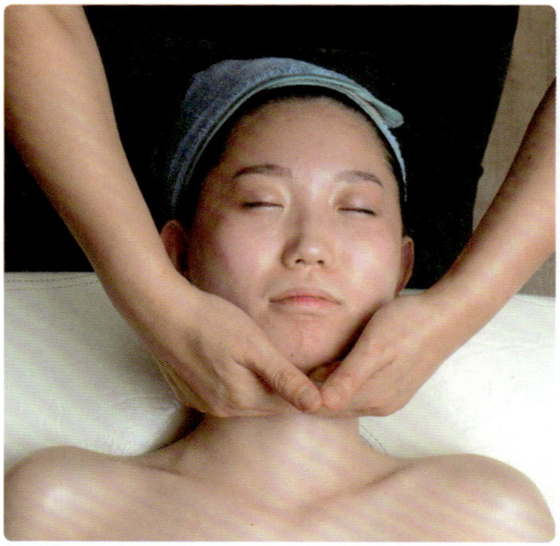

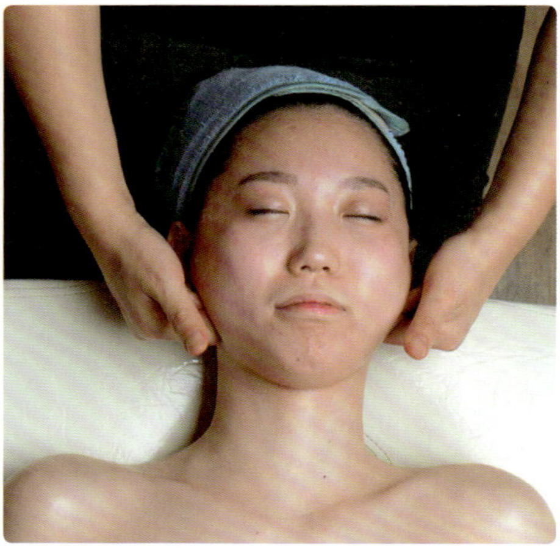

㉕ 반 주먹으로 세밀하게 풀어주기

• 반 주먹을 쥐고 지과면을 이용하여 볼을 나선형으로 크게 굴려가면서 턱에서 귀까지 굴려준다.

관리사의 위치 : 고객의 위쪽

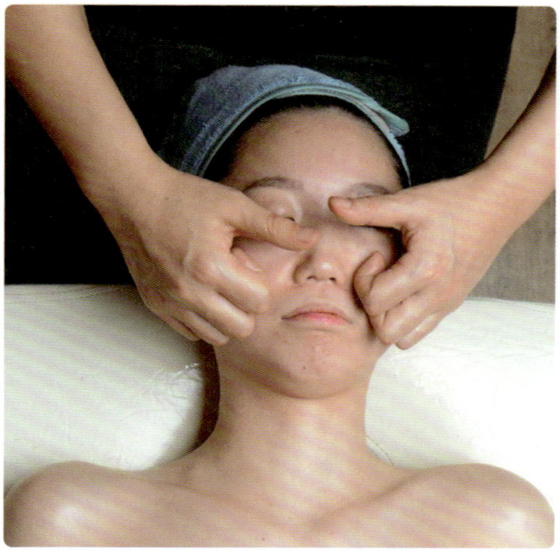

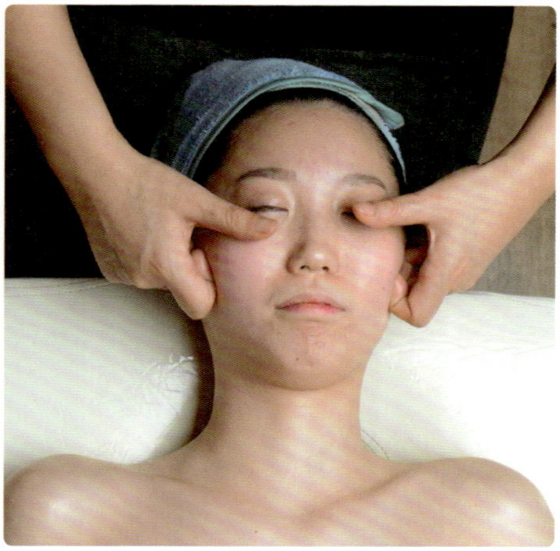

• 반 주먹을 쥐고 중지의 지과면을 이용하여 코벽을 나선형으로 굴려준다.

관리사의 위치 : 고객의 위쪽

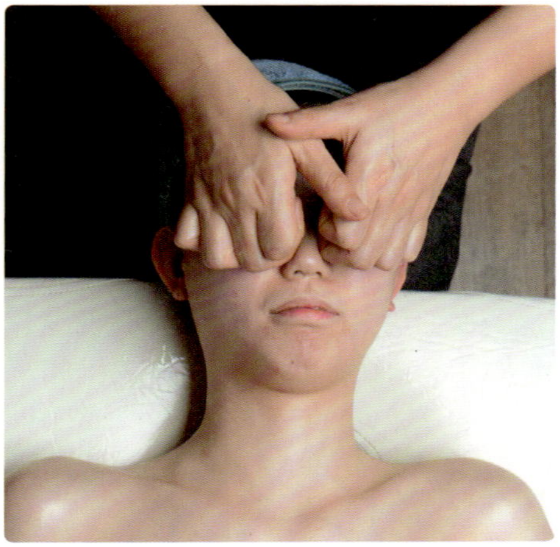

• 반 주먹을 쥐고 눈 밑을 지과면을 이용하여 조그만한 나선형으로 굴려주고 관자놀이에 지과를 이용하여 압을 준다.

관리사의 위치 : 고객의 위쪽

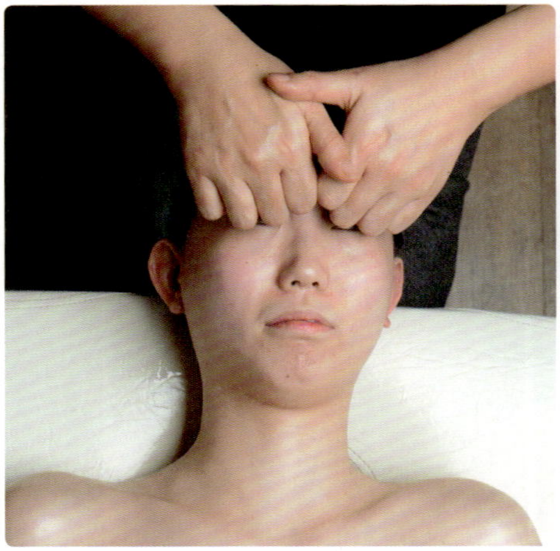

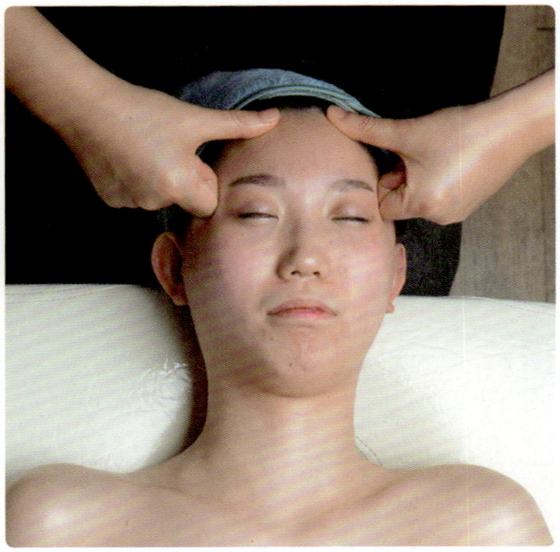

• 반 주먹을 쥐고 이마를 눈썹에서 헤어라인으로 지과면을 이용하여 위로 끌어당겨준다. 이마중간에서 바깥쪽으로 이동하면서 같은 동작을 반복해 준다.

관리사의 위치 : 고객의 위쪽

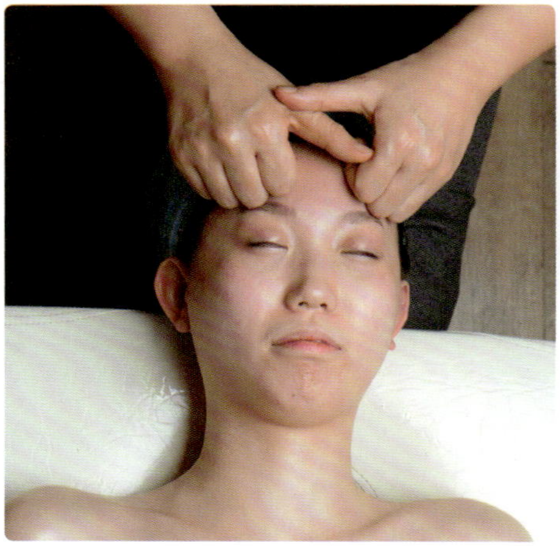

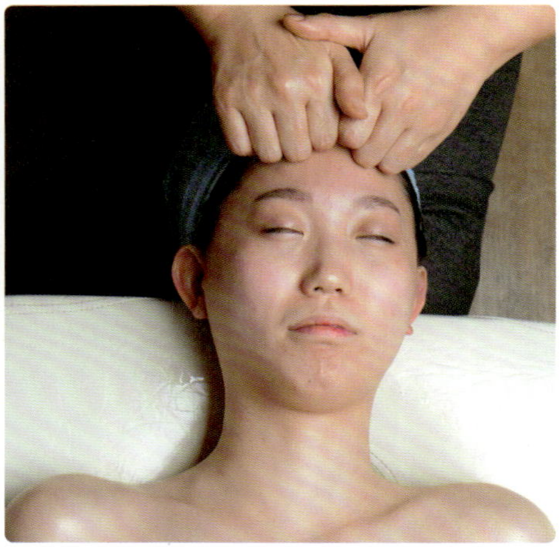

㉖ 눈썹따라 귀 굴려주기

• 모지복을 이용하여 눈썹라인을 따라 귀까지 이동하여 귀를 모지구를 이용하여 나선형으로 돌려준다.

관리사의 위치 : 고객의 위쪽

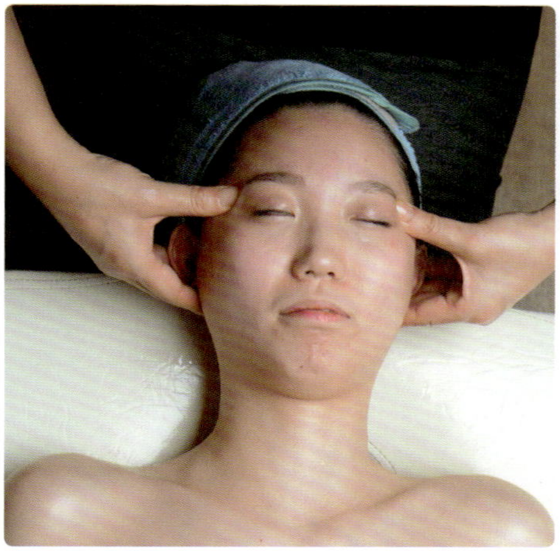

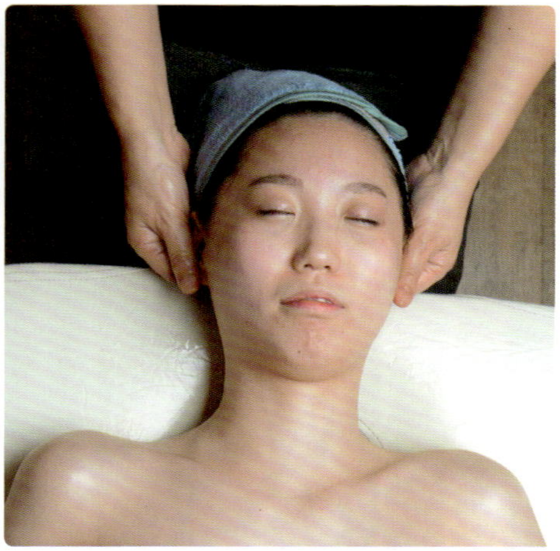

㉗ 수장사지를 이용하여 귀 막아주기

- 수장사지로 귀를 6초간 막았다가 3초가 떼어준다.
- 3회 반복한다.

관리사의 위치 : 고객의 위쪽

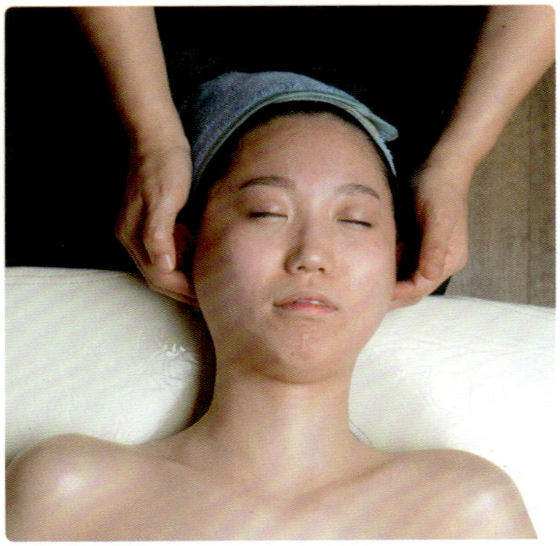

㉘ 귀 밑 굴려주기, 경추 굴려주기

- 지과면을 이용하여 귀 밑 림프선을 굴려주고, 경추의 사각근옆으로 ㄴ 자 모양으로 쓸어준다.

관리사의 위치 : 고객의 위쪽

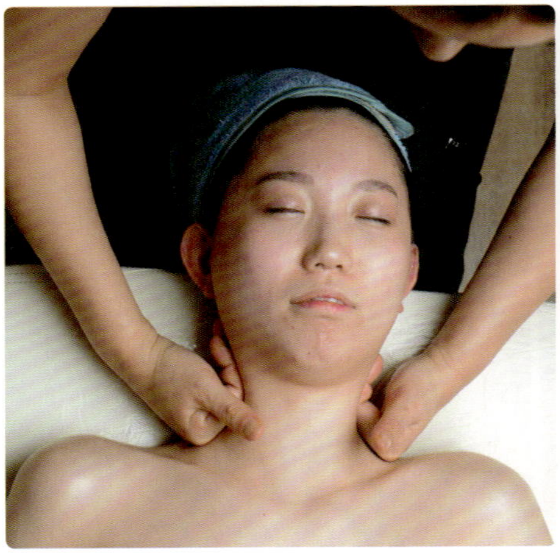

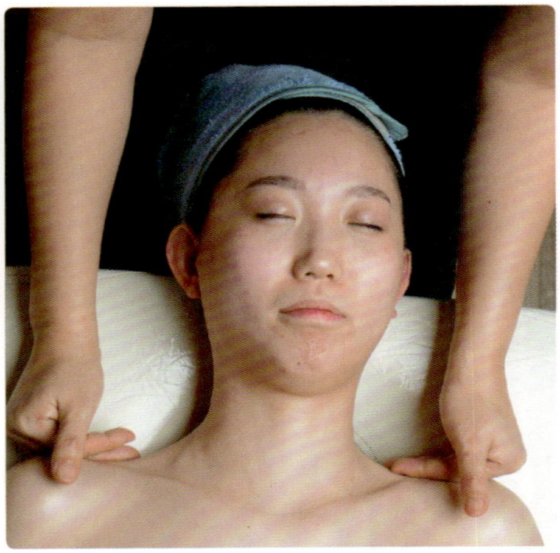

㉙ 이마 지과면으로 굴려주기

- 한 손은 헤어라인을 잡고 한 손의 지과면을 이용하여 이마중앙 → 이마왼쪽 → 이마오른쪽 → 이마전체를 원으로 굴려준다. 반원 내릴 때에는 힘을 빼고 반원 올릴 때에는 힘을 준다.

관리사의 위치 : 고객의 위쪽

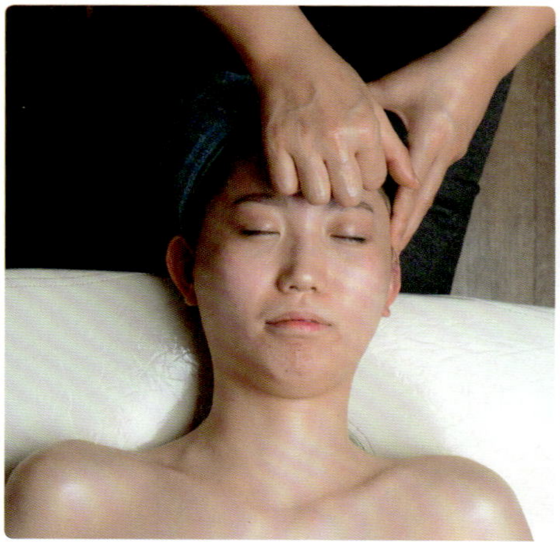

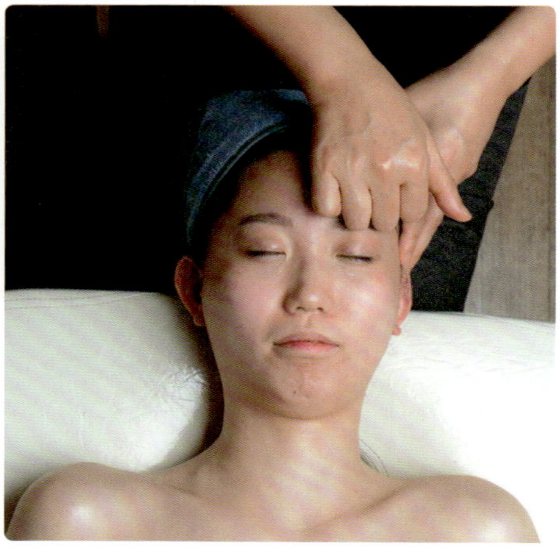

㉚ 관자놀이 압 하기

- 검지의 지과를 이용하여 양쪽 관자놀이를 압한다.

관리사의 위치 : 고객의 위쪽

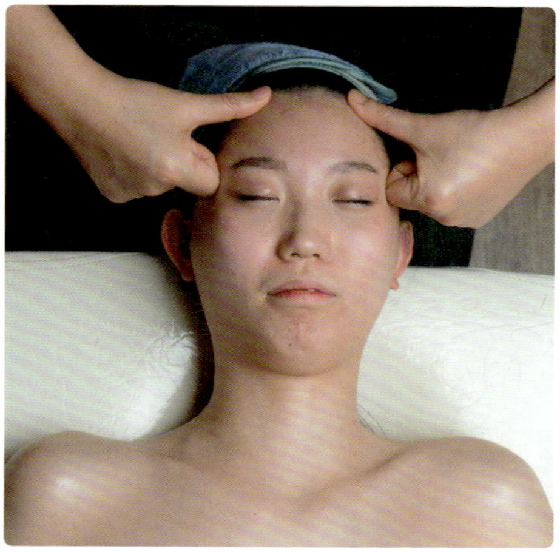

㉛ 혈 지압하기

- 모지복을 이용하여 눈썹사이의 중앙부위를 압 한다.
- 양쪽 눈썹 위부분을 모지복을 이용하여 압한다.
- 눈썹따라 와서 눈썹 끝부분을 압한다.

관리사의 위치 : 고객의 위쪽

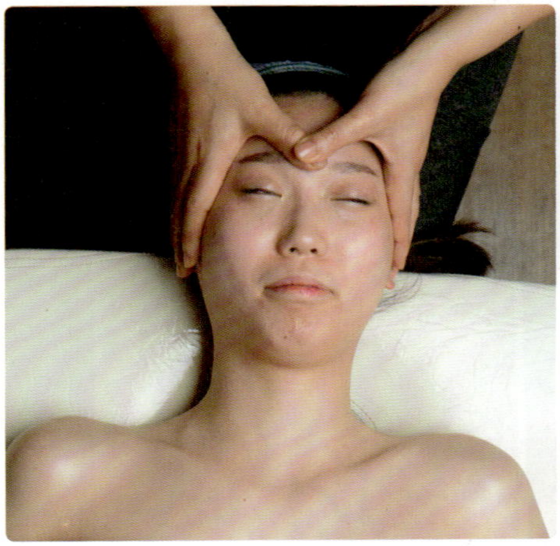

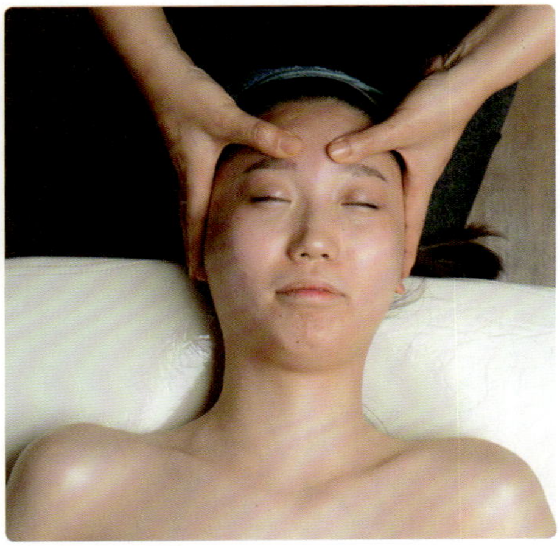

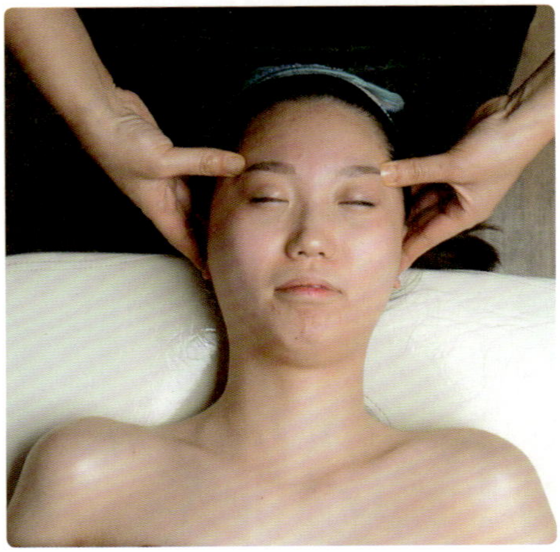

• 중지를 이용하여 눈앞(정명혈)을 지압하고, 눈밑 중앙부분과 눈꼬리까지 지압을 해준다.

관리사의 위치 : 고객의 위쪽

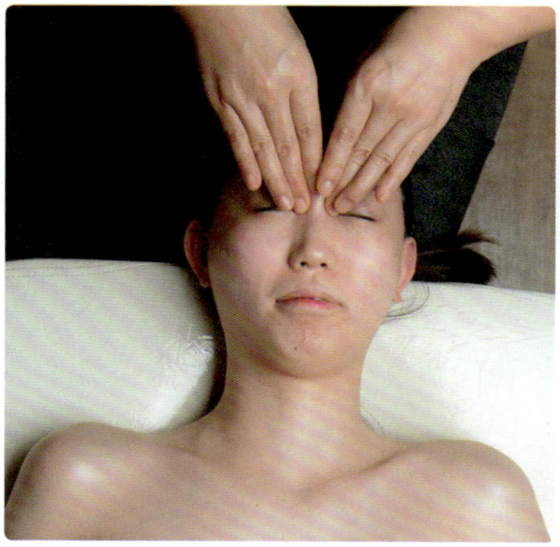

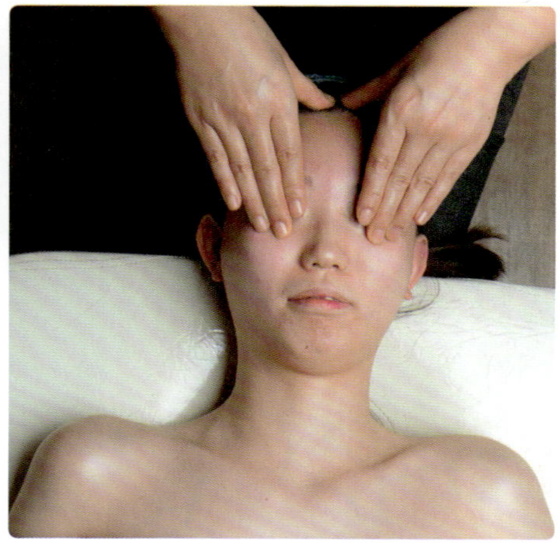

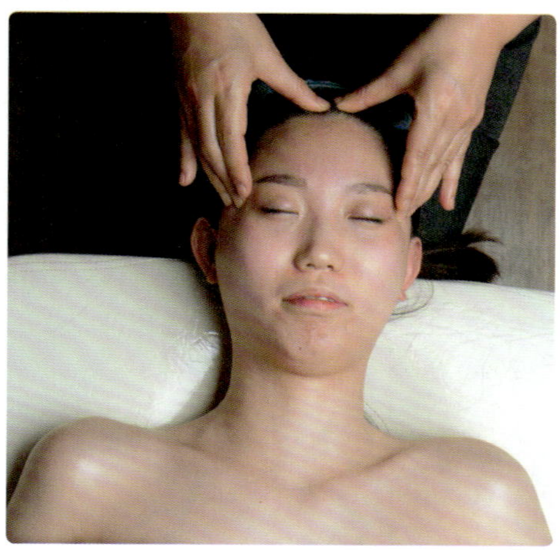

• 중지를 이용하여 부비동에 압을 지긋이 3초 동안 내리고, 3초 동안 눌려주고, 3초 동안 천천히 손의 압을 빼준다.

관리사의 위치 : 고객의 위쪽

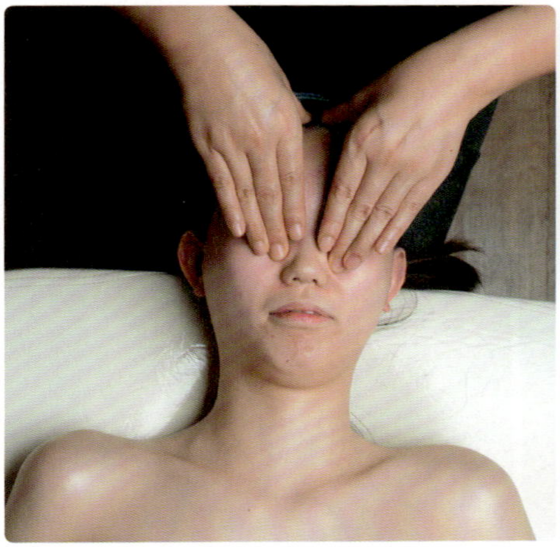
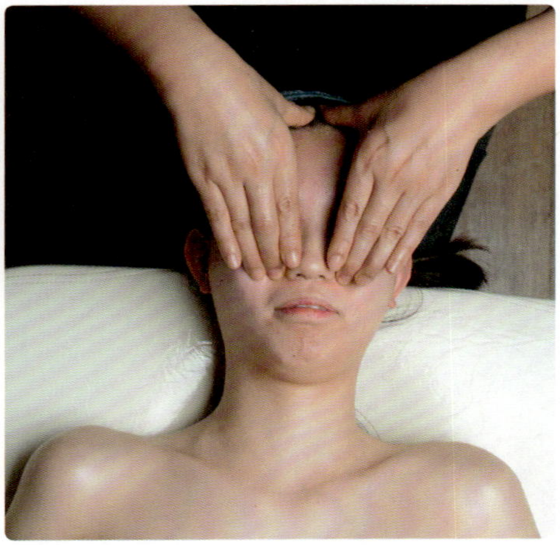
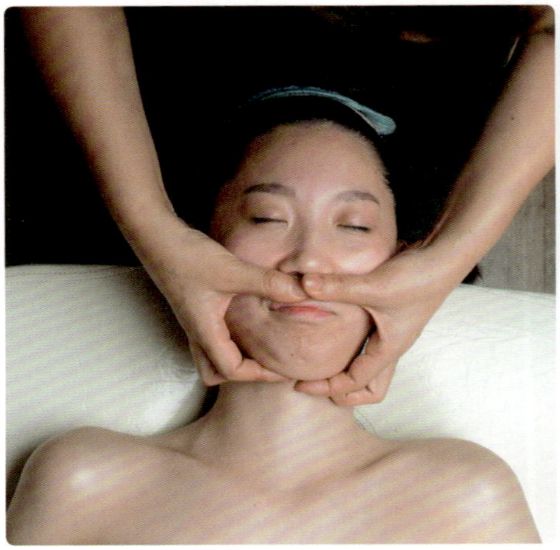
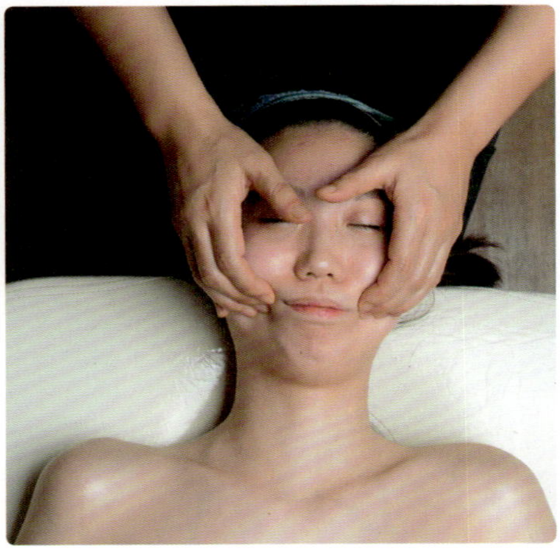

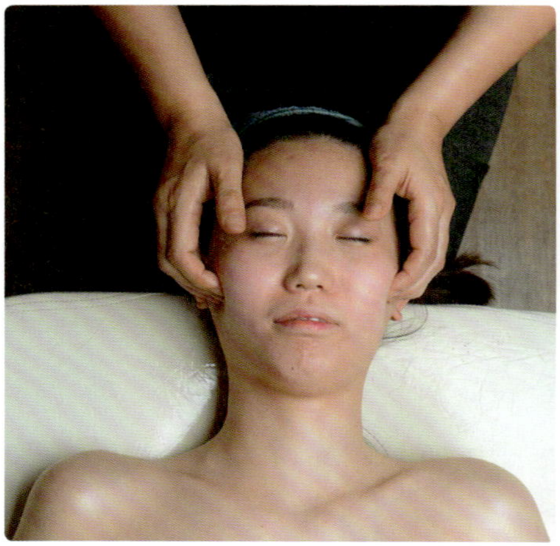
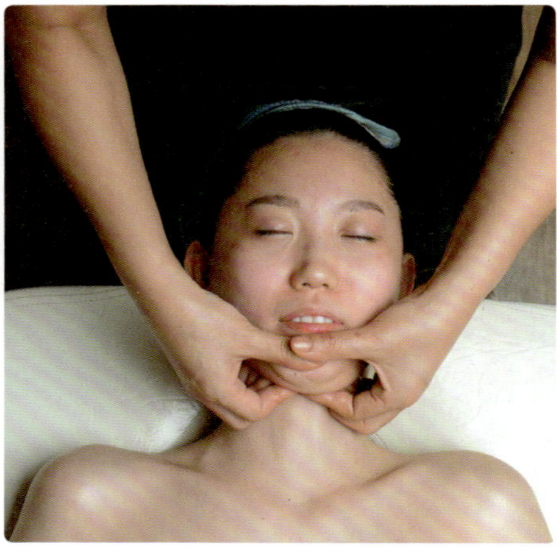

㉜ 전체 쓰다듬기

• 수장사지를 이용하여 턱과 아래턱을 잡고 귀까지 쓸어준다.

관리사의 위치 : 고객의 위쪽

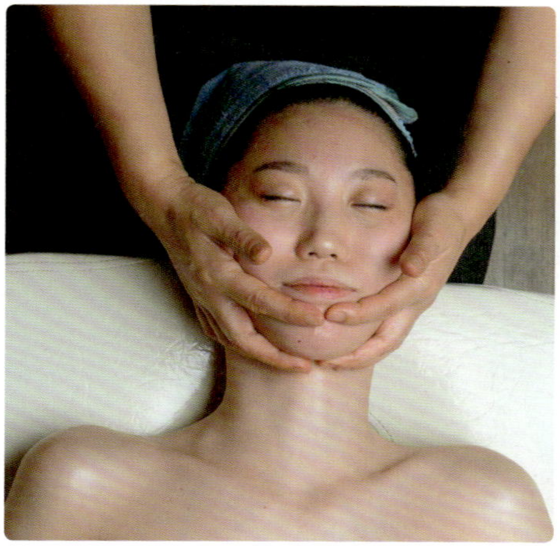
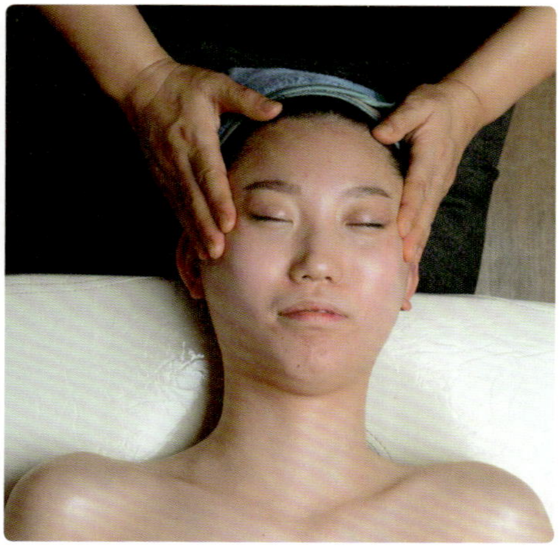

• 수장사지를 이용하여 입과 코옆을 시작하여 귀까지 쓸어준다.

관리사의 위치 : 고객의 위쪽

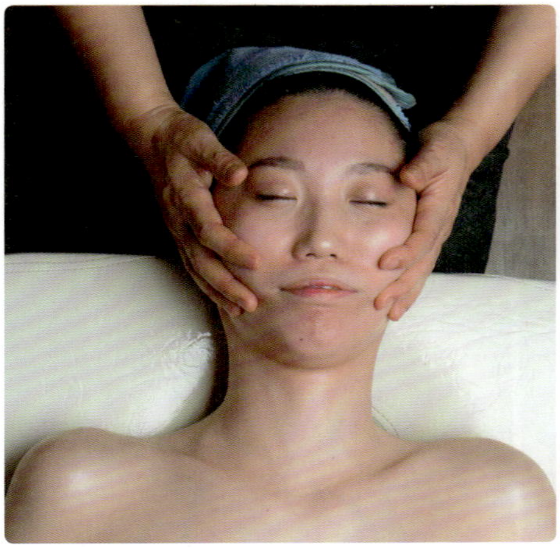

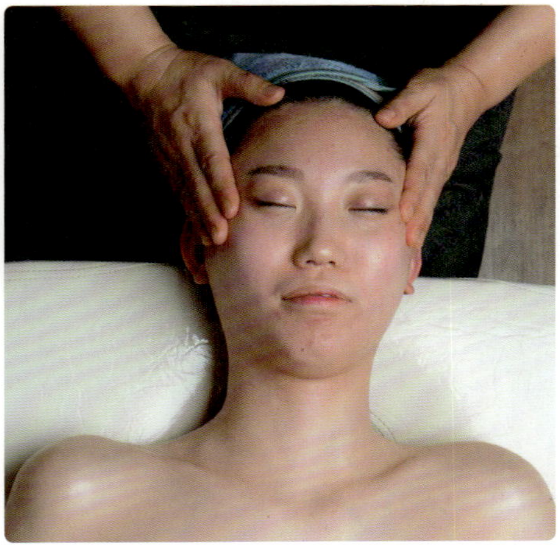

• 양모지구를 맞잡고 이마중앙에서 양 옆의 헤어라인까지 쓸어준다.

관리사의 위치 : 고객의 위쪽

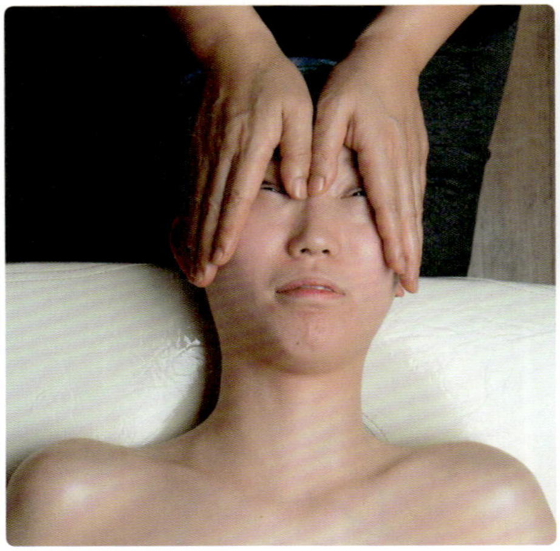

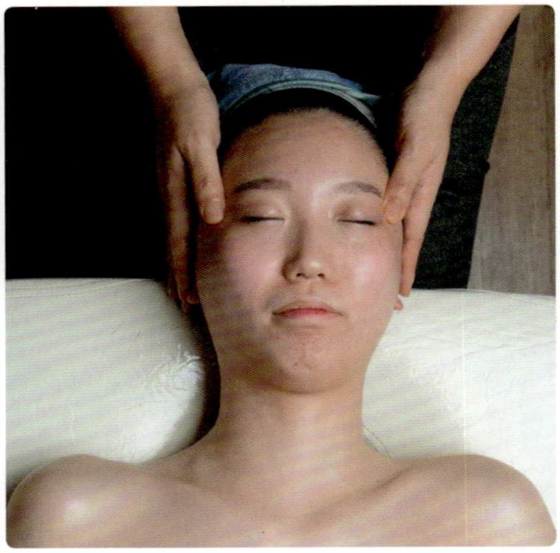

• 양모지구를 맞잡고 코옆에서 시작하여 귀 앞까지 쓸어준다.

관리사의 위치 : 고객의 위쪽

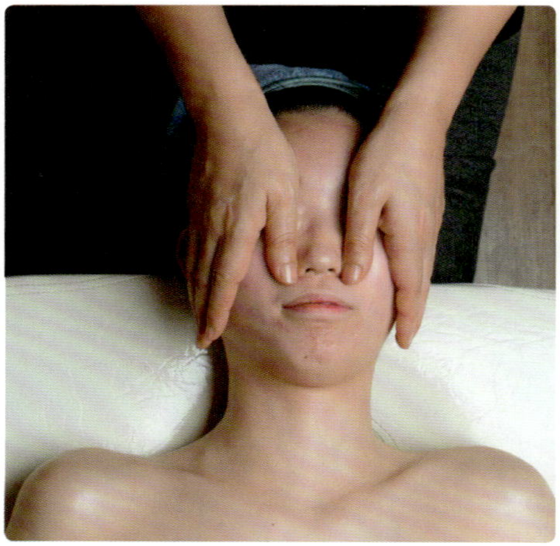

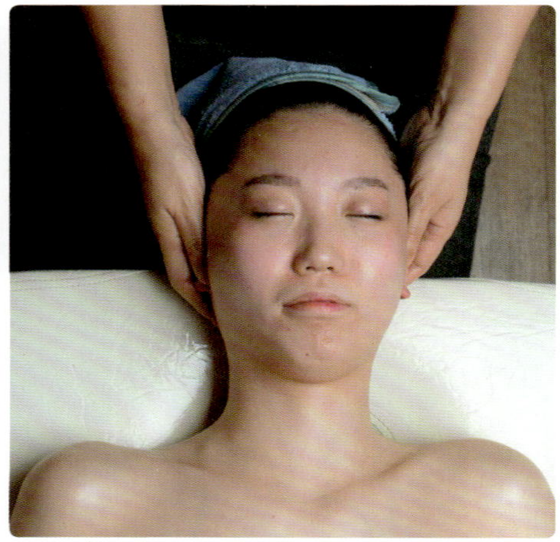

㉝ 귀밑 돌려주기

• 귀 밑의 림프절부위를 나선형으로 돌려준다.

관리사의 위치 : 고객의 위쪽

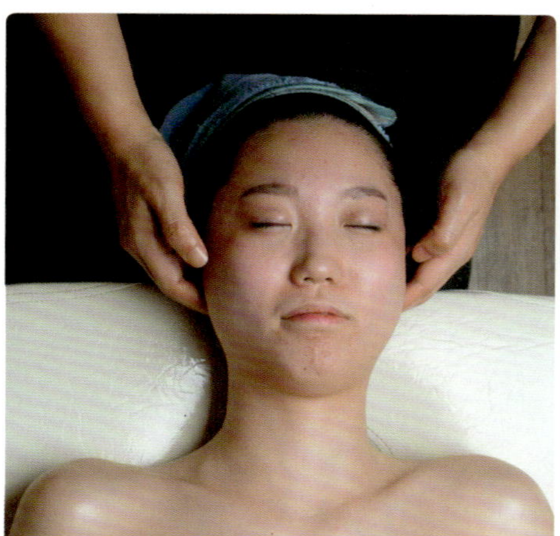

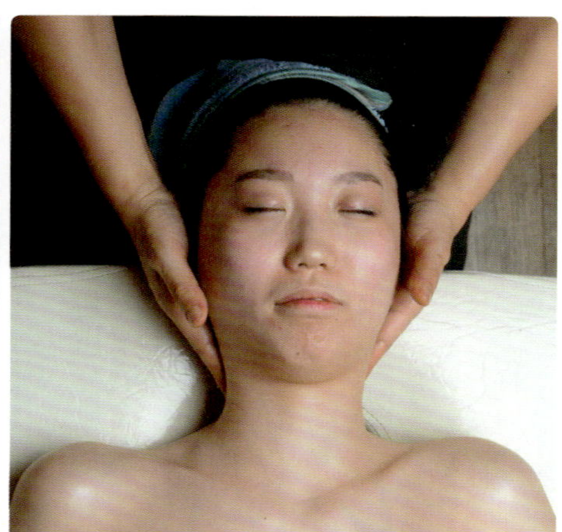

㉞ 어깨라인 마무리하기.

- 모지구를 이용하여 사각근을 따라 어깨로 내려 간 후 견정부위(어깨봉)을 압을 준다.
- 어깨라인의 상부 승모근을 풀어주며 거골혈에 압을 주어 자극하고 견갑거근을 잡아서 목근육과 연결하듯이 쓸어준다.

관리사의 위치 : 고객의 위쪽

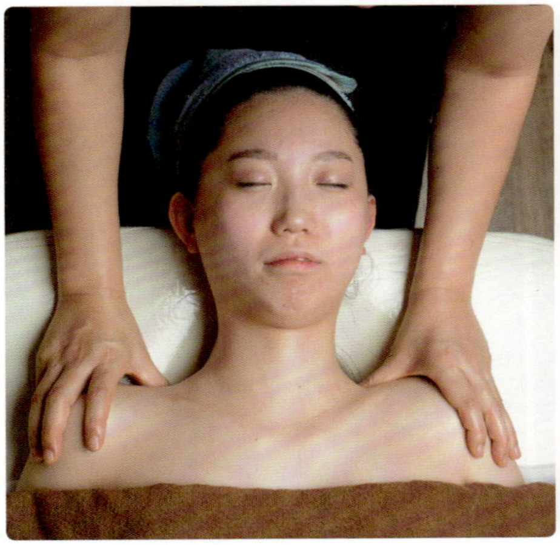

- 모지를 이용하여 쇄골아래 중앙부위에서 어깨라인까지 온 다음, 견봉부위에 엄지를 이용하여 돌려준다.

관리사의 위치 : 고객의 위쪽

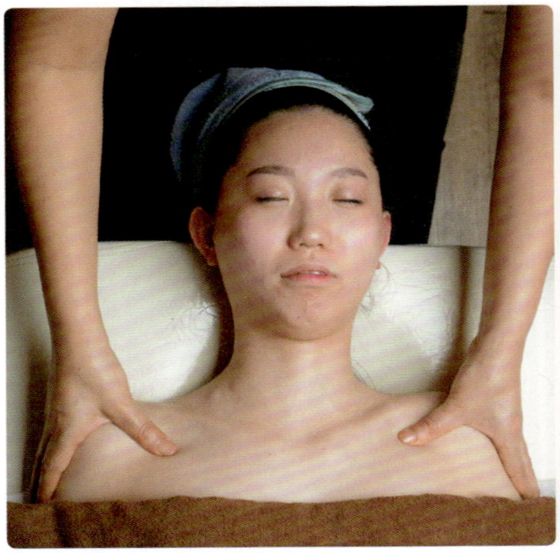

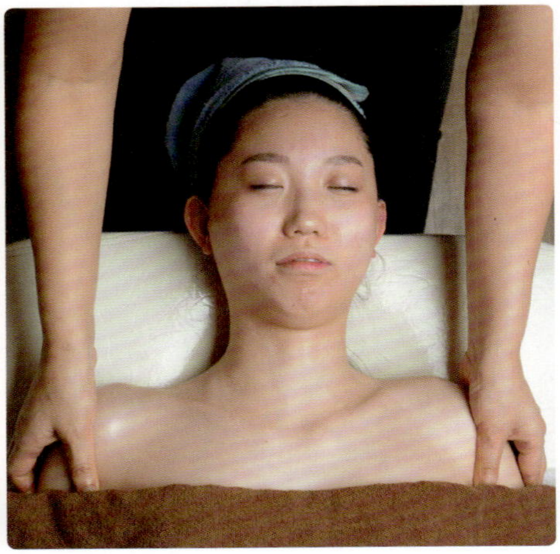

• 목 뒤 부분을 수장사지를 겹친다.
• 겹친 부분을 소지측이 목덜미 헤어라인에 맞추어서 위로 당겨서 목을 견인시켜 준다.

관리사의 위치 : 고객의 위쪽

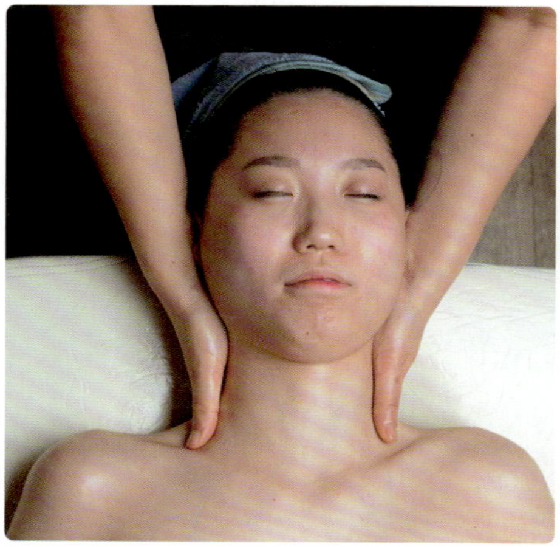
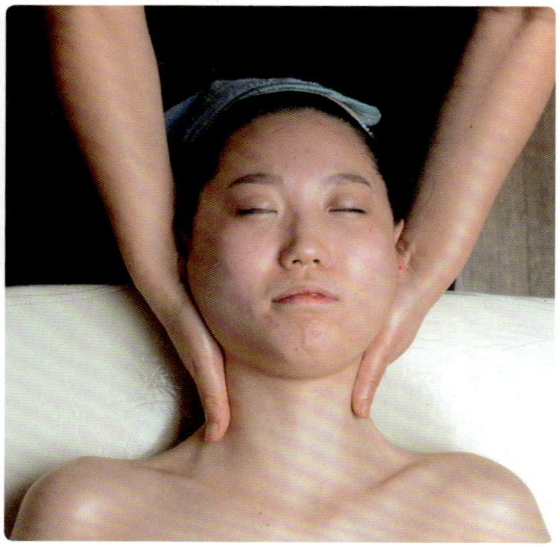

참고 문헌

- 권혜영 외 4인, "NCS를 기반으로한 기초에스테틱", 메디시언, 2017.
- 권혜영 외 11인, "공중위생관리학", 메디시언, 2017.
- 권혜영 외 8인, "피부과학", 메디시언, 2016.
- 정인숙, "경락경혈마사지가 암환자의 피로감에 미치는 영향", 대전대학교 보건스포츠 대학원 석사논문, 2017.
- 안선례 외 5명, "NCS 적용교육!! 한방미용학", 메디시언, 2016.
- 정영애 외 5명, "미용경락 메디시언", 2015.
- 김광옥 외 15명, "최신미용경락", 청구문화사, 2010.
- 김남연 외 11명, "최신한방미용학개론", 청구문화사, 2007.
- 김문주 외 4명, "경락&한방 전신 미용", 군자출판사, 2006.
- 김선희·장선일, "피부미용경락과 지압", 청구문화사, 2004.
- 김은자 외 3명, "오행미용경락과 이론 및 실기", 청구문화사, 2011.
- 김정자·김문주, "한방피부미용과 체표반사 관리", 훈민사, 2008.
- 배병철, "기초한의학", 성보사, 2005.
- 안남훈, "홀리스틱경락관리학 실기편", 홀리즘, 2014.
- 안남훈, "홀리스틱경락관리학 이론편", 홀리즘, 2014.
- 염송옥, "염송옥내면미용", 정담미디어, 2006.
- 오지민, "NCS기반 교육과정에 따른 바디경락마사지", 구민사, 2016.
- 오치와 외 3명, "표정근 마사지", 한솔의학, 2014.
- 한말란 외 4명, "미용경락학 창구문화사", 2006.

찾아보기

NCS 적용 교육!!

한국형 특수관리

2018년 9월 5일 초판 인쇄
2018년 9월 10일 초판 발행

저 자 권혜영 · 김영주 · 이남지 · 오희영 · 정규진
고경륜 · 김은애 · 김정희 · 김현주 · 정인숙

발행인 주병오 · 주민기

발행처 메디시인

주 소 경기도 파주시 회동길 209
파주출판문화도시

영업팀 (031) 955 − 7566 · 7577

편집디자인팀 (031) 955 − 7731

F A X (031) 955 − 7730

홈페이지 www.ji-gu.co.kr

전자우편 jigupub@hanmail.net

등록번호 2005년 2월 16일 제 406−2005−000045호

ISBN 979−11−86739−65−5 값 22,000원